高等学校实验课系列教材

U0722122

水质工程学综合创新实验指导教程

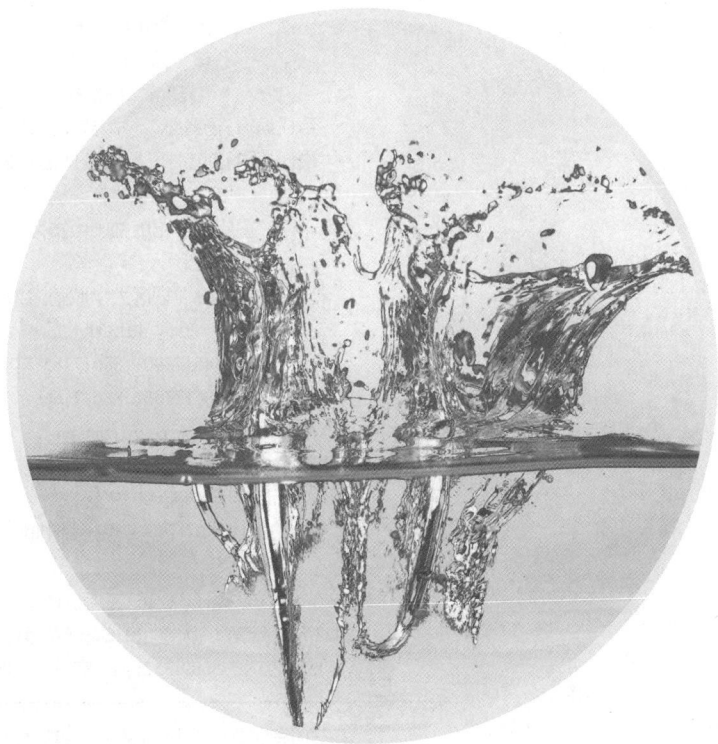

EXPERIMENTATION

主 编 李 莉

参 编 曾 洁

重庆大学出版社

内容提要

本书是环境科学、环境工程、给排水科学与工程等专业的核心实验教程。本书积累了编者多年实验教学经验与科研经历。本书共 7 章:第一章为水处理工程基础知识,包含给水和污水处理;第二章为水质工程学实验基础知识,为实验开展提供规范的操作指导;第三章为水质工程实验基本技术,介绍水质工程实验分析方法、水样的采集与保存、水质指标和分析方法;第四章至第七章为与水质工程技术相关的实验实践教学内容,涵盖常见水质指标测定实验、水质工程学基础实验、水质工程学大型综合设计实验和水质工程学创新探索实验,共 49 个实验项目。教师可根据专业特点与学生综合素质培养需求,有重点地选择部分实验进行教学。

本书可作为高等院校环境科学、环境工程、给排水科学与工程专业及相关专业的实验教学用书,也可作为科研、设计及管理人员的参考用书。

图书在版编目(CIP)数据

水质工程学综合创新实验指导教程／李莉主编. ‐‐
重庆:重庆大学出版社,2022.8
高等学校实验课系列教材
ISBN 978-7-5689-3521-0

Ⅰ.①水… Ⅱ.①李… Ⅲ.①水质处理—高等学校—
教材 Ⅳ.①TU991.21

中国版本图书馆 CIP 数据核字(2022)第 156748 号

水质工程学综合创新实验指导教程
SHUIZHI GONGCHENGXUE ZONGHE CHUANGXIN SHIYAN ZHIDAO JIAOCHENG

主 编 李 莉
参 编 曾 洁
策划编辑:杨粮菊

责任编辑:杨育彪   版式设计:杨粮菊
责任校对:刘志刚   责任印制:张 策

*

重庆大学出版社出版发行
出版人:饶帮华
社址:重庆市沙坪坝区大学城西路 21 号
邮编:401331
电话:(023)88617190 88617185(中小学)
传真:(023)88617186 88617166
网址:http://www.cqup.com.cn
邮箱:fxk@cqup.com.cn(营销中心)
全国新华书店经销
重庆长虹印务有限公司印刷

*

开本:787mm×1092mm 1/16 印张:16.25 字数:419千
2022 年 8 月第 1 版   2022 年 8 月第 1 次印刷
ISBN 978-7-5689-3521-0 定价:49.00 元

本书如有印刷、装订等质量问题,本社负责调换
版权所有,请勿擅自翻印和用本书
制作各类出版物及配套用书,违者必究

前 言

　　在高等院校人才培养中,实验实践教学是大学本科教学的重要环节。水质工程学综合创新实验是环境科学、环境工程、给排水科学与工程等专业的核心实践内容,涵盖给水工程、排水工程、水污染控制工程等理论课程中的主要实用技术和部分新技术,是专业理论和原理在工程领域的具体实施与理论概念的具体化。本书在总结编者多年实验实践教学经验与科研经历,同时参考国内外有关文献和教材的基础上编写而成。教材中的实验项目注重理论结合实际,强化科研成果转化,关注前沿科学问题,兼顾培养学生科学素养。教材注重了基础性、实践性与创新性相结合,为本科基本创新与研究生科学研究实验开展提供支撑。

　　本书共分为7章。第一章介绍水处理工程基础知识,包含给水处理工程概述和污水处理工程概述,为综合创新实验设计提供理论基础。第二章介绍水质工程学实验基础知识,包含玻璃仪器及其洗涤、干燥与保存,实验用水,化学试剂与溶液,误差分析与数据处理,实验室安全与防护,为实验项目的开展提供安全操作指导。第三章为水质工程实验基本技术,包括水质工程实验分析方法、水样的采集与保存、水质指标和分析方法,为水质实验分析测试做准备。第四章至第七章为环境科学、环境工程、给排水科学与工程等各专业中,与水质工程技术相关的实验实践教学内容,共49个实验项目。第四章为常见水质指标测定实验,参考国家最新环境监测标准,涵盖18个常规水质指标测定方法,强调严谨的科学态度。第五章为水质工程学基础实验,传承给水和污水处理中的经典理论,指导工程设计参数选择。第六章为水质工程学大型综合设计实验,主要包含给水处理工程、污水处理工程和污泥好氧堆肥资源化处置3个模块,每个模块可独立作为一个方向设综合实验课程,实验周期1~2个月,以实际水为对象的多种工艺全流程的综合实验,实现了理论到实践的过渡,培养工艺运行管理、团队协作和数据分析能力。本书为学生开展实验提供指导,激发学生主动探索的内驱力,深化基本原理的理解和掌握,强化学生分析解决问题的能力。第七章为水质工程学创新探索实验,包含常规污水处理工艺、难降解废水处理技术污泥厌氧消化等10个创新探索实验,注重学生对前沿科学问题的思考和探索,培养创新能力。

本书可作为高等院校环境科学、环境工程、给排水科学与工程专业及相关专业实验教学用书,也可作为科研、设计及管理人员的参考用书。由于编者水平及知识深度有限,书中难免有疏漏或不当之处,敬请广大读者批评指正。

编　者

2022 年 4 月

目录

第一章
水处理工程基础知识

第一节 给水处理工程概述

天然水源不同程度地含有不同种类和浓度的杂质,这些杂质主要有两种来源:一是自然因素,如地层矿物质在水中的溶解,水中微生物的繁殖及其死亡残骸,水流冲刷地表及河床所带入的泥沙和腐殖质等;二是人为因素,即工业废水、农业污水及生活污水等带入的污染物。这些杂质按其化学成分可分为无机物、有机物和水生物;按照大小可分成悬浮物、胶体和溶解物。

从天然水源取水,以达到生活和生产用水的水质标准为目的而进行的水质处理称为给水处理。给水处理依据用途不同可分为饮用水处理和工业用水处理。给水处理主要方法有澄清、消毒、除臭除味、除铁、除锰、除氟、软化、淡化除盐、冷却和深度处理等。为了达到处理效果,往往会几种方法结合使用。传统给水处理工艺通常包含4个处理单元,即混凝→沉淀→过滤→消毒,我国以地表水为水源的水厂主要采用这种工艺流程,主要的处理对象是水中的悬浮物、胶体杂质和致病微生物。当饮用水水源为地下水时,常规处理的主要对象是水中可能存在的病原微生物,对于不含有特殊有害物质(如过量的铁、锰等)的地下水,只需要进行消毒处理就可以达到饮用水水质要求。生活饮用水常规给水处理工艺流程如图1.1所示。

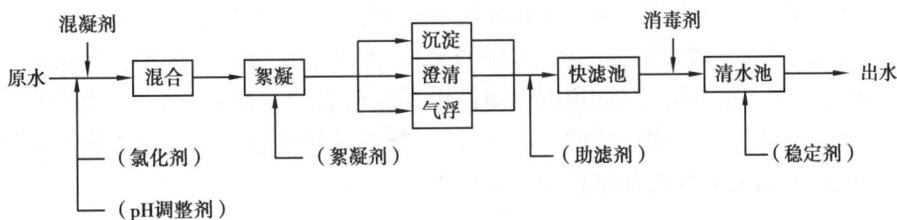

图1.1 生活饮用水常规给水处理工艺流程

一、混凝

混凝是指在水中加入电解质(或高分子物质),使水中细小悬浮物或胶体微粒互相吸附结合成较大颗粒,并与水分离的过程。影响混凝工艺的因素主要有混凝剂种类和性能、混凝剂投加量、水温、pH 值及水力条件等，无机盐、有机高分子等不同种类混凝剂的性能、作用机理和混凝效果也存在差别。与混凝相关的处理环节主要有混合单元、反应单元、药库及加药设施等，是地表水厂中的第一组构筑物。

1. 混凝机理

水处理的混凝机理比较复杂，混凝剂种类、水质条件不同，作用机理便有所不同。当前比较为大众认同的混凝剂对水中胶体粒子的混凝作用，主要在于以下几个方面。

（1）吸附电中和作用

要使胶粒通过布朗运动相撞聚集，必须降低或消除排斥势能。吸引势能与胶粒电荷无关，主要取决于构成胶体的物质种类、尺寸和密度等基本性质，对于一定的水质，胶粒特性并不会改变，所以降低或消除排斥势能的方法是降低或消除胶粒的 ζ 电位。向水中加入电解质可以达到此目的。

吸附电中和作用指胶粒表面对带异号电荷的部分有强烈的吸附作用，由于这种吸附作用中和了部分电荷，减少了静电斥力，因此容易与其他颗粒接近而互相吸附，使胶体的脱稳和凝聚易于发生。

（2）双电层压缩作用

由胶体粒子的双电层结构可知，反离子的浓度在胶粒表面最大，并沿着胶粒表面向外的距离呈递减分布，最终与溶液中离子浓度相等。向溶液中投加电解质，使溶液中离子浓度增高，则扩散层的厚度将减小。该过程的实质是加入的反离子与扩散层原有反离子之间的静电斥力把原有部分反离子挤压到吸附层中，从而使扩散层厚度减小。由于扩散层厚度的减小，ζ 电位相应降低，因此胶粒间的相互排斥力也减小。另外，由于扩散层减薄，它们相撞的距离也减小，因此相互间的吸引力相应变大，使其排斥力与吸引力的合力由以斥力为主变成以引力为主（排斥势能消失），胶粒得以迅速凝聚。

（3）吸附架桥作用

不仅带异性电荷的高分子物质与胶粒有强烈的吸附作用，不带电荷甚至带有与胶粒同性电荷的高分子物质和胶粒也有吸附作用。拉曼等人研究认为：当高分子链的一端吸附了某一胶粒后，另一端又吸附另一胶粒，形成大的絮凝体，高分子物质成为胶粒之间相互结合的桥梁，故称为吸附架桥作用。

（4）网捕或卷扫作用

当以金属盐或金属氧化物和氢氧化物作为混凝剂，投加量大到足以迅速形成金属氧化物或金属碳酸盐沉淀物时，可以网捕、卷扫水中的胶粒，产生沉淀分离。这种作用可视为一种机械作用，当沉淀物带正电荷时，沉淀速度因溶液中存在阳离子而加快。此外，水中胶粒本身可作为这些金属氢氧化物沉淀物形成的核心，所以混凝剂最佳投加量与被除去物质的浓度成反比，即胶粒越多，金属混凝剂投加量越少。

2. 混凝剂和助凝剂

简言之，混凝就是水中胶体粒子以及微小悬浮物的聚集过程。混凝剂就是在水处理过程中可以将水中的胶体微粒子黏结和聚集在一起的物质。通常混凝剂分为无机混凝剂和有机混凝剂两大类。

无机高分子混凝剂是在传统铝盐和铁盐混凝剂基础上发展起来的，是无机混凝剂的主流产品和主要研究方向，包括聚合氯化铁（PFC）、聚合磷酸铁（PFP）、聚合硫酸铁（PFS）、聚合氯化铝（PAC）、聚合磷酸铝（PAP）、聚合硫酸铝（PAS）、聚合硅酸（PS）和活化硅酸（AS）等。无机混凝剂——聚合氯化铝（PAC）如图 1.2 所示。

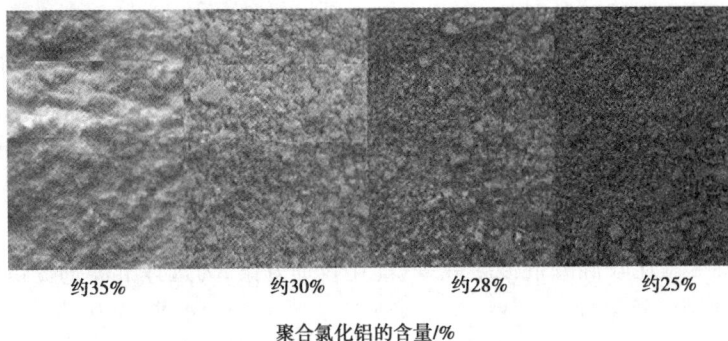

| 约35% | 约30% | 约28% | 约25% |

聚合氯化铝的含量/%

图 1.2　无机混凝剂——聚合氯化铝（PAC）

有机高分子絮凝剂可分为天然改性高分子絮凝剂和合成高分子絮凝剂，与无机絮凝剂相比，其受水的温度、pH 值及共存盐类影响较小，具备絮凝速度快、用量少，污泥生成量少，更容易处理等优点，市场应用前景广阔，发展非常迅速。有机混凝剂——聚丙烯酰胺（PAM）如图 1.3 所示。

图 1.3　有机混凝剂——聚丙烯酰胺（PAM）

当单独使用混凝剂不能取得预期效果时，可以投加助凝剂来提高混凝效果。助凝剂可以改善絮凝体的结构，促使细小而松散的絮粒变得粗大而紧实。例如，对于低温、低浊度的水，采用铝盐或铁盐混凝剂时，絮粒往往细小松散，不易沉淀，投加少量活化硅酸时，絮凝体的尺寸和密度就会增大，沉速加快。水厂内常用的助凝剂有骨胶、聚丙烯酰胺及其水解产物、活化硅酸、海藻酸钠等。

（1）混凝剂选用原则

混凝剂种类繁多，根据水处理厂工艺条件、原水水质情况和处理后水质目标选用合适的混凝剂，十分重要。混凝剂的选用应遵循以下原则。

①混凝效果好。在特定的原水水质、处理后水质要求和特定的处理工艺条件下，可以获得满意的混凝效果。

②无毒害作用。当用于处理生活饮用水时，所选用的混凝剂不得含有对人体健康有害的

成分;当用于处理工业用水时,所选用的混凝剂不得含有对生产有害的成分。

③货源充足。应对所选用的混凝剂货源和生产厂家进行调研考察,了解货源是否充足、是否能长期稳定供货、产品质量如何等。

④成本低。当有多种混凝剂品种可供选择时,应综合考虑混凝剂价格、运输成本与投加量等,进行经济比较分析,在保证处理水质的前提下尽可能降低使用成本。

⑤新型混凝剂取得卫生许可。对于未推广应用的新型混凝剂品种,应取得当地卫生部门的许可。

⑥借阅经验或实验。查阅相关文献并考察具有相同或类似水质的水处理厂,借鉴其运行经验,或通过混凝实验比较混凝剂混凝效果,优化投加方案,为选择混凝剂提供参考。

(2)混凝剂使用注意事项

无机混凝剂中,铁盐所形成的絮体密度较大,需要的混凝剂量较少。特别是对于水厂排泥水的处理,其混凝效果相当于高分子聚合混凝剂,但腐蚀性较强,贮藏与运输困难。铁盐混凝剂投加量较大时,需用石灰作为助凝剂调节 pH 值。铝盐混凝剂形成的絮体密度较小,混凝剂量较多,但腐蚀性弱,贮藏与运输方便。

当使用高分子混凝剂时,其消耗量低于无机混凝剂、操作容易、在水中呈弱酸性或弱碱性、腐蚀性小、泥量增加少。但是,在使用高分子混凝剂前,必须对各种污泥做混凝试验,考虑提高悬浮粒子凝聚和沉淀性能时,还应考虑其脱水性能。

在使用混凝剂时应该注意以下几点。

①合适的混凝剂投加量。混凝剂投加量决定了水中胶体的脱稳作用,与产生絮凝体的数量多少直接相关。混凝剂量取决于胶体浓度、电荷的正负和电荷数量及混凝 pH 值。若投加量不足,则絮凝体过小,易穿过滤层,缩短过滤周期,影响滤后水质。若投加量过高,则可引发胶体再稳现象,使形成的絮凝体过大,滤层表面大量截污,不能充分发挥滤床深度过滤作用,使滤床阻力增长过快,缩短过滤周期。

②合适的混凝 pH 值条件。处理水的 pH 值不同,混凝剂的水解产物不同,产生的混凝效果不同。此外,水中的 pH 值是影响色度去除的主要因素。一般 pH 值为 3.5~5.0 时,易于除色;pH 值为 6~8 时,易于除浊。碱度低的水,投加混凝剂后,使原水 pH 值下降明显而不利于混凝。

③混凝剂联合使用投加顺序。例如,当用三氯化铁和石灰药剂时,需先加铁盐再加石灰,这时过滤速度快、节省药剂。高分子混凝剂与助凝剂合用时,一般应先加助凝剂。

④机械脱水对混凝剂类型的选择。通常,真空过滤和压滤脱水使用无机混凝剂或有机高分子混凝剂效果接近,离心脱水则要求使用高分子混凝剂。泵循环混合或搅拌均会影响混凝效果,增加过滤比阻,使脱水困难,需注意适度。

3. 混合设备

混合设备的要求是使混凝剂和水必须快速均匀混合。混合设备种类较多,我国常用的有水泵混合、管式混合、机械混合。

(1)水泵混合

水泵混合是我国常用的混合方式。混凝剂投加在取水泵吸水管或吸水喇叭口处,利用水泵叶轮高速旋转以达到快速混合的目的。水泵混合效果好,无须另建混合设施,节省动力,大、中、小型水厂均可采用。但当采用三氯化铁作为混凝剂时,若投量较大,混凝剂对水泵叶轮可能有轻微腐蚀作用。当取水泵房距水厂处理构筑物较远时,不宜采用水泵混合,因为经水泵混合后的原水在长距离管道输送过程中,可能过早地在管中形成絮凝体。已形成的絮凝体在管道中一经破碎,往往难以重新聚集,不利于后续絮凝,且当管中流速低时,絮凝体还可能沉积管中。因此,水泵混合通常用于取水泵房靠近水厂处理构筑物的场合,两者间距不宜大于 150 m。

（2）管式混合

最简单的管式混合即将混凝剂直接投入水泵压水管中,借助管中流速进行混合。管中流速不宜小于 1 m/s,投药点后的管内水头损失不小于 0.3~0.4 m。投药点至末端出口距离以不小于 50 倍管道直径为宜。为提高混合效果,可在管道内增设孔板或文丘里管。这种管道混合简单易行,无须另建混合设备,但混合效果不稳定,管中流速低时,混合不充分。

目前广泛使用的管式混合器有管式静态混合器和扩散混合器。管式静态混合器内按要求安装若干固定混合单元。每一混合单元由若干固定叶片按一定角度交叉组成。水流和混凝剂通过混合器时,被单元体多次分割、改向并形成涡漩,达到混合目的。这种混合器构造简单,无活动部件,安装方便,混合快速而均匀。另一种管式混合器是扩散混合器。它是在管式孔板混合器前加装一个锥形帽,水流和混凝剂对冲锥形帽后扩散形成剧烈紊流,使混凝剂和水快速混合。

（3）机械混合

机械混合是在池内安装搅拌装置,以电动机驱动搅拌器使水和混凝剂混合。搅拌器可以是桨板式、螺旋桨式或涡轮式（又称透平式）。桨板式适用于容积较小的混合池（一般在 2 m³ 以下）,其余两种可用于容积较大的混合池。搅拌功率按 700~1 000 s⁻¹ 的产生速度梯度计算确定。混合时间控制在 10~30 s,最多不超过 2 min。机械混合在设计中应避免水流同步旋转而降低混合效果。机械混合的优点是混合效果好,且不受水量变化影响,适用于各种规模的水厂。缺点是增加机械设备并相应增加维修工作。

4.混凝反应池设计

发生混凝反应的构筑物即为反应池（或絮凝池）。为使絮凝过程所形成的絮凝体不受剧烈扰动而破碎,在反应池出水时应保持水流稳定,宜将反应池与后续沉淀池合建。

（1）絮凝类型

给水处理中絮凝一般分为接触絮凝和水力絮凝（又称容积絮凝）两大类。国内水厂常用后者,即通过投加混凝剂电解质,利用双电层压缩、吸附电中和使微观颗粒碰撞增大而失去布朗运动,继续受适当水力搅拌作用,依靠吸附架桥,沉淀物卷扫作用成长为宏观尺寸絮体的过程。水力絮凝又可分成更多类型,目前使用较多的有隔板絮凝池、旋流絮凝池、折板絮凝池、栅条（网格）絮凝池及机械絮凝池等。不同类型的絮凝池的特点及适用条件见表1.1。

表 1.1　不同类型的絮凝池的特点及适用条件

类型		优点	缺点	适用条件
隔板絮凝池	往复式	絮凝效果好,结构简单,施工方便	容积较大,水头损失较大,转折处矾花易破碎	水量大于 30 000 m³/d 的净水厂;处理水量稳定,变动小
	回转式	絮凝效果好,水头损失小,结构简单,管理方便	出水流量不易分配均匀,出口处易积泥	水量大于 30 000 m³/d 的净水厂;水量变动小者及改扩建旧池时更适用

续表

类型	优点	缺点	适用条件
旋流絮凝池	容积小,水头损失较小	池体较深,地下水位高处施工较难,絮凝效果较差	中小型净水厂
折板絮凝池	絮凝效果好,絮凝时间短,容积较小	构造较隔板絮凝池复杂,造价高	流量变化较小的中小型净水厂
栅条(网格)絮凝池	絮凝效果好,水头损失小,絮凝时间短	末端池底易积泥	流量变化较小的中小型净水厂
机械絮凝池	絮凝效果好,水头损失小,可适应水质水量的变化	需要机械设备,运行能耗大	大小水量均适用,并适合水量变动较大的净水厂

(2)设计概述

絮凝池类型选择和絮凝时间确定,应根据相似条件下的运行经验或通过原水水质试验确定。一般来讲,为保证在检修、事故时仍能供水,絮凝池数不应少于2个,并在池底设置排泥设施。此外,在絮凝池设计时,应分别符合以下要求。

①隔板絮凝池。

隔板絮凝池采用平直墙(板)将絮凝池体分隔,令水流往复或竖向流动。隔断方式多采用砖砌隔墙,厚度可采用120~240 mm。隔板间净距不宜小于0.5 m,以便于施工和清洗检修,隔板转弯处过水断面积应为下一廊道断面面积的1.2~1.5倍,同时转弯处尽量做成圆弧形,使水流稳定。为了便于排泥,池底坡度宜坡向排泥口2%~3%,排泥管管径不应小于150 mm。隔板絮凝池反应时间宜为20~30 min。絮凝池廊道的起端流速宜为0.5~0.6 m/s,末端流速宜为0.2~0.3 m/s。流速应沿程递减,根据具体情况分成若干段并确定各段流速,工程上通常采用改变隔板间距的方法达到改变不同挡位流速的要求,隔板通常布置为平流式。当水流垂直于隔板进入池中时,在起端进水口处应采取挡水措施,以免水流直冲隔板。

②折板絮凝池。

折板絮凝池分为异波折板、同波折板,在组合应用时,通常按异波→同波→直板设置,折板通常布置为竖流式。从实际生产经验得知,折板絮凝池反应时间以10~15 min为宜。折板间距可采用0.5 m,长度为0.8~1.5 m,折板夹角可采用90°~120°,或依据试验情况设定。通过改变折板间距使水流在絮凝反应过程中的流速逐段降低,且分段数不宜少于三段,其中,第一段流速0.25~0.35 m/s,第二段流速0.15~0.25 m/s,第三段流速0.10~0.15 m/s。池底坡度宜坡向排泥口2%~3%,以便于排泥,排泥管径不应小于150 mm。

③栅条(网格)絮凝池。

栅条(网格)絮凝池宜设计成多格竖井回流式,在各竖井之间的隔墙上,上、下错落开口。栅条(网格)絮凝池反应时间宜为12~20 min,当处理低温或低浊水时,絮凝时间应适当延长,以保证絮凝效果。絮凝池竖井、过栅(过网)和过孔流速应逐段递减,宜分三段。栅条(网格)絮凝池的水力参数及栅条、网格构件的规格和布置应根据原水水质及生产能力,通过试验或参照相似净水厂的运行经验确定。池底设穿孔管重力排泥,排泥管径不小于150 mm。

④机械絮凝池。

机械絮凝池的水力梯度通过搅拌器旋转速度由大到小进行分级,通常分3格以上串联,分格越多,絮凝效果越好。机械絮凝池絮凝时间一般宜为 15～20 min。池内设 3～4 挡搅拌机,各挡搅拌机之间用隔墙分开以防止水流短路。水平搅拌轴应设于池中水深 1/2 处,垂直轴则应设于池中间。搅拌机的转速应根据桨板边缘处的线速度通过计算确定,线速度宜自第一挡的 0.5 m/s 逐渐变小至末挡的 0.2 m/s。为增加水流紊动性,可在每格池子的池壁上设置固定挡板。

水平轴式叶轮直径应比絮凝池水深小 0.3 m,叶轮外缘与池壁间距不大于 0.2 m;垂直轴的上桨板顶端应设于池内水面下 0.3 m 处,下桨板底端应设于距池底 0.3～0.5 m 处,桨板外缘与池壁间距不大于 0.25 m。每根搅拌轴上桨板总面积宜为水流截面积的 10%～20%,不宜超过 25%,以免池水随桨板同步旋转,降低搅拌效果。每块桨板的宽度为桨板长度的 1/15～1/10,一般采用 10～30 cm。

二、沉淀

1. 概述

利用水中悬浮颗粒的可沉降性能,在重力作用下从水中分离出来的过程称为沉淀。根据悬浮颗粒的浓度和颗粒特性,沉淀可分为以下几种形式。

(1)自由沉淀

自由沉淀发生在水中悬浮颗粒浓度不高的体系,在沉淀过程中呈离散状态,互不干扰,互不黏合,不改变颗粒的形状、尺寸及密度,也不受器壁的影响,各自完成独立的沉淀过程。如砂粒在沉砂池中的沉淀以及悬浮物浓度较低的初次沉淀池(简称"初沉池")中的沉淀过程。

(2)絮凝沉淀

絮凝沉淀也称干涉沉淀,当悬浮颗粒的浓度为 50～500 mg/L 时,悬浮物的胶体及分散颗粒在分子力的相互作用下生成絮状体且在沉降过程中互相碰撞凝聚,其尺寸和质量不断变大,沉速不断增加。经过混凝处理的水中颗粒的沉淀、初沉池后期、生物膜法二沉池("二次沉淀池"的简称)、活性污泥法二沉池初期等均属絮凝沉淀。

(3)拥挤沉淀

当悬浮颗粒的浓度大于 500 mg/L 时,在沉降过程中,颗粒之间互相干扰、妨碍,沉速大的颗粒无法超越沉速小的颗粒,各自保持相对位置不变,在清水与浑水之间形成明显的交界面(混液面),并逐渐向下移动,因此,也称成层沉淀或区域沉淀。活性污泥法二沉池沉淀后期、浓缩池沉淀初期等均属这种沉淀类型。

(4)压缩沉淀

悬浮颗粒浓度特高(不再称水中颗粒物浓度,而称固体中的含水率),在沉降过程中,颗粒相互接触,上层颗粒靠重力作用压缩下层颗粒,使下层颗粒间隙中的液体被挤出界面并向上流,固体颗粒群被浓缩。活性污泥法二沉池污泥斗中、浓缩池中污泥的浓缩过程属于此类型。

在分析沉淀过程及沉淀池的运动规律和沉淀效果时,为便于讨论,提出了"理想沉淀池"的概念,其假设条件是:

①颗粒处于自由沉淀状态,即在沉淀过程中,颗粒之间互不干扰,颗粒大小、形状、密度不发生变化,颗粒的浓度及分布在池深方向完全均匀一致,因此沉速始终不变。

②水流沿水平方向等速流动,在任何一处的过水断面上,各点的流速相同,始终不变。

③颗粒沉到池底即认为已被除去,不再返回水中。到出水区尚未沉到池底的颗粒全部由

出水带至池外。

2. 沉淀池设计

沉淀池是基于重力作用将悬浮颗粒从水中分离出来的构筑物。沉淀池在水处理中广泛使用。它的类型很多,按水流方向可分为平流式、竖流式、辐流式、斜流式;按其颗粒沉降距离可分为一般沉淀池和浅层沉淀池;按工艺布置可分为初次沉淀池和二次沉淀池。给水处理中常见沉淀池的性能特点及适用条件见表1.2。

表 1.2　给水处理中常见沉淀池的性能特点及适用条件

类型	优点	缺点	适用条件
平流式	对冲击负荷和湿度变化的适应能力较强,处理效果稳定;施工简单,造价低;带有机械排泥设备时,排泥效果好	采用多斗排泥,每个泥斗需单独设排泥管,工作量大;采用机械排泥,机件设备维护复杂;占地面积较大	一般用于大、中型净水厂;原水含砂量大时作预沉池
竖流式	排泥较方便;一般与絮凝池合建,不需要建絮凝池;占地面积较小	池深度大,施工困难;对冲击负荷和湿度变化的适应能力较差;池径不宜太大;造价较高	一般用于小型净水厂;常用于地下水位较低时
辐流式	沉淀效果好;有机械排泥装置时,排泥效果好,管理较简单	池水水流速不稳定;机械排泥设备复杂,对施工质量要求较高、基建投资及费用大	一般用于大、中型净水厂;在高浊度水地区作预沉池
斜流式	沉淀效果好;池体小,占地少	斜管(板)耗用材料多,且价格高;排泥较困难	宜用于大、中型净水厂,旧沉淀池的扩建、改建和挖潜

沉淀池类型选择和沉淀时间确定,应根据相似条件下的运行经验或通过原水水质试验确定。一般来讲,为保证在检修、事故时仍能供水,沉淀池能够单独排空的个数或分隔数不应少于两个。此外,在沉淀池设计时,应分别符合以下要求。

(1)平流式沉淀池

平流式沉淀池一般可分为进水区、沉淀区、存泥区和出水区四部分。进水区有整流措施,使水流均匀分布在进水截面上。沉淀区要降低水流的雷诺数 Re,提高水流的弗汝德数 Fr,减少水力半径。沉淀池排泥方式有斗形底排泥、穿孔管排泥及机械排泥等,前两种排泥方式需要存泥区,但目前往往采用机械排泥装置,故设计可以不考虑存泥区,但池底要设置一定坡度以便放空。出水区设出水堰,使沉淀后的水尽量均匀流出。平流式沉淀池的设计应注意以下要点。

①平流式沉淀池的水平流速可采用 10 ~ 25 mm/s,在生产实际中也有使水平流速达到 30 mm/s左右的,以缩短池长,但应保证池内水流顺直、流态良好。沉淀时间宜为 1.5 ~ 3.0 h,低温低浊度水沉淀时间往往超过 2 h。

②平流式沉淀池的平均有效水深可采用 3.0 ~ 3.5 m,超高一般为 0.3 ~ 0.5 m;沉淀池每格宽度(或导流墙间距)宜为 3 ~ 8 m,最大不超过 15 m,长度与宽度之比不得小于 4;长度与深度之比不得小于 10。

③平流式沉淀池进出水口形式对出水效果至关重要。进水端宜采用穿孔墙配水,穿孔墙在池底积泥面以上0.3~0.5 m处至池底部分不设孔眼,以免冲动沉泥,此外,进口处开孔墙流速不大于絮凝池最后一段流速,以免絮体破碎;出水端应考虑在出水槽前增加指形槽的措施,以降低出水堰溢流负荷,出水形式可采用三角堰溢流或孔口出流的方式,其溢流率(单宽流量)不宜超过300 m³/(m·d)。

④沉淀池需要设计放空管,其管径一般应使沉淀池泄空时间不超过6 h。

⑤由于沉淀池面积较大,一般采用机械排泥方式。当采用吸泥机排泥时,池底可为平坡,当采用刮泥机排泥时应向进水端找坡,坡度宜为2%~3%。

(2)斜流式沉淀池

斜流式沉淀池是根据浅池理论,在沉淀池的沉淀区加斜板或斜管而构成。它由斜板(管)沉淀区、进水配水区、清水出水区、缓冲区和污泥区组成。斜板或斜管(断面为矩形或六角形的管状组件)与水平面成一定角度(一般60°左右),颗粒沉于斜板(管)底部,当累积到一定程度时自动滑下。

①斜板沉淀池。水流方向主要有上向流、侧向流及下向流三种。工程实践中,侧向流斜板沉淀池应用较多,设计时应考虑斜板沉淀区的设计颗粒沉降速度,液面负荷宜通过试验或参照相似条件下的净水厂运行经验确定,设计颗粒沉降速度可采用0.16~0.3 mm/s,液面负荷可采用6.0~12.0 m³/(m²·h),低温低浊度水宜采用下限值。斜板板距宜采用80~100 mm,单层斜板板长不宜大于1.0 m,斜板倾斜角度宜采用60°。在沉淀池起端下部设置阻流墙,并使斜板顶部高出水面。为使水流均匀分配和收集,斜板沉淀池的进出水口应设置整流墙,其中,进口处整流墙的开孔率应使过孔流速不大于絮凝池出口流速,稳定流态,以免絮体破碎。

②斜管沉淀池。斜管可以增大沉淀面积,提高悬浮颗粒去除效率。在实践中,斜管沉淀池多采用上向流方式。斜管沉淀区液面负荷应按相似条件下的运行经验确定,可采用5.0~9.0 m³/(m²·h)。断面一般采用蜂窝六角形,斜管管径为30~40 mm,斜长为1.0 m,倾角60°。斜管沉淀池上部的清水区保护高度不宜小于1.0 m,斜管下部的配水区高度不宜小于1.5 m,为使布水均匀,在沉淀池进口处应设穿孔墙或格栅等整流措施。斜管沉淀池排泥可采用穿孔管排泥或机械排泥。

(3)竖流式沉淀池

竖流式沉淀池又称立式沉淀池,是池中废水竖向流动的沉淀池。池体平面图形为圆形或方形。水由设在池中心的进水管自上而下进入池内,管下设伞形挡板使废水在池中均匀分布后沿整个过水断面缓慢上升,悬浮物沉降进入池底锥形沉泥斗中,澄清水从池四周沿周边溢流堰流出。竖流式沉淀池的设计,应符合下列要求:

①水池直径(或正方形的一边)与有效水深之比不宜大于3。

②中心管内流速不宜大于30 mm/s,以防止影响沉淀区的沉淀作用。

③中心管下口应设有喇叭口和反射板,板底面距泥面不宜小于0.3 m,以消除进入沉淀区的水流能量,保证沉淀效果。

④根据竖流沉淀池的流态特征,径深比不宜大于3。

(4)辐流式沉淀池

辐流式沉淀池池体平面多为圆形,也有方形,直径(或边长)为6~60 m,最大可达100 m,池周水深1.5~3 m,有中心进水、周边进水、周进周出、旋转臂配水几种形式。悬浮物在流动

中沉降,并沿池底坡度进入污泥斗,澄清水从池周边溢流出水渠。辐流式沉淀池的设计,应符合下列要求:

①水池直径(或正方形的一边)与有效水深之比宜为 6 ~ 12,水池直径不宜大于 50 m,宜采用机械排泥,排泥机械旋转速度宜为 1 ~ 3 r/h,刮泥板的外缘线速度不宜大于 3 m/min。当水池直径(或正方形的一边)较小时也可采用多斗排泥。

②缓冲层高度,非机械排泥时宜为 0.5 m;机械排泥时,应根据刮泥板高度确定,且缓冲层上缘宜高出刮泥板 0.3 m。坡向泥斗的底坡不宜小于 0.05。

③根据辐流式沉淀池的流态特征,其径深比宜为 6 ~ 12。为减少风对沉淀效果的影响,池径宜小于 50 m。

三、过滤

1. 概述

水中悬浮颗粒经过有空隙的介质被截流分离出来的过程称为过滤。在水处理中,一般用石英砂、无烟煤、陶粒等粒状滤料截留水中悬浮颗粒,从而使浑水变得澄清。同时,水中的部分有机物、细菌、病毒等也会附着在悬浮颗粒上一并去除。一般认为过滤涉及以下三个过程。

(1)迁移

悬浮于水中的微粒被输送到贴近滤料表面,即水中微小颗粒脱离水流流线向滤料颗粒表面靠近的输送过程,称为迁移。迁移过程中会发生筛滤、拦截、沉淀等多种情况。比滤料空隙大的颗粒直接筛滤在滤料表面。另一些较小的颗粒由于具有一定惯性,并且水流流线在滤料微孔沟道附近收缩处汇聚,所以会被滤料拦截下来。而一些较重的颗粒则可直接穿过流线而沉淀在滤料表面。

(2)黏附

接近或到达滤料表面的微小颗粒截留在滤料表面的过程称为附着,又称黏附。由滤料和水中悬浮物的表面均带有一定的电荷,因此会发生电动效应。在颗粒和滤料之间也可因水分子的氢键而发生水合作用。此外,颗粒及滤料极大的比表面和范德华力作用,既能降低各种颗粒之间的 ξ 电位,也能产生吸附架桥作用。以上各种现象均可使水中悬浮物附着在滤料表面或相互结成大块而筛滤截留。

(3)冲洗

逆流冲洗和空气泡冲洗,利于黏附在滤料上的悬浮物脱落下来。

2. 影响过滤的因素

设计滤池必须考虑一些影响因素,例如滤料的性质、滤床空隙率、滤床深度、滤速、允许的水头损失以及进水水质等。进水水质、滤料粒径和滤速是最重要的影响因素。

(1)进水水质

进水水质指标中,最重要的是悬浮物(SS)含量和颗粒大小。例如,经活性污泥法和生物滤池处理后的出水中,SS 为 6 ~ 30 mg/L。而颗粒尺寸小者可为 1 ~ 15 μm,大者可为 50 ~ 150 μm(少数颗粒可大于 500 μm)。对这种来水的处理,需考虑两级过滤。

(2)滤料粒径

滤料粒径的大小直接影响过滤水的水头损失。如果选用粒径太小的滤料,过多的驱动水头会由于滤床的摩擦阻力而损失。另外,如果滤料粒径太大,一些较小的悬浮颗粒就不能被截留。

（3）滤速

决定滤速时首先要考虑进水中絮体的强度和滤料粒径。如果絮体的强度较差,较高的滤速将打碎絮体而使过滤失败。

3. 滤池设计

在工程实践中,为了全面描述滤池类型,通常将不同分类方式的滤池进行组合命名,如普通快滤池、无阀滤池、V形滤池、移动罩滤池等。净水生产中常用滤池的性能特点及适用条件见表1.3。

表1.3 常用滤池的性能特点及适用条件

类型	优点	缺点	适用条件
普通快滤池（四阀滤池）	运行经验丰富可靠,滤料易得,价格便宜,面积较大,池深较浅,便于高程设计和施工,出水水质较好	阀门多,必须配备全套冲洗设备	进水浊度小于10;单池面积大于100 m²;可适用于大、中型净水厂;有条件时尽量采用表面冲洗或空气助洗设备
均质滤料滤池（V形滤池）	运行稳妥可靠,滤料易得,价格低,滤床含污量大、过滤周期长、滤速高,出水水质好,气水反洗与表面积扫洗冲洗效果好	配套设备多,运行能耗大,土建复杂,池深大	进水浊度小于10;单池面积大于150 m²;一般用于大中型净水厂
无阀滤池	不需要设置阀门,自动冲洗管理方便,部分设备可定型制作	清砂不便,单池面积较小,冲洗效果差且废水出水水质一般	进水浊度小于10;单池面积不大于25 m²;一般用于小型净水厂,规模小于 1×10⁴ m³/d
移动罩滤池	造价低,不需要大量阀门设备,池浅、结构简单,能连续自动运行、不需要冲洗水塔或水泵,节约用地、运行能耗低	必须配备全套冲洗设备,对材质要求高,罩体与隔墙间的密封要求高,施工难度大	进水浊度小于10;单池面积不大于10 m²;一般用于大中型净水厂
接触双层滤料滤池	砂和煤组合滤料滤池,对进水浊度适用幅度大,可作为直接过滤滤池使用,降速过滤、水质好,节约用地投资省	滤料要求高、价格高,对运转周期要求高,工作周期短,滤料易流失,冲洗困难,易积泥球	进水浊度可在50～100;一般用于规模在 5 000 m³/d 以下的小型净水厂;应配套助洗设备

滤池类型、分格数及单格面积等,应根据设计生产能力、运行管理要求、进出水水质和净水构筑物高程布置等因素,结合厂址地形条件,通过技术经济比较确定,但滤池个数不宜少于2个,且每个滤池应设取样装置。过滤速度是滤池设计的重要指标,决定了出水水质和运行效率,滤池滤速及滤料组成的选用,应根据进水水质、滤后水水质要求及滤池构造等因素,通过试验或参照相似条件下已有滤池的运行经验确定。

（1）普通快滤池

滤料上水深宜采用1.5～2.0 m,滤池超高一般采用0.3 m。滤池工作周期一般采用24 h,

单层、双层滤料滤池冲洗前水头损失宜采用 2.0~2.5 m;三层滤料滤池冲洗前水头损失宜采用 2.0~3.0 m。当运行时超过最大水头损失时,应提前进行滤池反冲洗。单层滤料滤池宜采用管式大阻力或中阻力配水系统,三层滤料滤池宜采用中阻力配水系统。冲洗排水槽的总平面面积一般大于过滤面积的 25%,滤料表面到洗砂排水槽底的距离,不应小于冲洗时滤层的膨胀高度。滤池底部应设泄空管,并在池底以 0.5% 坡度坡向泄空管;滤池池壁与砂层接触时应抹面拉毛,避免水流沿池壁短流。

(2)均质滤料滤池/V 形滤池

因两侧(或一侧也可)进水槽设计成 V 字形而得名,整个滤层在深度方向的粒径分布基本均匀,不发生水力分级现象,即"均质滤料"。

①滤层表面以上水深一般为 1.2~1.5 m。滤池工作周期较长,一般采用 24~48 h。滤池冲洗前水头损失宜采用 1.5~2.0 m,当运行时超过最大水头损失时,应提前进行滤池冲洗。

②均质滤料滤池冲洗宜用气、水联合冲洗,冲洗水泵和风机设计流量应按单格滤池反冲洗考虑,并设置备用机组,风机出风口应考虑防止水倒吸的措施。

③均质滤料滤池宜采用长柄滤头配气、配水系统,并控制同格滤池所有滤头滤帽或滤柄顶表面在同一水平高程,也可以采用整体浇筑的形式控制滤头出水出气均匀。

④均质滤料滤池两侧进水槽的槽底配水孔口至中央排水槽边缘的水平距离宜在 3.5 m 以内,最大不得超过 5 m;表面扫洗配水孔的预埋管应水平布置,内径一般为 20~30 mm,其各管轴线应保持平行;冲洗排水槽顶面宜高出滤料层表面 500 mm,其斜面与池壁的倾斜度宜采用 45°~50°。

⑤排水槽底板最低处应高出滤板 0.1 m,最高处高出 0.4~0.5 m,并以坡度不小于 2% 坡向出水口;排水槽正下方为滤池配水配气渠,两者宽度应一致。

⑥滤池池壁与砂层接触时应抹面拉毛,避免水流沿池壁短流。

四、消毒

1.概述

为防止通过饮用水传播疾病,在生活饮用水处理中,消毒必不可少,通过消毒可以消除水中致病微生物,防止通过饮水传播疾病。

目前,常用的消毒方法有氯及氯胺消毒、次氯酸钠消毒、二氧化氯消毒、臭氧消毒、紫外线消毒等。在净水工艺中,消毒剂和消毒方法的选择应依据原水水质、出水水质要求、消毒剂来源、消毒副产物形成的可能、净水处理工艺等,通过技术经济比较确定。可采用氯消毒、氯胺消毒、二氧化氯消毒、臭氧消毒及紫外线消毒,也可采用上述方法的组合。常用消毒剂的性能比较见表 1.4。

2.氯消毒

氯消毒的反应:

$$Cl_2 + H_2O \rightleftharpoons HClO + HCl$$
$$HClO \rightleftharpoons H^+ + ClO^-$$

氯消毒作用的机理,一般认为主要通过次氯酸 HClO 起作用。HClO 为很小的中性分子,它能扩散到带负电的细菌表面,并通过细菌的细胞壁穿透到细菌内部。当 HClO 分子到达细菌内部时,能起氧化作用破坏细菌的酶系统而使细菌死亡。ClO⁻ 虽也具有氧化杀菌能力,但由于静电斥力,难以接近带负电的细菌表面,杀菌能力有限。生产实践表明,pH 值越低则消毒作用越强,从而证明 HClO 是消毒的主要成分。

表 1.4　常用消毒剂的性能比较

类型	优点	缺点
液氯	价格低廉,方便易得;投加设备简单,且运行管理经验丰富,余氯可防止水中细菌的再度繁殖	安全性较差,当加装泄氯吸收装置时,造价提高;消毒效果受温度、pH 值等条件的影响较大;液氯与水中的分类反应能使水体散发出难闻的异味;可与水中有机物反应生成对人体有害的有机卤代物
次氯酸钠	价格低廉、使用方便,余氯可防止水中细菌的再度繁殖	容易分解,不易保存;次氯酸钠发生器的主要元件易损坏;设备体积大,电耗或盐耗都较高;发生器操作与管理不方便
二氧化氯	对经水传播的病原微生物有很好的去除效果;消毒速度快、性能稳定,受水温、pH 值、氨的影响较小;可氧化水中部分有机物、不会生成有机卤代物等致癌物质;剩余二氧化氯可防止水中细菌的再度繁殖	二氧化氯制备时以气体方式存在,不能贮存,只能现场制备现场使用,其主要原料亚氯酸钠易爆炸
臭氧	氧化能力强、杀菌速度快、效果好;受温度和 pH 值影响小;可氯化分解水中难降解的有机物而无有害副产物生成	基建投资大、设备复杂、用电量多、运行费用高;臭氧容易分解,在水中衰减速度快,为保证管网内持续的杀菌作用,需和其他消毒方法协同使用

水中加氯量,可以分为两部分,即需氯量和余氯。需氯量指用于灭活水中微生物、氧化有机物和还原性物质等所消耗的部分。为了抑制水中残余病原微生物的再度繁殖,管网中尚需维持少量剩余氯。我国饮用水标准规定出厂水游离性余氯在接触 30 min 后不应低于 0.3 mg/L,在管网末梢不应低于 0.05 mg/L。后者的余氯量虽仍具有消毒能力,但对再次污染的消毒尚显不够,而可作为预示再次受到污染的信号,对管网较长而有死水端和设备陈旧的情况,尤为重要。

在过滤之后加氯,因消耗氯的物质已经大部分去除,所以加氯量很少。滤后消毒为饮用水处理的最后一步。在加混凝剂时同时加氯,可氧化水中的有机物,提高混凝效果。用硫酸亚铁作为混凝剂时,可以同时加氯,将亚铁氧化成三价铁,促进硫酸亚铁的凝聚作用。这些氯化法称为滤前氯化或预氯化。预氯化还能防止水厂内各类构筑物中滋生青苔和延长氯胺消毒的接触时间。对于受污染水源,为避免产生氯消毒的副产物,滤前加氯或预氯化应尽量避免。当城市管网延伸很长,管网末梢的余氯难以保证时,需要在管网中途补充加氯。这样既能保证管网末梢的余氯,又不致使水厂附近管网中的余氯过高。管网中途加氯的位置一般设在加压泵站或水库泵站内。

3. 二氧化氯消毒

二氧化氯既是消毒剂,也是强氧化剂。二氧化氯在常温常压下是一种黄绿色气体,具有与氯相似的刺激性气味,沸点 11 ℃,凝固点 −59 ℃,极不稳定,气态和液态二氧化氯均易爆炸,故必须以水溶液形式现场制取,即时使用。

制取二氧化氯的方法较多。在给水处理中,制取方法主要有:亚氯酸钠和氯制取,强酸和亚氯酸钠制取。以上两种制取方法各有优缺点。采用强酸与亚氯酸钠制取,方法简便,产品中无自由氯,但亚氯酸钠转化成二氧化氯的理论转化率仅为80%,即5 mol的亚氯酸钠产生4 mol的二氧化氯。采用氯与亚氯酸钠制取,1 mol的亚氯酸钠可产生1 mol的二氧化氯,理论转化率100%。由于亚氯酸钠价格高,采用氯制取在经济上应占有优势。当然,还应考虑其他各种因素,如设备的性能、价格等。

二氧化氯与水有效接触时间不应少于30 min。二氧化氯制备、贮存、投加设备及管道、管配件必须有良好的密封性和耐腐蚀性;制备二氧化氯的原材料氯酸钠、亚氯酸钠和盐酸、氯气等严禁相互接触,必须分别贮存在分类的库房内,贮放槽需设置隔离墙;盐酸库房内应设置酸泄漏的收集槽。氯酸钠及亚氯酸钠库房室内应备有快速冲洗设施;操作台、操作梯及地面均应有耐腐蚀的表层处理;设备间内应有每小时换气8~12次的通风设施,并应配备二氧化氯泄漏的检测仪和报警设施及稀释泄漏溶液的快速水冲洗设施;设备间应与贮存库房毗邻。二氧化氯的原材料库房贮存量可按不大于最大用量10 d的量计算。

4. 臭氧消毒

臭氧的氧化作用分直接作用和间接作用两种。臭氧直接与水中物质反应称直接作用。直接氧化作用有选择性且反应较慢,这种反应通常较易与水中的乙醇、胺及苯酚等发生反应。间接作用是指臭氧在水中可分解产生二级氧化剂——羟基自由基·OH("·"表示OH带有一未配对电子,故活性极大)。·OH是一种非选择性的强氧化剂,可以使许多有机物彻底降解矿化,且反应速度很快。但仅由臭氧产生的羟基自由基量很少,与其他物理化学方程配合方可产生较多·OH。臭氧消毒机理实际上仍是氧化作用。

臭氧既是消毒剂,又是氧化能力很强的氧化剂。作为消毒剂,由于臭氧在水中不稳定,易分解,故臭氧消毒后,往往仍需投加少量氯、二氧化氯或氯胺以维持水中剩余消毒剂,发挥持续消毒的作用。

臭氧消毒虽然不产生三卤甲烷等有害物质,但在某些特定的条件下可能产生有毒有害副产物,例如,当水中含有溴化物时,经臭氧化后,将会产生有潜在致癌作用的溴酸盐;臭氧可能与腐殖质等天然有机物反应,生成具有"三致"作用的物质。另外,臭氧氧化会造成水中可生化有机碳浓度升高,引起配水管网结污垢。

五、深度处理

由于水源匮乏或污染严重,在采用不适宜作为水源原水的情况下,或常规净水工艺处理出水不能完全达到饮用水标准时,在饮用水处理中需采用某些方法、工艺作为深度处理。

1. 活性炭工艺

活性炭工艺是利用活性炭的吸附作用去除水体中溶解性物质,同时降低饮用水中臭味的工艺。近几年,由于水中微量有机物对人体健康构成威胁,活性炭被广泛应用于给水工程中,具体的活性炭吸附技术有以下几种。

(1)粒状活性炭

粒状活性炭吸附装置类似滤池,可分为重力式和压力式。可以使用在3个位置,即滤前吸附、滤后吸附及过滤吸附。空床接触时间(EBCT)和活性炭利用率(CUR)是比较重要的两个参数,直接影响建设投资以及运行费用。长期运行的粒状活性炭吸附滤池表面大量的有机物,成为微生物繁殖的基质,形成生物膜,在适当温度及营养条件下,同时发挥活性炭的物理吸附和微生物降解,在20世纪80年代被正式确立为生物活性炭技术。

(2)粉末活性炭

粉末活性炭由于粒度小,接触面积大,所以吸附速度快,吸附效果好,粉末活性炭投加所需要的基建费用比较低。与粒状炭相比,粉末炭再生困难,常常使用一次,因此运行费用较高。粉末活性炭的使用一般有湿投和干投两种方式,湿投应用得较多。粉末活性炭还可与其他技术联用,例如与微滤、超滤、高锰酸钾联用,与活性污泥联用的PACT工艺,应用在由聚乙烯小球为填料的压力容器状过滤器中,构建出Haberer水处理新工艺。

(3)活性炭纤维

活性炭纤维近年来在水处理领域引起了越来越多的关注。活性炭纤维具有许多粒状炭不具备的特点:含碳量高,孔径分布窄,微孔发达,容易与吸附质接触;导电性好,可做成纤维电极;再生比较容易,重复适用性好;除纤维状以外,还可加工成线状、纸状或者毡状,然后制成各种形式的过滤器。尽管具有许多优点,但目前其价格比较高。

2.膜工艺

膜净水处理是以选择透过性膜为介质,在其两侧造成推动力(压力差、温度差、电位差、浓度差),原料组分选择性通过膜,从而分离出水中大颗粒,达到净水目的。与常规净水工艺相比,膜净水处理的特点主要集中在以下几个方面。

①膜净水处理主要通过膜孔进行无机物、有机物、病毒、细菌、微粒及特殊溶液体系的分离,其主要机理是机械筛分,出水水质取决于膜孔径的大小,与原水水质以及运行条件无关,故出水稳定可靠。

②膜净水处理主要环节不用投加絮凝剂、助凝剂等化学药剂,不增加水中新的化学物质,不会引发二次污染。

③膜分离技术系统简单,占地面积小,运行环境清洁、整齐。

在应用过程中,膜净水技术也存在价格高、寿命短、能耗大等不足之处,但是,随着技术进步和饮水安全要求不断提高,膜技术的先进性及应用的普遍性得到广泛关注。用于净水生产的膜种类及净水过程见表1.5。

采用膜工艺进行给水深度处理时,主要设计流程概述如下。

①依据进出水水质、水量情况,进行膜的选型,之后确定预处理工艺、后处理工艺。

②确定水的脱盐率、回收率、膜的数量及排列方式、系统压力及高压泵、管路、管件选型和连接。

③根据系统启闭方式(有无延时要求)、高低压报警要求、流量控制等因素进行清洗系统、电路及自控系统的设计、计算。

在膜净水处理设计中,即使同一种性质、同种形状的膜,也会因生产制造厂家的不同,影响其处理工艺及计算方法。因此,在给水深度处理使用RO、MF、UF、NF膜时,宜遵循膜生产厂家的设计说明、导则、软件等进行设计、计算,以提高膜净水工艺的处理效果及效益。

3.高级氧化

高级氧化工艺是以产生羟基自由基等中间产物破坏无机或有机毒性污染物一种工艺技术。它运用氧化剂、电、光照、催化剂生成的活性极强的自由基(如·OH,其标准氧化还原电位

为 +2.8 V,具有强力亲电的性质,使氧化过程变得没有选择性,反应速率快)来降解有机污染物。它使大分子难降解有机物转变成小分子易降解物,甚至可以直接氧化成 CO_2 和 H_2O,从而达到无害化处理的目的。

表 1.5 用于净水生产的膜种类及净水过程

膜的种类	可透过物质	分离物质	分离驱动力
微滤(MF)	水、溶剂、溶解物	悬浮物、菌类、微粒子	压力差 (0.01~0.2 MPa)
超滤(UF)	水、溶剂、离子、小分子(分子量 <1 000)	生化制品,胶体和大分子(分子量 1 000~300 000)	压力差 (0.1~0.5 MPa)
纳滤(NF)	水、溶剂(分子量 <200)	溶质、二价盐、糖和染料(分子量 200~1 000)	压力差 (0.5~2.5 MPa)
反渗透(RO)	水、溶剂	全部悬浮物、溶质和盐	压力差 (1.0~10.0 MPa)
渗析	离子、低分子量有机质、酸和碱	分子量大于 1 000 的溶解物和悬浮物	浓度差
电渗析	电离离子	非解离和大分子物质	电位差

自由基主要与有机物发生 4 种反应:氢抽提反应、加成反应、氧化分解反应、电子转移反应。据诱导产生羟基自由基过程的不同,可将高级氧化工艺进行一定的分类。

(1)湿式氧化技术

该工艺是在高温(125~320 ℃)和高压(0.5~20 MPa)的条件下,以空气中的氧或臭氧、双氧水为氧化剂,在液相中将有机污染物氧化为二氧化碳和水等无机物或小分子有机物的化学过程。该反应比较复杂,主要包括传质和化学反应两个过程。目前的研究结果普遍认为该技术的反应属于自由基反应。

(2)超临界水氧化技术

由于超临界水具有许多特殊的性质,故大多数有机化合物和氧都能溶解在超临界水中,形成有机物氧化的良好环境,将废水中含有的有机物在超临界状态下用氧化剂或催化剂氧化分解去除的方法即为超临界水氧化法。其氧化机理是由氧气进攻有机物分子中较薄弱的 C—H 键产生。超临界水氧化技术一般在 400~600 ℃,30~40 MPa 下进行,可以在几秒钟内对有机物达到很高的破坏率,其去除率一般在 99% 以上。

尽管超临界水氧化技术是一种有广阔应用前景的新型污染物处理技术,但所需反应条件复杂,且对一些化学性质稳定的化合物所需反应时间长,故为了加快反应速率、减少反应时间、改善反应条件等,在超临界水氧化技术基础上引入催化剂,开发了更具优势的催化超临界水氧化技术。

（3）基于过氧化氢的高级氧化工艺

①H_2O_2/UV（过氧化氢-紫外）体系。一般认为，H_2O_2/UV 的反应机理为：

a. UV 通过有效光子直接激发有机物分子键解离进行光降解；

b. H_2O_2 氧化降解：H_2O_2 首先在紫外光照射下（<300 nm）产生·OH，然后·OH 与污染物发生氧化还原反应，·OH 氧化一般占主导作用。

H_2O_2/UV 高级氧化工艺去除污染物反应过程受多种因素的影响，如 UV 光强度、UV 波长、H_2O_2 投加量、初始 pH 值、溶液温度、无机阴离子及污染物浓度的影响等。H_2O_2/UV 工艺由于其较高的降解矿化率、操作简单、二次污染小等优势成为给水处理领域中的经典氧化工艺，对广泛范围内的有机污染物质具有较高的去除能力。经研究证实其对鱼腥藻毒素 a、低分子量卤代消毒副产物（DBPs）等有毒新兴微污染有机物的处理也十分高效。但该技术在降解去除有机污染物的实际应用中仍面临着多方面的挑战，如 H_2O_2 易分解、储存运输困难，水体中的天然有机物（腐殖酸、富里酸等）、无机阴离子（Cl^- 等）、金属阳离子（Cu^{2+}、Ca^{2+}、Mg^{2+} 等）等成分造成的散射和高光密度效应，碱度、硬度对降解率的抑制影响等。

②H_2O_2/Fe^{2+}（芬顿）体系。

芬顿试剂是由 H_2O_2 和 Fe^{2+} 组成的一种强氧化剂，主要利用高活性的·OH 氧化降解水中的有机物，在短时间内实现对有机物的完全降解，其作用机理一般认为是 H_2O_2 在 Fe^{2+} 的催化作用下发生均裂，产生·OH，进而进攻有机物 RH，引起有机物自由基R·的链引发、链传递以及链中止，从而使有机物结构发生碳链断裂，最终被氧化为 CO_2 和 H_2O 等无机质。

在此基础上加入紫外光或者可见光的辐射，具有加速羟基自由基的生成率的作用，即 $H_2O_2/Fe^{2+}/UV$（光芬顿）体系。在此基础上，紫外光还可促进 Fe^{2+} 的生成，发生如下反应：

$$Fe^{3+} + h\nu + H_2O \longrightarrow Fe^{2+} + H^+ + \cdot OH$$

使整个反应体系得以顺利进行。这相当于在 H_2O_2/Fe^{2+} 体系存在下，协同了 H_2O_2/UV 体系，同时 H_2O_2/UV 产生的 O_2，在紫外光的照射下会发生如下反应：

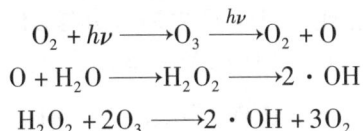

$$O_2 + h\nu \longrightarrow O_3 \xrightarrow{h\nu} O_2 + O$$
$$O + H_2O \longrightarrow H_2O_2 \longrightarrow 2 \cdot OH$$
$$H_2O_2 + 2O_3 \longrightarrow 2 \cdot OH + 3O_2$$

这样，既增加了羟基自由基的产率又生成了亚铁离子以促进芬顿反应。研究表明，对废水中的难降解物质，UV 的引入显著提高了芬顿体系的氧化能力，同时显著地减少了 H_2O_2 的使用量，使得该体系的经济性优势突显。

③$H_2O_2/\alpha\text{-FeOOH}$ 多相体系。

芬顿反应对降解有机物非常有效，但是存在的问题是铁离子不能回收。于是研究者开始考虑采用含铁的固体物质作为催化过氧化氢的铁源。目前研究较多的是 α-羟基氧化铁（α-FeOOH）作为催化剂的多相体系。

④电化学芬顿体系。

电化学芬顿（简称"电芬顿"）是近年来新提出的一种芬顿体系的发生方式。这种方式与传统的化学芬顿体系不同的地方是过氧化氢和亚铁离子中其一或两者通过电化学方法产生，并发生芬顿反应产生羟基自由基。此外，反应中阳极氧化以及电吸附等过程也是降解有机物的有效途径。电芬顿体系具有电化学反应和芬顿反应的特点，具有氧化能力强、能耗低等优点,被认为是一种环境友好型的处理方法,在国内外受到广泛重视和研究。然而,电芬顿体系仍然面临一些亟待解决的问题。例如,电芬顿体系目前仅适用于处理酸性废水($pH = 2 \sim 4$),对于中性或碱性废水,需在处理和排放前投加大量酸或碱性药剂调节 pH,大大增加了处理成本。另外,阴极催化生成 H_2O_2 的效率仍然较低,无法满足工程应用的需求。

(4)基于臭氧的高级氧化工艺

①水溶液中臭氧的自分解。臭氧在水中的分解过程中会产生具有强氧化性的自由基,这些自由基对有机物的氧化产生了重要作用。实际上臭氧在水中的分解反应是非常复杂的,而这些反应在纯水中都是以与 OH^- 的反应开始的。臭氧与 OH^- 之间的反应有 3 种可能:

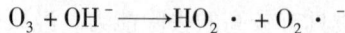

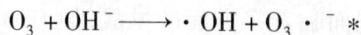

$$O_3 + OH^- \longrightarrow HO_2 \cdot + O_2 \cdot^-$$

$$O_3 + OH^- \longrightarrow HO_2^- + O_2$$

$$O_3 + OH^- \longrightarrow \cdot OH + O_3 \cdot^- *$$

*式一般发生在强碱性溶液中($pH \approx 14$),在水处理过程比较少见。

②O_3/H_2O_2 体系。除了 OH^-,H_2O_2 对于 O_3 来说也是一种良好的羟基自由基引发剂。总的反应式可以表示为:

$$2O_3 + H_2O_2 \longrightarrow 3O_2 + 2 \cdot OH$$

O_3/H_2O_2 氧化是在单一氧化的基础上发展起来的高效氧化技术。与单一的氧化过程相比,有机物的最终降解产物为二氧化碳、水及其他矿物质,降解速率得到显著提高,反应条件较温和。

③O_3/UV 体系。

O_3/UV 体系始于 20 世纪 70 年代,最初用于解决有毒有害且难以生物降解的废水处理问题。80 年代以来,研究范围扩大到饮用水的深度处理。无论是在气相还是在溶液中,臭氧都可以吸收紫外光。在紫外光的激发下,臭氧和水可以通过如下反应产生过氧化氢:

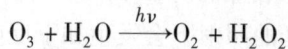

$$O_3 + H_2O \xrightarrow{h\nu} O_2 + H_2O_2$$

产生的过氧化氢一方面可以通过 H_2O_2/UV 产生羟自由基,还可以通过 O_3/H_2O_2 产生羟自由基从而诱导高级氧化反应。或者可以将 O_3/UV 体系表示为:

$$O_3 + H_2O \xrightarrow{h\nu} O_2 + 2 \cdot OH$$

O_3、UV、H_2O_2 等既可以两两组合又可将三者有机地结合以达到高效去除难降解有机物的效果。在组合体系中,三者的协同效应可强化体系中 $\cdot OH$ 的产生量,克服常规臭氧氧化选择性强的难题,从而能够在整体上全面提高对有毒有害有机污染物的去除效率,提高该技术的降解和矿化效能,适用于饮用水的深度处理。值得注意的是,氧化剂 H_2O_2 的投加十分有效地缓解了 O_3 氧化过程中致癌消毒副产物(如 BrO_3^-)的产生风险,在一定程度上弥补了常规臭氧氧化的缺陷。

但不容忽视的是,该工艺的实际应用也存在一系列的挑战难题,如臭氧发生操作复杂、氧化剂 O_3/H_2O_2 利用率偏低以及需要后处理工艺(如活性炭吸附等)减少 O_3 残留造成的二次污染问题等。

(5)其他新式高级氧化工艺

随着科技进步,传统的高级氧化技术正在不断被研究,同时新型高级氧化技术也不断出现。新型高级氧化技术是高能量直接向水中注入的过程,以及能量注入传统高级氧化相结合的过程,如 TiO_2/UV 工艺、SP/UV 工艺、Cl/UV 工艺、超声波空化工艺、高能电子辐射、γ 射线辐射及高压脉冲放电过程等。

第二节　污水处理工程概述

水在使用过程中会受到不同程度的污染,多种杂质会进入水中改变水的原有成分和性质,这些水被称为污水。污水根据其来源一般可以分为生活污水、工业废水、初期雨水。大量经处理和未经处理的污水排入自然水体,这些污水中的污染物在数量上超过水体对它们的自然净化能力,使水的物理、化学及生物性质发生变化,使水体固有的生态系统和功能遭到破坏,从而造成了水体污染。

污水被收集后,在排入自然水体或回用之前,为达到规定的排放标准或回用标准而进行的水质处理称为污水处理。例如,在城镇污水处理厂二级处理中,常规的活性污泥法处理工艺通常由5个处理单元组成,即格栅→沉砂池→生化池(多种类型)→二沉池→消毒,污水处理工艺流程如图1.4所示。

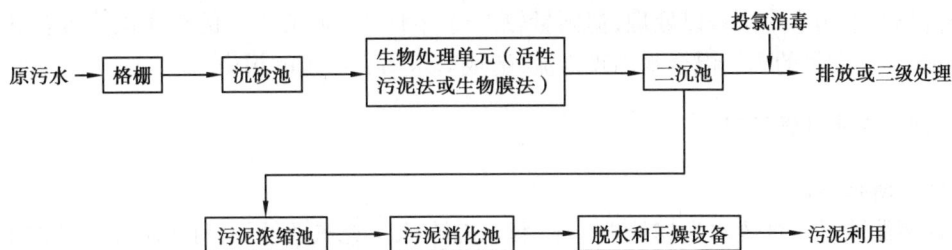

图 1.4　污水处理工艺流程

污水生物处理的基本方法分为好氧微生物作用的好氧法和厌氧微生物作用的厌氧法。污水的溶解氧含量充足时,污染物经好氧菌氧化分解为小分子有机物和简单的无机物;在溶解氧含量不足时,经厌氧菌分解为 NH_3、CH_4、CO_2 和 H_2S 等。采用活性污泥法处理城市生活污水,当要求活性污泥系统有脱氮除磷功能时,处理系统常需设置兼氧或厌氧活性污泥处理环节,但好氧活性污泥处理环节仍是其主体。活性污泥的结构和功能中心是细菌形成的菌胶团,菌胶团既能起絮凝作用,又能吸收和分解水中溶解性污染物,同时使微生物得以生长和繁衍。

活性污泥的净化有两个过程:一是生化反应,即废水中的有机物为微生物所代谢,一部分合成新的生物细胞,另一部分则被转化为稳定的无机物;二是物理作用,即有机物质被活性污泥所吸附,通过絮凝沉降而去除。活性污泥的净化过程可以进一步细分为以下4个阶段:

①在曝气初期,悬浮性的胶体物质向活性污泥聚集而被吸附;
②活性污泥对溶解性有机物的吸附、吸收;
③被吸附和吸收的物质被活性污泥上的微生物所代谢;
④活性污泥在沉淀池中凝聚、沉淀。

近年来,随着人们对活性污泥法净化机理的深入探讨和实践,活性污泥法及延伸工艺得到了广泛应用。

一、污水的来源

城市污水为城市下水道系统收集到的各种污水,通常由生活污水、工业废水和降雨径流三部分组成,是一种混合污水。

生活污水是指人们日常生活中的排水,经由居住区、公共场所(饭店、宾馆、影剧院、体育场、医院、机关、学校、商场、车站等)和工厂的厨房、卫生间、浴室及洗衣房等生活设施排出。生活污水中有机污染物约占60%,如蛋白质、脂肪和糖类等;无机污染物约占40%,如泥沙和杂物等。此外还含有洗涤剂、病原微生物和寄生虫卵等。

工业废水是从工业生产过程中排出的废水。由于使用的原材料和生产工艺不同,工业废水的成分有很大差异。常见的污染较严重的工业废水有造纸废水、酿造废水、生物制药废水、煤气洗涤废水、印染废水、农药废水、制革废水、毛纺废水、电镀废水、油漆废水、化工废水、炼油废水等。工业废水是城市污水中有毒有害污染物的主要来源。

降雨径流是由降雨或冰雪融化水形成的。初期降雨和冰雪融化水的污染也较严重,若能纳入城市污水管道加以处理,是一种理想的安排。对于分别敷设污水管道和雨水管道的城市,降雨径流汇入雨水管道而得不到处理;对于采用雨污合流排水管道的城市,虽然可以使一部分初雨径流与城市污水一同得以处理,但雨量较大时由于超过截流干管的输送能力或污水处理厂的处理能力,大量的雨污混合水出现溢流,造成对水体更严重的污染。

二、常见生物处理工艺

1. 常见活性污泥法

活性污泥法是一种废水生物处理技术,该法是在人工充氧条件下,对污水和各种微生物群体进行连续混合培养,形成活性污泥。利用活性污泥的生物凝聚、吸附和氧化作用,分解去除污水中的有机污染物。然后使污泥与水分离,大部分污泥再回流到曝气池,多余部分则排出活性污泥系统。常见的处理工艺有如下几种。

(1)A²/O 工艺

A²/O 工艺是在厌氧-好氧除磷工艺的基础上开发出来的,该工艺同时具有脱氮除磷的功能。A²/O 工艺流程如图1.5所示,污水—厌氧反应器(释放磷、氨化)—缺氧反应器(脱氮)—好氧反应器(硝化、吸收磷、去除 BOD)—沉淀池—处理水排出。

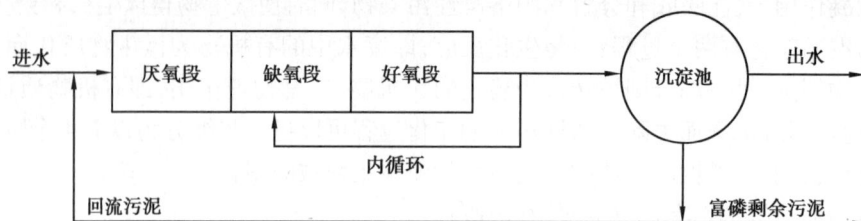

图1.5　A²/O 工艺流程图

A²/O 工艺主要技术特点是:

①工艺流程简单,总水力停留时间较同类其他工艺较短。一般厌氧池水力停留时间为1~2 h,缺氧池水力停留时间1~2 h,好氧池水力停留时间3~4 h,总停留时间6~8 h。厌氧、缺氧、好氧水力停留时间之比一般为1:1:(3~4)。

②厌氧池设在好氧池之前,可起到生物选择器的作用,有利于抑制丝状菌的膨胀,改善活性污泥的沉降性能,并能减轻后续好氧池的负荷。

③A²/O 除磷工艺是通过排除富磷剩余污泥实现的,因此其除磷效果与排放的剩余污泥量直接相关,只有在短泥龄条件下运行,才能达到除磷的目的,所以泥龄一般以 3.5~10 d 为宜。

④A²/O 除磷工艺是通过剩余污泥的排放来实现的,受运行条件和环境条件影响较大,且二沉池也难免会出现磷的释放,因此除磷率难以进一步提高。一般处理城市污水除磷率在75% 左右。

⑤不需要外加碳源,厌氧和缺氧段只进行缓速搅拌,运行费用较低。

(2)氧化沟工艺

氧化沟工艺又称延时曝气活性污泥工艺,是活性污泥法的一种变型,其曝气池呈封闭的沟渠型,在水力流态上不同于传统活性污泥法,是一种首尾相连的循环流曝气沟渠,污水渗入其中得到净化。氧化沟一般由沟体、曝气设备、进出水装置、导流和混合设备组成,沟体的平面形状一般呈环形,也可以是长方形、L 形、圆形或其他形状,沟端面形状多为矩形和梯形。

按运行方式,氧化沟可分为连续工作式、交替工作式和半交替工作式三大类。连续工作式氧化沟进、出水方向不变,氧化沟只作曝气池用,系统设有二沉池,常见的有 Carrousel 氧化沟、Orbal 氧化沟和 Pasveer 氧化沟。

以 Carrousel 氧化沟为例,第一代普通 Carrousel 氧化沟以去除 BOD 为主要目的,系统内具备模糊的缺氧/好氧系统,硝化作用和反硝化作用发生在同一池中,具有一定的脱氮除磷效果。第二代 Carrousel-2000 氧化沟是一种反硝化脱氮工艺,如图 1.6 所示,它强化了普通 Carrousel 氧化沟系统的脱氮除磷功能,此系统在普通 Carrousel 氧化沟前增加一个厌氧池和一个缺氧池,以更利于脱氮除磷。第三代 Carrousel-3000 氧化沟系统是在 Carrousel-2000 氧化沟系统前再加上一个生物选择区。该生物选择区是利用高有机负荷筛选菌种,抑制丝状菌的增长,提高各污染物的去除率,其后的工艺原理与 Carrousel-2000 氧化沟系统相同。

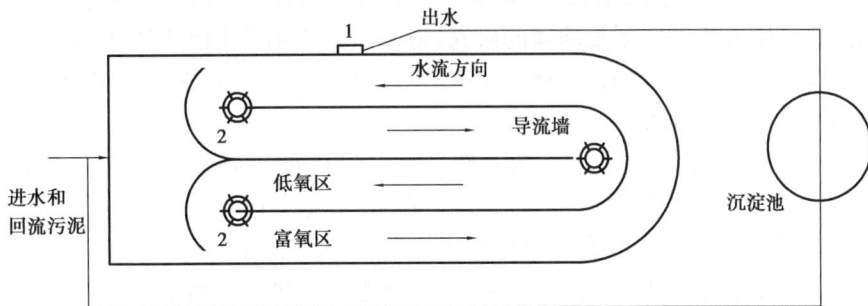

图 1.6　Carrousel-2000 氧化沟实验装置示意图

氧化沟的工艺特点有:

①结合了推流和完全混合两种流态,两者的结合,可减少短流,使进水被数十倍甚至数百倍的循环水稀释,从而提高了氧化沟的缓冲能力。

②氧化沟具有明显的溶解氧浓度梯度,利用溶解氧在沟中的浓度变化及存在好氧区和厌氧区的特点,氧化沟工艺可以在同一构筑物中实现硝化和反硝化,这样不仅可以利用硝酸盐中的氧,节省了 10%~25% 的需氧量,而且通过反硝化恢复了硝化过程消耗的部分碱度,有利于节约能源和减少化学药剂的用量。

③氧化沟整体体积功率密度较低。

④处理流程简洁。

⑤处理效果稳定,出水水质好。

(3)序批式活性污泥法(SBR 工艺)

序批式活性污泥法(SBR 工艺)又称间歇式活性污泥法,采用间歇运行方式,曝气池按时间顺序进行进水、反应(曝气)、沉淀、排水和排泥五个程序周期运行。从污水流入开始到待机时间结束算作一个周期。在一个周期内一切过程都在一个设有曝气或搅拌装置的反应器内依次进行,如图 1.7 所示。

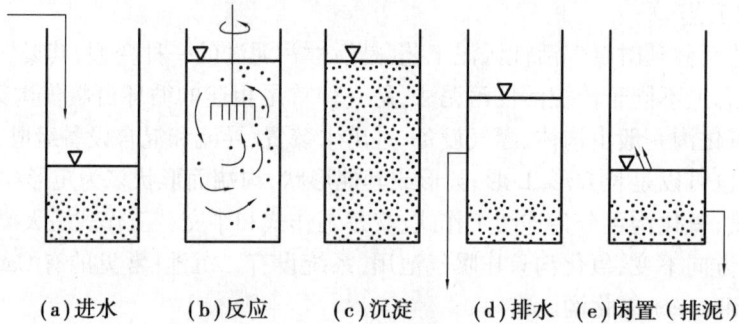

(a)进水　　(b)反应　　(c)沉淀　　(d)排水　　(e)闲置(排泥)

图 1.7　SBR 工艺操作过程图

SBR 工艺具有系统简单、耐冲击负荷能力强、脱氮除磷效果好、能有效抑制污泥膨胀、操作灵活、智能化水平高等优点,它的间歇运行方式与许多行业废水产生的周期比较一致,SBR 的技术特点得以充分利用,因此在工业污水处理中应用非常广泛。在一些难降解废水的处理方面,经典 SBR 仍然经常被采用。由于 SBR 工艺占地小,平面布置紧凑,在小城镇污水处理方面成功应用 SBR 工艺的例子也非常多。

我国于 20 世纪 80 年代中期开始对 SBR 进行研究。随着对 SBR 自控系统、滗水器等设备的研究开发,以及对 SBR 系统脱氮除磷的研究,为 SBR 工艺在我国的应用创造了条件。目前我国 SBR 工艺广泛应用的主要有 CASS、CAST、UNITANK、ICEAS、DAT-IAT、MSBR 等。

(4)循环活性污泥法(CASS 工艺)

循环活性污泥法(CASS 工艺)是一种连续进水式 SBR 曝气系统,不仅具有 SBR 工艺简单可靠、运行方式灵活、自动化程度高的特点,而且除磷脱氮效果明显。CASS 技术的主要特征是把最初推沉式的反应条件与完全混合反应池构型结合起来,每个 CASS 反应器由 3 个区域组成,即生物选择区、缺氧区和主反应区。CASS 工艺装置如图 1.8 所示。

CASS 工艺根据生物选择原理,利用与主反应区分建或合建、位于系统前端的生物选择器对磷的释放、反硝化作用及对进水中有机底物的快速吸附及吸收作用,增强了系统运行的稳定性。可变容积的运行提高了系统对水量水质变化的适应性和操作的灵活性。根据生物反应动力学原理,采用多池串联运行,使废水在反应器的流动呈现出整体推流,而在不同区域内完全混合的复杂流态,通过对生物速率的控制,使反应器以厌氧—缺氧—好氧—缺氧—厌氧的序批方式运行,使其具有优良的脱氮除磷效果,处理效果稳定,容积利用率提高,运转费用降低。

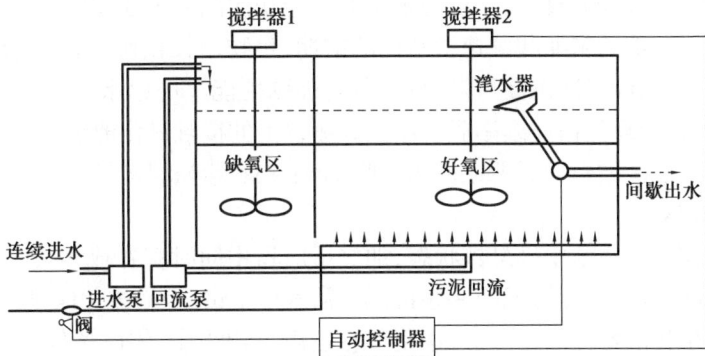

图 1.8　CASS 装置示意图

2. 生物膜法

生物膜法是与活性污泥法并列的一类废水好氧生物处理技术,是一种固定膜法,都是利用微生物去除废水中有机物的方法。典型流程中的生物器有生物滤池、生物转盘、生物接触氧化及生物流化床。

(1)生物滤池

生物滤池使用的生物载体是小块料(如碎石块、塑料填料)或塑料型块,堆放或叠放成滤床,故常称滤料。污水通过布水器均匀地分布在滤池表面,在重力作用下,以滴状喷洒下落,一部分被吸附于滤料表面,成为呈薄膜状的附着水层,另一部分则以薄膜的形式渗流过滤料,成为流动水层,最后到达排水系统。过程中,滤料截留了悬浮物,同时吸附污水中胶体和溶解性物质,微生物利用吸附的有机物生长繁殖,逐渐形成生物膜,对污水中的有机物等进行去除。影响生物滤池性能的主要因素有滤池高度、负荷、回流及供氧条件等。由于填料的革新、工艺运行的改善,生物滤池发展的主要类型有普通生物滤池、高负荷生物滤池、塔式生物滤池及曝气生物滤池等。

(2)生物转盘

生物转盘又称浸没式生物滤池。数十片、近百片塑料或玻璃钢圆盘用轴贯串,平放在一个断面呈半圆形的条形槽的槽面上。盘径一般不超过 4 m,槽径比盘径大几厘米。有电动机和减速装置转动盘轴,转速 1.5~3 r/min,决定于盘径,盘的周边线速度在15 m/min左右。废水从槽的一端流向另一端。盘轴高出水面,盘面约 40% 浸在水中,约 60% 暴露在空气中。盘轴转动时,盘面交替与废水和空气接触。盘面为微生物生长形成的膜状物所覆盖,生物膜交替地与废水和空气充分接触,不断地取得污染物和氧气,净化废水。膜和盘面之间因转动而产生切应力,随着膜的厚度的增加而增大,到一定程度,膜从盘面脱落,随水流走。同生物滤池相比,生物转盘法中废水和生物膜的接触时间比较长。而且有一定的可控性。水槽常分段,转盘常分组,既可防止短流,又有助于负荷率和出水水质的提高,因负荷率是逐级下降的。生物转盘如果产生臭味,可以加盖。生物转盘一般用于水量不大时。

(3)生物接触氧化

生物接触氧化又称淹没式生物滤池,由生物滤池和接触曝气氧化池演变而来。接触氧化池由池体、填料、支架及曝气装置,进出水装置以及排泥管道等部件所组成。生物接触氧化处理技术一般分为一段处理流程、二段处理流程和多段处理流程。实践证明,这几种处理工艺流程各具特点,适宜于不同的条件。一段处理是原水经初次沉淀预处理后进入接触氧化池,池内微生物处于对数增殖期的末期和减速增殖期的前期,生物增长较快,BOD 负荷率较高,有机物降解速率也较大,出水经二次沉淀后排放;二段处理则更能适应原水水质的变化,使处理出水水质趋于稳定;多段处理是由连续串联 3 座及 3 座以上的接触氧化池组成的系统,串联运行后续池内微生物处理衰减增殖期后期或内源呼吸期,生物膜增长缓慢,处理水质逐步提高。

(4)生物流化床

生物膜随载体颗粒在水中呈悬浮状态,加之反应器中同时存在或多或少的游离生物膜和菌胶团,因此它同时具备活性污泥的一些特征。从本质上讲,生物流化床是一类具有固定生长法特征又有悬浮生长法特征的反应器,这使得它在微生物浓度、传质条件、生化反应速率方面有一些优点。生物流化床按照载体流动动力来源不同可分为以液流为动力的两相流化床、以气流为动力的三相流化床和机械搅动流化床等 3 种类型。此外,根据氧浓度状态,生物流化床可分为好氧流化床和缺氧流化床。

3. 膜生物法

膜生物法(MBR)是把生物反应与膜分离技术相结合,以膜为分离介质替代常规重力沉淀固液分离获得出水,并能改变反应进程和提高反应效率的污水处理方法。

膜生物反应器是指将膜分离技术中的超微滤组件与污水生物处理工程中的生物反应器相互结合而成的新系统。膜生物反应器主要由池体、膜组件、泵及管道阀门仪表、鼓风曝气系统等组成,污水中的有机物经过生物反应器内的微生物的降解作用,使水质得到净化,而膜的主要作用是将污泥与分子量大有机物及细菌等截留于反应器内,使出水水质达标,同时保持反应器内有较高的污泥浓度,加速生化反应的进行。

MBR 工艺与传统的废水生物处理工艺相比较,最大的优点是能有效地保持污泥活性。对大于膜孔径的分子、微生物和絮状物等有很好的截留,有利于形成高浓度的活性污泥,加快生化反应速率。具体优点如下:

①出水水质较好且稳定可靠,可直接回用,实现了污水资源化,且由于 MBR 膜组件取代了传统工艺中的二沉池,可解决由活性污泥膨胀引起的二沉池泥水分离效率低等问题。

②水力停留时间和固体停留时间分离。污泥停留时间较长,剩余污泥大大减少,加快生化反应速率。好氧膜生物反应器处理生活污水时污泥浓度一般为 10～20 g/L,最高可达 50 g/L,处理工业废水时,污泥浓度为 2～40 g/L。

③设备紧凑,占地面积小。与常规生物处理工艺相比,膜生物反应器的占地面积仅约为常规生物处理工艺的 1/2。

④易于自动化控制管理。

⑤脱氮除磷效果较好,有利于硝化细菌的截留和繁殖,系统硝化效率高,通过运行方式改变可达到脱氨和除磷功能。

⑥处理后的水细菌总数比较少,达到饮用水标准,无须进行紫外线、臭氧消毒即可直接饮用。

三、主要工艺参数计算

1. 生物反应计算基本模式

常规曝气活性污泥法的基本模式如图 1.9 所示。

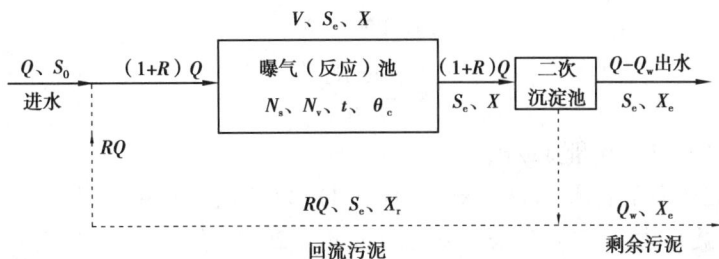

图 1.9　常规曝气活性污泥法的基本模式

2.基本参数计算公式

（1）处理效率

$$E = \frac{S_0 - S_e}{S_0} \times 100\%$$

式中　E——BOD$_5$去除效率,%；

S_0——进水 BOD$_5$浓度,mg/L；

S_e——出水 BOD$_5$浓度,mg/L；

（2）曝气池容积

$$V = \frac{Q(S_0 - S_e)}{X N_s}$$

或

$$V = \frac{Q(S_0 - S_e)}{N_v}$$

$$N_s = \frac{F}{M} = \frac{QS_0}{VX}$$

$$\frac{F}{M} = \frac{MLVSS}{MLSS}$$

$$N_v = \frac{QS_0}{V}$$

式中　V——曝气池容积,m^3；

Q——进水设计流量,m^3/d；

X——混合液挥发性悬浮物浓度,MLVSS kg/m^3；

F/M——MLVSS/MLSS,对生活污水和以生活污水为主体的城市污水一般为 0.7~0.8；

N_s——污泥负荷,kg BOD$_5$/(kg MLVSS·d)；

N_v——容积负荷,kg BOD$_5$/(m^3·d)。

（3）水力停留时间(HRT)

$$t = \frac{V}{Q}$$

式中　t——水力停留时间,h。

（4）污泥产量

$$\Delta X = Y(S_0 - S_e)Q - K_d VX$$

$$= \frac{Y(S_0 - S_e)Q}{1 + K_d \theta_c}$$

$$y = YN_s - K_d$$

$$x = \frac{YK_d}{N_s}$$

式中　Δ——系统每日产泥量，kg/d；

　　　Y——污泥产率系数，kg VSS/(kg BOD$_5$·d)，20 ℃时为 0.4~0.8；

　　　K_d——衰减系数，kg VSS/(kg VSS·d)或 d^{-1}，20 ℃时为 0.04~0.75；

　　　y——每千克活性污泥日产泥量，kg VSS/(kg VSS·d)或 d^{-1}；

　　　x——去除每千克 BOD$_5$产泥量，kg VSS/(kg VSS·d)或 d^{-1}。

（5）污泥龄（SRT）

$$\theta_c = \frac{1}{YF_w - K_d} = \frac{1}{y}$$

式中　θ_c——泥龄，也称污泥停留时间，d，即 SRT。

当剩余污泥由曝气池排出时，

$$q = \frac{V}{\theta_c}$$

当剩余污泥由二次沉淀池排出时，

$$q = \frac{VR}{(1+R)\theta_c}$$

式中　q——剩余污泥排放流量，m^3/d。

（6）曝气池需氧量

$$O = aQ(S_0 - S_e) + bVX$$

式中　O——系统中混合液每日需氧量，kg O$_2$/d；

　　　a——氧化每千克 BOD$_5$需氧千克数，kg O$_2$/kg BOD$_5$，一般为 0.42~0.53；

　　　b——污泥自身氧化需氧率，kgO$_2$/(kg MLVSS·d)或 d^{-1}，一般为 0.19~0.11。

$$\Delta O_a = aN_s + b$$

$$\Delta O_b = a + \frac{b}{N_s}$$

式中　ΔO_a——每千克污泥日需氧量，kg O$_2$/(kg MLVSS·d)；

　　　ΔO_b——去除每千克 BOD$_5$需氧量(kg O$_2$/kg BOD$_5$)。

（7）脱氮率与回流比

$$\eta = \frac{QR_内}{Q + R_内} = \frac{R_内}{1 + R_内}$$

式中　η——脱氮率，%；

　　　$R_内$——混合液回流比，%。

当无实验资料时，设计值可采用经验值，A^2/O 脱氮除磷工艺主要设计参数见表 1.6。

表 1.6 A^2/O 脱氮除磷工艺主要设计参数

项目	数值
BOD$_5$污泥负荷 N_s/[kg BOD$_5$ · (kg MLSS · d)$^{-1}$]	0.1 ~ 0.2
TN 负荷/[kg TN · (kg MLSS · d)$^{-1}$]	<0.05(好氧段)
TP 负荷/[kg TP · (kg MLSS · d)$^{-1}$]	<0.06(厌氧段)
污泥浓度 MLSS/(g · L^{-1})	2.5 ~ 4.5
污泥龄 θ_c/d	10 ~ 20
污泥产率系数 Y/[kg VSS · (kg BOD$_5$)$^{-1}$]	0.3 ~ 0.6
需氧量 O$_2$/[kg O$_2$ · (kg BOD$_5$)$^{-1}$]	1.1 ~ 1.8
水力停留时间 HRT/h	7 ~ 14 其中厌氧 1 ~ 2 缺氧 0.5 ~ 3
各段停留时间比例 A:A:O	(1:1:3) ~ (1:1:4)
污泥回流比 R/%	20 ~ 100
混合液回流比 $R_内$/%	≥200
溶解氧浓度 DO/(mg · L^{-1})	厌氧池 <0.2,缺氧池 ≤0.5,好氧池 =2

四、运行控制参数及指标

1. 基本参数

(1)水力停留时间和固体停留时间

水力停留时间 HRT 是指污水在处理构筑物内的平均停留时间,从宏观上看,可以用处理构筑物的有效容积与进水量的比值来表示,HRT 的单位一般用小时表示。

固体停留时间 SRT 是活性污泥在生化系统的平均停留时间,即污泥龄。从宏观上看,可以用生化系统内的污泥总量与剩余污泥的排放量表示,SRT 一般用天来表示。就生物处理系统而言,SRT 实质是为保证微生物完成生理代谢降解有机物所应提供的时间。也就是为保证微生物能在生物处理系统内增殖并保持优势地位,即保持系统内有足够的生物量所提供的时间。为了确保系统内有足够的生物量和特定微生物的增殖,在生物处理工艺中 SRT 要比 HRT 要长很多。

(2)污泥负荷和容积负荷

污泥负荷是生化系统内单位质量的污泥在单位时间内承受的有机物的数量,单位是 kg BOD$_5$/(kg MLSS · d),常用 N_s 表示。容积负荷是生化系统内单位有效曝气体积在单位时间内所承受的有机物的数量,单位是 kg BOD$_5$/(m^3 · d),一般记为 F/V,常用 N_v 表示。如果污泥负荷和容积负荷过低,虽然可以降低水中的有机物的含量,但同时也会使活性污泥处于过氧化状态,使污泥的沉降性能变差,出水 SS 增高。反之,污泥负荷和容积负荷过高,又会造成污水中有机物氧化不彻底出水水质变差。

（3）有机负荷率

单位质量的活性污泥在单位时间内所承受的有机物的数量，或生化池单位有效体积在单位时间内去除的有机物的数量。单位是 kg BOD_5/(kg MLVSS·d)，一般记为 F/M。

（4）冲击负荷

冲击负荷是指在短时间内污水处理设施的进水超出设计值或超出正常值，可以是水力冲击负荷，也可是有机冲击负荷。冲击负荷过大，超过生物处理系统的承受能力就会影响处理效果，出水水质变差，严重时造成系统运行的崩溃。

（5）水温

不管是好氧反应还是厌氧反应均要求水温在一定范围内，超出范围，温度过高或过低都会影响系统的正常运行，降低处理效率，一般好氧工艺温度应在 10~30 ℃，厌氧工艺如厌氧消化工艺温度应控制在 33~37 ℃，除磷脱氮工艺温度在 15 ℃以上为好，水温高有利脱氮。

（6）溶解氧（DO）

DO 是污水处理系统最关键的指标，好氧生物处理系统要求 DO 在 2 mg/L 以上，过高或过低都会导致出水水质变差，DO 过高容易引起污泥的过氧化，过低使微生物得不到充足的 DO，有机物分解不彻底。除磷脱氮系统好氧段 DO 一定要大于 2 mg/L 以上，有利于氨化、硝化反应的进行以及磷的吸收；缺氧段要求 DO 在 0.5 mg/L 以下，确保反硝化反应的进行，有利于脱氮；厌氧段要求 DO 在 0.2 mg/L 以下，确保磷的有效释放。

2. 运行工况指标

工艺运行过程中除了按设计给定的参数运行，还要根据实际的进水条件（如进水水质、水量）和实际出水水质的需要进行工艺调整，使工艺运行处于最佳状态。部分活性污泥法工艺参数，见表1.7。

表 1.7　部分活性污泥法工艺参数

工艺类型	污泥龄/d	污泥负荷/[kg BOD_5·(kg MLVSS)$^{-1}$]	容积负荷/[kg BOD_5·(m^3·d)$^{-1}$]	MLSS/(mg·L^{-1})	水力停留时间/d	回流比/%	BOD 去除率/%
传统活性污泥法	5~15	0.2~0.4	0.3~0.8	1 500~3 000	4~8	25~75	85~95
完全混合	5~15	0.2~0.6	0.6~2.4	2 500~4 000	3~5	25~100	85~95
阶段进水	5~15	0.2~0.4	0.4~1.4	2 000~3 500	3~5	25~75	85~95
改良曝气	0.2~0.5	1.5~5.0	0.2~2.4	200~1 000	1.5~3	5~25	60~75
接触氧化	5~15	0.2~0.6	0.9~1.2	(1 000~3 000)(4 000~10 000)	(0.5~1.0)(3~6)	5~150	80~90
延时曝气	20~30	0.05~0.15	0.15~0.25	3 000~6 000	18~36	5~150	75~95
高负荷法	5~10	0.4~1.5	1.6~16	4 000~10 000	2~4	100~500	75~90
纯氧曝气	3~10	0.25~1	1.6~3.2	2 000~5 000	1~3	25~50	85~95
氧化沟	10~30	0.05~0.3	0.1~0.2	3 000~6 000	8~36	75~150	75~95
SBR	10~20	0.05~0.3	0.1~0.24	1 500~5 000	12~50	—	85~95

工艺类型	污泥龄/d	污泥负荷/[kg BOD$_5$·(kg MLVSS)$^{-1}$]	容积负荷/[kg BOD$_5$·(m^3·d)$^{-1}$]	MLSS/(mg·L^{-1})	水力停留时间/d	回流比/%	BOD去除率/%
深井曝气	—	0.5~5.0	—	—	0.5~5	—	85~95
合并硝化工艺	15~20	0.10~0.25	0.1~0.32	2 000~3 500	6~15	15~150	85~95
单独硝化工艺	10~15	0.05~0.16	0.05~0.16	2 000~3 500	3~6	50~200	85~95

3.曝气池供氧与控制

(1)活性污泥系统中的溶解氧水平

就好氧生物而言,环境溶解氧大约是0.3 mg/L时,对其正常代谢活动已经足够。而活性污泥以絮体形式存在曝气池中,经测定直径介于0.1~0.5 mm的活性污泥絮粒,当周围的混合液DO为2.0 mg/L时,絮粒中心的溶解氧降至0.1 mg/L,已处于微氧和缺氧状态。溶解氧过低必然会影响生化池进水端或絮粒内部细菌的代谢速率,因此一般溶解氧应控制在2~3 mg/L。溶解氧过低,抑制了菌胶团细菌胞外多聚物的产生,导致污泥解体;其次当溶解氧低时会使吞噬游离细菌的微生物数量减少。溶解氧过大,除了增加能耗外,强烈的空气搅拌会使絮粒打碎,易使污泥老化。传统活性污泥法曝气池出口DO控制在2 mg/L左右为宜。

(2)生物处理系统中溶解氧的调节

在鼓风系统中,可控制进气量的大小来调节溶解氧的高低。在生化池溶解氧长期偏低时,可能有两种原因,一是活性污泥负荷过高,若检测活性污泥的好氧速率,往往大于20 mg O$_2$/(g MLSS·h),这时须增加曝气池中活性污泥的浓度。二是供氧设施功率过小,应设法改善,可采用氧转移效率高的微孔曝气器;有时还可以增加机械搅拌打碎气泡,提高氧转移效率。

(3)除磷脱氮工艺溶解氧的控制

在污水生物除磷脱氮工艺中DO的多少将影响整个工艺的除磷和脱氮效率。

在硝化阶段,由于硝化反应必须在好氧条件下进行,因此DO应维持在2~3 mg/L为宜,当低于0.5~0.7 mg/L时,氨转化为亚硝酸盐和硝酸盐的硝化反应将受到抑制。较低的DO将影响硝化菌的生物代谢;而DO对反硝化的过程有很大的影响。反硝化细菌有部分为兼性异养菌,在有氧条件下,优先以O$_2$作为电子受体,此时反硝化过程停止;在氧气不足时,才以NO$_x$作为电子受体。因此,当反硝化过程中的DO上升时,将会使反硝化菌的竞争受到抑制作用,也就是说,反硝化菌首先利用水中的DO,而不是利用硝氮中的化合态的氧,这不利于脱氮。在反硝化过程中DO的控制应在0.5 mg/L以下,对于采用序批式活性污泥法ICEAS脱氮工艺,按时序运行时,缺氧段时间应要真正保证在0.5 h以上。如果DO大于1.0 mg/L,反硝化几乎不能进行,缺氧时间小于0.5 h对反硝化都将进行得不彻底。

(4)曝气系统的运行维护

①微孔扩散器的堵塞问题及判断。扩散器的堵塞是指一些颗粒物质干扰气体穿过扩散器

而造成的氧转移性能下降。按照堵塞原因,堵塞可分为两类:内堵和外堵。内堵也称为气相堵塞,堵塞物主要来源于过滤空气中遗留的沙尘、鼓风机泄漏的油污、空气干管的锈蚀物、池内空气支管破裂后进入的固体物质。外堵也称为液相堵塞,堵塞物主要来源于污水中悬浮固体在扩散器上沉积,微生物附着在扩散器表面生长,形成生物垢,以及微生物生长过程中包埋的一些无机物质。

大多数堵塞是日积月累形成的,因此应经常观察。观察与判断堵塞的方法如下:

a. 定期核算能耗并测量混合液的 DO 值。若设有 DO 控制系统,在 DO 恒定的条件下,能耗升高,则说明扩散器已堵塞。若没有 DO 控制系统,在曝气量不变的条件下,DO 降低,说明扩散器已堵塞。

b. 定期观测曝气池表面逸出的气泡的大小。如果发现逸出气泡尺寸增大或气泡结群,说明扩散器已经堵塞。

c. 在曝气池最易发生扩散器堵塞的位置设置可移动式扩散器,使其工况与正常扩散器完全一致,定期取出检查测试是否堵塞。

d. 在现场最易堵塞的扩散器上设压力计,在线测试扩散器本身的压力损失,也称为湿式压力(DWP)。DWP 增大,说明扩散器已经堵塞。

②微孔扩散器的清洗方法。扩散器堵塞以后,应及时安排清洗计划,根据堵塞程度确定清洗方法。清洗方法有以下 3 类:

a. 在清洗车间进行清洗,包括回炉火化、磷硅酸盐冲洗、酸洗、洗涤剂冲洗、高压水冲洗等方法。

b. 停止运行,在池内清洗,包括酸洗、碱洗、水冲、气冲、氯冲、超声波清洗等方法。此类是最常用的方法。

c. 不拆扩散器,也不停止运行,在工作状态下清洗,包括向供气管道内注入酸气或酸液、增压冲吹等方法。

③空气管道的维护。压缩空气管道的常见故障有以下两类:

a. 管道系统漏气。产生漏气的原因往往是选用材料质量或安装质量不好,或管路破裂等。

b. 管道堵塞。管道堵塞表现在送气压力、风量不足,压降太大,引起原因一般是管道内的杂质或填料脱落、阀门损坏、管内有水冻结。

排除办法:修补或更换损坏管段及管件,清除管内杂质,检修阀门,排除管道内积水。在运行中应特别注意及时排水。空气管路系统内的积水主要是鼓风机送出的热空气遇冷形成的凝水,因此不同季节形成的冷凝水量是不同的。冬季的水量较多,应增加排放次数。排除的冷凝水应是清洁的,如发现有油花,应立即检查鼓风机是否漏油;如发现有污浊,应立即检查池内管线是否破裂导致混合液进入管路系统。

4. 污泥回流控制

好氧活性污泥法的基本原理是利用活性污泥中的微生物在曝气池内对污水中的有机物进行氧化分解,由于连续流活性污泥法的进水是连续进行的,微生物在曝气池内的增长速度远远跟不上随混合液从曝气池中的流出速度,生物处理过程就难以维持。污泥回流就是将从曝气池中流失的、在二沉池进行泥水分离的污泥的大部分重新引回曝气池的进水端与进水充分混合,发挥回流污泥中微生物的作用,继续对进水中的有机物进行氧化分解。污泥回流的作用就是补充曝气池混合液带走的活性污泥,保持曝气池内的 MLSS 相对稳定。

　　污泥回流比是污泥回流量与曝气池进水量的比值,当曝气池进水量的进水水质、进水量发生变化时,最好能调整回流比。但回流比进行调整后其效果不能马上显现出来,需要一段时间,因此,通过调节回流比,很难适应污水水质的变化,一般情况下应保持回流比的稳定。但在污水厂的运行管理中,通过调整回流比可作为应付突发情况的一种有效手段。

　　(1)污泥回流比的调整方法

　　①根据二沉池的泥位调整。这种方法可避免出现因二沉池泥位过高而造成污泥流失的现象,出水较稳定,缺点是使回流污泥浓度不稳定。

　　②根据污泥沉降比确定回流比。计算公式为

$$R = \frac{SV}{100 - SV}$$

式中　R——回流比,%;

　　　SV——污泥沉降比,%。

　　沉降比的测定比较简单、迅速、具有较强的操作性,缺点是当活性污泥沉降性较差时,即污泥沉降比较高时,需要提高回流量,造成回流污泥浓度的下降。

　　③根据回流污泥浓度和混合液污泥浓度确定回流比。计算公式为

$$R = \frac{MLSS}{RSS - MLSS}$$

式中　MLSS——悬浮固体浓度,mg/L;

　　　RSS——回流污泥浓度,mg/L。

　　分析回流污泥和曝气池混合液的污泥浓度使用烘干法,需要较长的时间,一般只做回流比的校核。但该法能够比较准确地反映真实的回流比。

　　④根据污泥沉降曲线,确定最佳的沉降比。通过测定混合液最佳沉降比 SV_m,调整回流量使污泥在二沉池时间恰好等于淤泥通过沉降达到最大浓度的时间,可获得较大的污泥浓度,而回流量最小,使污泥在二沉池的停留时间最小,此法特别适合除磷和脱氮工艺,计算公式为:

$$R = \frac{SV_m}{100 - SV_m}$$

　　(2)控制污泥回流的方式

　　①保持回流量恒定。该方式适用于进水量恒定或进水波动不大的情况,否则会造成污泥在二沉池和曝气池的二池的重新分配。

　　②保持剩余污泥排放量的恒定。在回流量不变的条件下,保持剩余污泥排放量的相对稳定,即可保持相对稳定的处理效果。此方式的缺点是当进水水量、进水有机物降低时,曝气池的污泥增长量有可能少于剩余污泥的排放量,导致系统污泥量的下降影响处理效果。

　　③回流比和剩余污泥排放量随时调整。根据进水量和进水的有机负荷的变化,随时调整剩余污泥的排放量和回流污泥量,尽可能地保持回流污泥浓度和曝气池混合液的浓度的稳定。这种方式效果最好,但操作频繁、工作量较大。

　　5. 生物相镜检

　　为了随时了解活性污泥中微生物种类的变化和数量的消长,曝气池运行过程中要经常检测活性污泥中的生物相。生物相的镜检只能作为水质总体状况的估测,是一种定性的检测,其主要目的是判断活性污泥的生长情况,为工艺运行提供参考。

生物相镜检可采用低倍或高倍两种方法进行。低倍镜是为了观察生物相的全貌,要观察污泥颗粒大小、松散程度,菌胶团和丝状菌的比例和生长状况。用高倍镜观察,可以进一步看清微生物的结构特征,观察时要注意微生物的外形、内部结构和纤毛摆动情况。观察菌胶团时,应注意胶质的厚薄和色泽,新生胶团的比例。观察丝状菌时,要注意其体内是否有类脂物质出现,同时注意丝的排列、形态和运动特征。

生物相镜检的注意事项如下:

①微生物种类的变化。微生物的种类会随水质的变化而变化、随运行阶段而变化。

②微生物活动状态的变化。当水质发生变化时,微生物的活动状态也发生变化,甚至微生物的形体也会随污水水质的变化而变化。

③微生物数量的变化活性污泥中微生物种类很多,但某些微生物的数量的变化也能反映出水水质的变化。

因此,在日常观察时要注意总结微生物的种类、数量以及活动状态的变化与水质的关系,要真正使镜检起到辅助作用。

五、污泥的培养与驯化

1. 污泥的培养与驯化

活性污泥的培养即为活性污泥的微生物提供一定的生长繁殖条件,包括营养物质、溶解氧、适宜的温度和酸碱度等,在这种情况下,经过一段时间,就会有活性污泥形成,并在数量上逐渐增长,最后达到处理废水所需的污泥浓度。活性污泥的培养方法有接种培养法和自然培养法。

(1)接种培养

将曝气池注满污水,然后大量投入接种污泥,再根据投入接种污泥的量,按正常运行负荷或略低进行连续培养。接种污泥一般为城市污水处理厂的干污泥,也可以用化粪池底泥或河道底泥。这种方法污泥培养时间较短,但受接种污泥来源的限制,一般只适合于小型污泥处理厂或污水厂扩建时采用。对于大型污水处理厂,在冬季由于微生物代谢速率降低,当不受污泥培养时间限制时,可选择污水处理厂的小型处理构筑物(如曝气沉砂池、污泥浓缩池)进行接种培养,然后将培养好的活性污泥转移至曝气池中。

(2)自然培养

自然培养是指不投入接种污泥,利用污水现有的少量微生物,逐渐繁殖的过程。这种方法适合于污水浓度较高、有机物浓度较高、气候比较温和的条件下采用。必要时,可在培养初期投入少量的河道或化粪池底泥。自然培养又可以有以下几种具体方法。

①间歇培养将曝气池注满水,然后停止进水,开始曝气。只曝气不进水的过程,称之为"闷曝"。闷曝 2~3 d 后,停止曝气,静沉 1 h,然后排出部分污水并进入部分新鲜污水,这部分污水约占池容的1/5。以后循环进行闷曝、静沉和进水三个过程,但每次进水量比上次有所增加,每次闷曝时间应比上次缩短,即进水次数增加。在污水的温度为 15~20 ℃时,采用这种方法,经过 15 d 左右即可使曝气池中的 MLSS 超过 1 000 mg/L。此时可停止闷曝,连续进水连续曝气,并开始污泥回流。最初的回流比不要太大,可取 25%,随着 MLSS 的升高,逐渐将回流比增至设计值。

②连续培养将曝气池注满污水,停止进水,闷曝 1 d,然后连续进水连续曝气,当曝气池中

形成污泥絮体,二沉池中有污泥沉淀时,可以开始回流污泥,逐渐培养直至 MLSS 达到设计值。在连续培养时,由于初期形成的污泥量少污泥代谢性能不强,应该控制污泥负荷低于设计值,并随着时间的推移逐渐提高负荷。培养过程污泥回流比,在初期也较低(一般为 25% 左右),然后随 MLSS 浓度提高逐渐增加污泥回流比,直至设计值。

对于工业废水或以工业废水为主的城市污水,由于其中缺乏专性菌种和足够的营养,因此在投产时除用一般菌种和所需要营养培养足量的活性污泥外,还应对所培养的活性污泥进行驯化,使活性污泥微生物群体逐渐形成具有代谢特定工业废水的酶系统,具有某种专性。

实际上活性污泥的培养和驯化可以同步进行,也可以不同步进行。活性污泥的培养和驯化可归纳为异步培养法、同步培养法和接种培养法三种。异步培养法即先培养后驯化;同步培养法则培养和驯化同时进行或交替进行;接种法利用其他污水处理厂的剩余污泥,再进行适当培养和驯化。

2. 指示微生物

在活性污泥培养和驯化阶段,微型动物出现的种类,表现出有规律的顺序性。最初出现小的鞭毛虫和根足虫,然后出现吃细菌的纤毛虫。细菌大量繁殖并开始形成絮状物后,占优势的是自由生活的纤毛虫,并出现爬行的下毛目种类。纤毛虫出现的顺序大体是全毛目→异毛目→下毛目→缘毛目。钟虫类等固着型纤毛虫的出现和增长标志着活性污泥日趋成熟。

根据活性污泥微生物的显微镜观察结果及微型动物的数量,结合曝气池混合液 SV、SVI、MLSS 的测定,可以判断活性污泥微生物的生长状况及污水处理工艺的运行状况。

(1)原生动物

原生动物是最低等的能进行分裂繁殖的单细胞动物。污水中的原生动物既是水质净化者又是水质指示物。绝大多数原生动物属于好氧异养型。在污水处理中,原生动物的作用没有细菌重要,但由于大多数原生动物能吞食固态有机物和游离细菌,所以有净化水质的作用。原生动物对环境变化比较敏感,在不同的水质环境中会出现不同类型的原生动物,所以原生动物可作为水质指示物。

原生动物分为鞭毛纲、肉足纲、纤毛纲(包括吸管纲)及孢子纲。鞭毛纲、肉足纲和纤毛纲存在于水中,在废水生物处理中起到重要作用;而孢子纲中的孢子虫寄生在人体和动物体内,可随粪便排到污水中,需要消灭。

①鞭毛类。鞭毛虫又分为植物性鞭毛虫和动物性鞭毛虫,常见的植物性鞭毛虫有滴虫属、屋滴虫属和眼虫属(裸藻)等,常见的动物性鞭毛虫有波豆虫属、尾波豆虫属等。鞭毛虫常是水体富营养化的指示生物。

②肉足类。典型的肉足类为变形虫属、简便虫属、鳞壳虫属、表壳虫属和太阳虫等。变形虫常在活性污泥培养中期出现。变形虫属和简便虫属等常是活性污泥分散、解体时出现的生物。太阳虫常生活在氧充足的清水中。

③纤毛类。游泳型包括草履虫属、漫游虫属、肾形虫属、斜管虫属等;固着型常见的有钟虫属、累枝虫属、盖虫属、聚缩虫属等。

草履虫是单细胞原生动物典型的代表,它具有抗污性高、净化污水、吞噬细菌和单细胞藻类的习性。草履虫在水污染的生物净化和防治中起到一定的作用,还可以在水污染治理和毒性检测中作为指示生物。污水生物处理中,草履虫常在活性污泥培养中期或在处理效果较差时出现。

漫游虫身体呈片状或柳叶刀状,有一定程度的变异:体庞约为体长的1/4;"尾部"短,末端钝圆;"颈部"也不会显著地伸长。在活性污泥法中,通过反应参数和环境的改变,活性污泥从恶化状态恢复到正常的过渡期常常会有漫游虫等原生动物出现。

钟虫常见的有小口钟虫、八钟虫、沟钟虫、领钟虫等。大多数钟虫以细菌、藻类等为食,所以水体中细菌等数量的多少,直接影响钟虫的数量。钟虫常是活性污泥净化性能良好的指示生物。

(2)后生动物

原生动物以外的多细胞动物称为后生动物。形体微小,需借助显微镜观察的后生动物称为微型后生动物。在污水处理设施和稳定塘中常见的后生动物有轮虫、线虫和甲壳类等。后生动物皆为好氧微生物,生活在较好的水质环境中。后生动物以细菌、原生动物、藻类和有机固体为食,是污水处理的指示性生物。

①轮虫。废水生物处理中的轮虫为自由生活,身体为长形,分头部、躯干及尾部。头部有一个由1~2圈纤毛组成的能转动的轮盘,形如车轮,故称作轮虫。大多数轮虫以细菌、霉菌、酵母菌、藻类、原生动物及有机颗粒为食。轮虫常是污水生物处理效果好的指示生物。

②线虫。线虫虫体大多两端略尖,呈细长圆柱形的假体腔动物。线虫是线形动物门中种类最多的一个类群,种类分布很广,农业土壤中常含有大量线虫,也有许多是人体、动物和植物的重要寄生虫,常引起人、百、家禽和某些农作物的严重病害。线虫常是污水生物处理净化程度差的指示生物。

(3)好氧活性污泥培养与驯化成功标志

活性污泥培养驯化成功的标志如下:

①培养出的污泥及 MLSS 达到设计标准。

②稳定运行的出水水质达到设计要求。

③生物处理系统的各项指标达到设计要求。

④曝气池微生物镜检生物相丰富,有原生动物出现。

3. 注意的问题

(1)温度

春秋季节污水温度一般在 15~20 ℃,适合进行好氧活性污泥的培养。冬季污水温度较低,不适合微生物生长,因此,污水处理厂一般应避免在冬季培养污泥。若一定要在冬季进行培养,应采用接种培养法,并控制较低的运行负荷。一般而言,冬季培养污泥时,培养时间会增加30%~50%。

(2)污水水质

城市污水的营养成分基本都能满足微生物生长所需,但我国城市污水有机质浓度大多较低,培养速度较慢。因此,当污水有机质浓度低时,为缩短培养时间,可在进水中增加有机质营养,如小型污水厂可投入一定量的粪便,大型污水厂可让污水超越初沉池,直接进入曝气池。

(3)曝气量

污泥培养初期,曝气量一定不能太大,一般控制在设计正常值的 1/2 左右。否则,絮状污泥不易形成。因为在培养初期污泥尚未大量形成,产生的污泥絮凝性能不太好,还处于离散状态,加之污泥浓度较低,微生物易处于内源呼吸状态,因此曝气量不能太大。

（4）观测

污泥培养过程中，不仅要测量曝气池混合液的 SV 与 MLSS，还应随时观察污泥的生物相，了解菌胶团及指示微生物的生长情况，以便根据情况对培养过程进行必要的调整。

第二章
水质工程学实验基础知识

第一节 玻璃仪器及其洗涤、干燥与保存

在水质工程实验中离不开各种规格的玻璃仪器、瓷质器皿及器皿架。实验中使用的玻璃仪器应洁净透明，其内、外壁能被水均匀地湿润且不挂水珠。

一、常见玻璃仪器

国内玻璃仪器品种很多，按其用途可分为容器类、量器类和其他常用仪器三大类，了解常用玻璃仪器的规格和用途，将有助于轻松、有效地进行实验工作。常用的化学实验仪器、规格、用途及使用注意事项列于表2.1。

表2.1 常用化学实验仪器

仪器	规格	主要用途	注意事项
烧杯	分硬质软质，有一般型和高型，有刻度和无刻度的几种；按容量(mL)分，有1、5、10微型和50、100、150、200、250、500、1 000等烧杯	配制溶液用、常温或加热条件下作大量物质反应容器；容量较大者可代替水槽或作简易水浴等盛水容器	反应液体不得超过烧杯容量的2/3。加热前要将烧杯外壁擦干，烧杯底要垫石棉网
锥形瓶	分硬质和软质、有塞和无塞、广口、细口和微型几种。按容量(mL)分，有50、100、150、200、250、500、1 000等	反应容器，振荡方便，适用于滴定操作或做接收器	盛液体不能太多，加热时应放置在石棉网上或置于水浴中
细口瓶（试剂瓶）	有玻璃和塑料的、有无色和棕色的，有磨口和不磨口的。以容积(mL)分有100、125、250、500、1 000等	细口瓶盛放液体试剂	不能加热，取用试剂时，瓶盖要倒放在桌上，不能弄脏、弄乱，碱性溶液要用橡皮塞，稳定性差的物质要用棕色瓶

仪器	规格	主要用途	注意事项
广口瓶	分无色、棕色，磨口、不磨口；磨口有塞，无塞的口上是磨砂的为集气瓶。按容积（mL）分有 30、60、125、250、500、1 000 等	储存固体试剂。集气瓶用于收集气体	不能加热，不能放碱，瓶塞不能弄脏乱放。集气瓶收集气体后，要用毛玻璃片盖住瓶口，做燃烧实验时，瓶底应放少许水或沙子
洗瓶	分塑料和玻璃的，以容积（mL）表示	用蒸馏水洗涤沉淀和容器时使用；塑料洗瓶使用方便，故广泛使用	洗瓶不能加热
滴瓶	分无色、棕色，按容积（mL）分为 15、30、60、125 等	用于盛放少量液体试剂或溶液	棕色瓶盛放见光易分解或不太稳定的试剂，碱性试剂用带橡皮塞的滴瓶，不能长期盛放浓碱液；用滴管吸液时不能吸得太满，也不能倒置；滴加试剂时滴管要垂直
容量瓶	有玻璃塞和塑料塞两种，以刻度以下的容积（mL）表示规格有 5、10、25、50、100、150、250、500、1 000 等	用来配制准确浓度的溶液	不能受热，不得贮存溶液，不能在其中溶解固体，瓶塞与瓶是配套的，不能互换
试管、离心试管	分硬质试管、软质试管；普通试管、离心试管；有支管、无支管；具塞、无塞等几种。普通试管以管口外径（mm）×长度（mm）表示，有刻度和离心试管以其容积（mL）表示	普通试管在常温和加热条件下用作少量试剂的反应器，便于操作和观察；收集少量气体；离心试管主要用于沉淀分离	可以加热至高温（硬质的），但不能骤冷，加热时管口不能对人，且要不断移动试管，使其受热均匀，盛放液体不能超过其容量的 1/2，加热时不得超过 1/3。离心试管不能直接加热
量筒和量杯	以其最大容积（mL）表示，如 20、50、100、500、1 000 等	量取一定体积（粗量）的液体用	使用时应竖直放于实验台上，读数时视线应与液面水平，读取与弯月面相切的刻度，不可量热的溶液或液体，不能直接加热，也不可作为反应器使用
吸量管、移液管	以容积（单位 mL）表示，有 1、2、5、10、25、50 等规格。精密度如 50 mL 一般为 0.2%	用来准确移取一定量溶液	管口上无"吹出"字样者，使用时末端的溶液不允许吹出。不能加热

续表

仪器	规格	主要用途	注意事项
滴定管	滴定管分酸式（a）和碱式（b），无色和棕色，容积(mL)分为1、2、3、4、5、10微量滴定管和25、50、100常量滴定管	滴定或量取准确体积的溶液时使用	碱式滴定管盛碱性或还原性溶液；酸式滴定管盛酸性或氧化性溶液；见光易分解的滴定液宜用棕色滴定管；酸管旋塞应擦凡士林油，碱管中橡皮管不能用洗液洗
比色管	比色管的外形与普通试管相似，但比试管多一条精确的刻度线并配有橡胶塞或玻璃塞，且管壁比普通试管薄，常见规格有10 mL、25 mL、50 mL三种	用于目视比色分析实验的主要仪器，可用于粗略测量溶液浓度	比色管不是试管，不能直接加热，且比色管管壁较薄，要轻拿轻放；同一比色实验中要使用同样规格的比色管
比色皿	主要是由石英粉烧制的石英比色皿或玻璃烧制的玻璃比色皿，也有微量、半微量、荧光等比色皿出现	用于光谱分析的装备仪器	不能加热或烘烤，将透光面不得与硬物或脏物接触，不得长期盛放含有腐蚀玻璃的物质的溶液。盛装溶液时，高度为比色皿的2/3处，光学面如有残液可先用滤纸轻轻吸附，然后再用镜头纸或丝绸擦拭；当发现比色皿里面被污染后，应用无水乙醇清洗，及时擦拭干净
漏斗	以口径（mm）大小表示。分30、40、60等，锥体为60°	用于过滤液体；倾注液体	不能用火加热；过滤时尖端必须紧靠承接滤液的容器壁；长颈漏斗作加液使用时，一般应插入液面下
布氏漏斗和吸滤瓶	布氏漏斗瓷质，规格以直径（mm）分为60、100、150、200等。吸滤瓶为玻璃制品，按容积（mL）可分为250、500等。两者配套使用	用于减压过滤	不能直接加热，滤纸要略小于漏斗的内径。使用时要先开抽气泵，后过滤；过滤完毕，先拔掉抽滤瓶接管，后关抽气泵
分液漏斗、滴液漏斗	以容积（mL）和形状（球形、梨形）表示	用于分离互不相溶的液体、萃取，或用作发生气体装置中的加液漏斗	不得加热，漏斗塞子、旋塞不得互换；加入的液体量不得超过漏斗容积的3/4
热水漏斗	由普通玻璃漏斗和金属外套组成，以口径（mm）大小表示，如30、60等	用于热过滤操作	加水不超过其容积的2/3

续表

仪器	规格	主要用途	注意事项
漏斗架	木制,有螺丝可固定于支架上,可移动位置,调节高度	过滤时承放漏斗用	固定漏斗板时,不要将其倒放
称量瓶	分扁形和高形,以外径(mm)×高(mm)表示,如高形25×40,扁形50×30	扁形用作测定水分或干燥基准物质;高形用于称量基准物质或样品	不可盖紧磨口塞烘烤,磨口塞要原配套,不可互换
研钵	以铁、瓷、玻璃、玛瑙制作,以内径大小表示	用于研磨固体物质。大块物质不能舂碎,只能压碎	不能用于加热,按固体的性质和硬度选用不同的研钵。放入量不宜超过容积的1/3。易爆物质只能轻轻压碎,不能研磨
表面皿	以口径(mm)分,有45、65、75、90等	盖在烧杯上防止液体进溅或作其他用途	不能用火直接加热,直径要略大于所盖容器
点滴板	有有机玻璃和瓷质两种;分白色、黑色;六凹穴、九凹穴、十二凹穴等	用于点滴反应,尤其是显色反应	不能加热;白色沉淀用黑色点滴板,有色沉淀用白色点滴板
试管架	有木制、铝制和有机玻璃制的,有不同大小和形状	放试管用	加热后的试管应用试管夹夹住悬放在架子上,避免骤冷或遇到架子上的水使之炸裂
蒸发皿	有瓷、铂、石英等制品,分有柄和无柄,按容积(mL)分,有75、100、200等	蒸发、浓缩溶液用,还可以作为反应容器用	可耐高温,可直接加热,但高温时不能骤冷。随液体性质不同可选用不同质地的蒸发皿
泥三角	有大小之分	支撑灼烧坩埚	一般直立放置,灰化样品时坩埚底应横着斜放在三个瓷管中的一个瓷管上
水浴锅	铜或铝制品	用于间接加热,也可以用于粗略控制温度实验	所选择的圈环正好使加热器皿浸入锅中2/3,不要让锅中的水烧干,用完后应将锅擦干保存
坩埚	材质有瓷、石英、铁、镍、铂等。按容积(mL)分,有10、15、25、50等	用于强热、煅烧固体	依试剂的性质选用不同材质的坩埚,放在泥三角上或马弗炉中直接强热、煅烧,加热或反应完毕后应用预热的坩埚钳夹取,放于石棉网上

续表

仪器	规格	主要用途	注意事项
坩埚钳	铁制品,有大小长短的不同	夹持坩埚加热或往马弗炉中放、取坩埚	坩埚钳用后,应尖端向上平放在实验台上(如果温度很高,则应放在石棉网上)
铁架台	铁制品,铁夹现在也有铝制的。铁架台有长方形,也有圆形	用于固定反应容器。铁圈还可代替漏斗架使用	仪器固定在铁架台上时,仪器和铁架的重心应落在铁架台底盘中部; 夹持仪器时,应以仪器不能转动为宜,不能过紧和过松
干燥器	以外径表示大小,分普通干燥器和真空干燥器,内放干燥剂	保持物品干燥	防止盖子滑动打碎,热的物品待稍冷后才能放入,盖子的磨口处涂适量的凡士林,干燥剂要及时更换

总体而言,使用玻璃仪器时应注意轻拿轻放,加热玻璃仪器时要垫石棉网(试管加热有时可例外);厚壁玻璃仪器(如吸滤瓶、广口瓶等)不耐热,不能用来加热;广口容器(如烧杯等)不能贮存有机溶剂;计量容器(如量筒、滴定管等)不能高温烘烤。使用玻璃仪器后要及时清洗、干燥(不急用的一般以晾干为好)。具塞的玻璃器皿清洗后,在旋塞与磨口之间应垫一小纸片,以防黏结。不能用温度计当搅棒用,温度计用后应缓慢冷却,更不能用冷水冲洗热的温度计,以免炸裂。

二、玻璃仪器洗涤

化学实验室使用的各种玻璃仪器必须保持洁净,一般要求以仪器内残存的杂质不干扰实验而影响实验的结果为原则。洗涤玻璃仪器的方法很多,应根据实验的要求、污物性质和玷污的程度来选用。一般说来,附着在仪器上的污物既有可溶性物质,也有油污和有机物质。针对这种情况,可以分别采用下列洗涤方法。

1. 用水刷洗

用毛刷和水刷洗,既可使可溶物溶去,也可使附着在仪器上的尘土和不溶物脱落下来。洗涤时器皿内盛 1/3 ~ 1/2 的清水,选择合适的毛刷,洗涤 3 ~ 4 次,最后再用蒸馏水洗涤 2 ~ 3 次。用水刷洗往往洗不去油污和有机物。

2. 用去污粉、肥皂或合成洗涤剂洗涤

去污粉由碳酸钠、白土、细沙等混合而成。使用时,首先要把要洗的仪器用水润湿,加入少许去污粉,然后用毛刷擦洗。碳酸钠是一种碱性物质,具有强的去油污能力,而细沙的摩擦作用以及白土的吸附作用则增强了仪器的清洗效果。待仪器的内外壁都经过仔细的擦洗后,用自来水冲去仪器内外的去污粉,要冲洗到没有微细的白色颗粒状粉末留下为止。最后,用蒸馏水冲洗仪器三次,把自来水中带来的钙、镁、铁、氯等离子洗去。如果是大量油脂玷污,可用热碱液或适当的有机溶剂浸泡,然后把碱液或有机溶剂倒出,再用水清洗。

3. 用铬酸洗液洗涤

（1）铬酸洗液的配制

将 30 g 研细的重铬酸钾加于 100 mL 水中，加热使之溶解，冷却后在不断搅拌下慢慢注入 800 mL 浓硫酸即可。这种洗液具有很强的氧化性，对有机物和油污的去污能力特别强。在进行精确的定量实验时，往往遇到一些口小、管细的仪器很难用上述的方法洗涤，就可用铬酸洗液来洗。

（2）使用方法

往仪器内加入少量洗液，使仪器倾斜并慢慢转动，让仪器内壁全部为洗液湿润，转几圈后，把洗液倒回原瓶内，然后用自来水把仪器内壁残留的洗液洗去，最后用蒸馏水洗三次。如果用洗液把仪器泡一段时间，或者用热的洗液洗，则效果更好，但要注意安全，不要让热洗液灼伤皮肤。洗液的吸水性很强，应该随时把装洗液的瓶子盖严，以防吸水，降低去污能力。当洗液洗用到出现绿色时（重铬酸钾还原成硫酸铬的颜色），就失去了去污能力。使用铬酸洗液时应注意，不能用毛刷刷洗；碱式滴定管的胶管要取下（或换上废胶管）；酸式滴定管要关闭活塞；仪器内的水要尽量倒尽。铬(Ⅵ)有毒，清洗残留在仪器上的洗液时，第一、二遍的洗涤水不要倒入下水道，应回收处理。

4. 碱性高锰酸钾洗涤液

碱性高锰酸钾洗涤液用于洗涤油污和某些有机物，其配制方法为：将 4 g KMnO$_4$ 溶于少量水中，缓慢加入 100 mL 100 g/L 的 NaOH 溶液即可。

5. 酸性草酸和盐酸羟胺洗液

酸性草酸和盐酸羟胺洗液适用于洗涤氧化性物质，其配置方法是：称取 10 g 草酸或 1 g 盐酸羟胺溶于 100 mL 1∶1 的 HCl 溶液即可。

6. 盐酸-乙醇溶液

盐酸-乙醇溶液用于洗涤被有色物污染的比色皿、容量瓶和移液管等，将化学纯盐酸和乙醇（1∶2）混合即可使用。

7. 有机溶剂洗涤液

有机溶剂洗涤液用于洗去聚合物、油脂以及其他物质，主要是丙酮、乙醚、苯或 NaOH 的饱和乙醇溶液。

8. 特殊物质的去除

应该根据粘在器壁上的物质的性质对症下药，采用适当的药品来处理它。例如粘在器壁上的氧化铁等氧化物用浓盐酸处理时就很容易除去；附着有硫可用煮沸的石灰水洗涤；铜或银可用硝酸洗涤；二氧化锰可用经盐酸酸化的 5% 的草酸洗涤。

9. 用超声波洗涤

用过的仪器，放在配有合适洗涤剂的溶液中，接通电源，利用超声波振动的能量，就可以将其清洗干净。省时方便，适用于大量器皿同种污物的清洗。

凡是已洗净的仪器，不能再用布或纸去擦拭，否则，布或纸的纤维将会留在器壁上而玷污仪器。

三、玻璃仪器干燥

仪器洗净后有时还需要干燥，特别是用于高温加热的仪器，以及用于精确称量的器皿和准备盛放准确浓度溶液的容器等,都必须充分干燥。视情况不同,可采用以下方法。

1. 晾干

将洗净的玻璃仪器倒置在滴水架上或专用柜内控水,让其在空气中自然干燥。倒置还有防尘作用。

2. 加热烘干

洗净的仪器可以放在电烘箱中(控制在 105 ℃)或者气流烘干器中烘干。使用时应先尽量把水倒干,然后再烘。一些常用的烧杯、蒸发皿可置于石棉网上用小火烤干。试管则可用火直接烤干,但必须把试管口向下,以免水珠倒流炸裂试管。不断来回移动试管,烤到不见水珠后,将管口朝上,赶尽水汽。

3. 吹干

带有刻度的计量仪器,不能用加热的方法进行干燥,因为会影响精密仪器的精密度,可利用吹风机往仪器中吹风,进行吹干。

4. 烤干

部分器皿可用酒精灯或红外线灯烤干。从玻璃仪器底部烤起,逐渐将水赶到出口处挥发掉,注意防止瓶口水滴滴回烤热的底部引起炸裂。反复烘烤 2~3 次即可烤干。烤干法只适用于硬质玻璃仪器,有些玻璃仪器如比色皿、比色管、称量瓶、试剂瓶等不宜用加热的方法干燥。

5. 用有机溶剂干燥

一些带有刻度的计量仪器不能用加热方法干燥,否则会影响仪器的精密度。将少量易挥发的有机溶剂,如酒精或酒精与丙酮的混合液,倒入洗净的仪器中,倾斜并转动仪器,使仪器上的水与有机溶剂混合,然后倾出,少量残留在仪器内的混合液,很快挥发使仪器干燥。

四、玻璃仪器保管

在贮藏室内的玻璃仪器应分门别类地存放,以便取用。经常使用的、干净的玻璃仪器倒置于专用柜内,柜隔板上衬垫清洁滤纸,也可在玻璃仪器上覆盖清洁纱布,要放置稳妥。

各种玻璃仪器还要根据其特点、用途、实验要求等按不同方法加以保管,例如:

①移液管洗净后,用干净滤纸包住两端,置于有盖的搪瓷盘、盒中,垫以清洁纱布;

②滴定管倒置于滴定架上,或盛满蒸馏水,上口加套指形管或小烧杯。使用中的滴定管(内装滴定液)在操作暂停时也应加套以防灰尘落入;

③清洁的比色皿、比色管、离心管要放在专用盒内,或倒置在专用架上;

④带磨口塞的清洁玻璃仪器,如容量瓶、称量瓶、碘量瓶、试剂瓶等要衬纸加塞保存;

⑤凡有配套塞、盖的玻璃仪器,比如容量瓶、称量瓶、分液漏斗、比色管、滴定管等都必须保持原装配套,不得拆散使用和存放;

⑥专用的组合式仪器、成套仪器,洗净后要加罩防尘,或放在专门的包装盒内。

第二节　实验用水

实验室应根据实验工作的不同要求选用符合质量要求的实验用水。实验用水的制备一般采离子交换交换法、电渗析法和蒸馏法。有些分析项目需要用特殊要求的水,如无氨水、无酚水、无二氧化碳水等。

一、实验室用水的规格

国家标准(GB/T 6682—2008)中明确规定了实验室用水的级别、主要技术指标、制备方法及检验方法,该标准采用了国际标准(ISO 3696—1995)。

一级水用于有严格要求的分析实验,包括对颗粒有要求的实验,如高压液相色谱分析。一级水可用二级水经过石英设备蒸馏或离子交换混合床处理后,再经过 0.2 μm 微孔滤膜过滤来制取。

二级水用于无机衡量分析等实验,如原子吸收光谱分析用水。二级水可用多次蒸馏或离子交换等方法制取。

三级水用于一般化学实验,可用蒸馏或离子交换等方法制取。

分析实验室用水的水质规格见表2.2。

表2.2　分析实验室用水的水质规格

名称	一级	二级	三级
pH 值范围(25 ℃)	—	—	5.0 ~ 7.5
电导率(25 ℃)/(μS·cm^{-1})	≤0.1	≤1	≤5
电导率(25 ℃)/(MΩ·cm)	10	1	0.2
可氧化物质(以 O 计)/(mg·L^{-1})	—	≤0.08	≤0.4
吸光度(254 nm,1 cm 光程)	≤0.001	≤0.01	—
蒸发残渣[(105 ±2)℃]/(mg·L^{-1})	—	≤1.0	≤2.0
可溶性硅(以 SiO$_2$ 计)/(mg·L^{-1})	≤0.01	≤0.02	—

还需要说明的是:

①由于在一级水、二级水的纯度下,难以测定其真实的 pH 值,因此对 pH 值范围不做规定;

②由于在一级水的纯度下,难以测定其可氧化物质和蒸发残渣,因此,对其限量不做规定。可用其他条件和制备方法来保证一级水的质量。

二、实验室纯水的制备方法

实验室制备纯水一般可用蒸馏法、离子交换法和电渗析法。

(1)蒸馏法

自来水在加热器中加热汽化,水蒸气冷凝即得蒸馏水。蒸馏器的材质有铜、玻璃、石英等,其中石英蒸馏器制备的蒸馏水含杂质最少。蒸馏法的优点是设备成本低、操作简单,缺点只能除去水中非挥发性杂质,但不能除去易溶于水的挥发性杂质,且能耗高。

(2)离子交换法

应用离子交换树脂分离水中杂质离子的方法,故制得"去离子水",目前多采用阴、阳离子交换树脂的混合床来制备纯水。该法制备水量大、成本低、去离子能力强,但不能除掉水中非离子型杂质,而且设备及操作复杂。

（3）电渗析法

在外电场的作用下,利用阴、阳离子交换膜对溶液中的离子选择性透过,使杂质离子自水中分流出来的方法。该法不能除掉非离子型杂质,而且去离子能力不如离子交换法。但再生处理比离子交换柱简单,电渗析器的使用周期也比离子交换柱长,好的电渗析器制备的纯水质量可达到三级水的水平。

三级水是最常用的纯水,可用上述三种方法制取。除用于一般化学分析实验外,还可用于制取二级水、一级水。二级水可用多次蒸馏或离子交换法制取,它主要用于仪器分析实验或无机痕量分析。一级水可用二级水经石英蒸馏器蒸馏或阴、阳离子混合床处理后,再经 $0.2~\mu g$ 微孔滤膜过滤制取。它主要用于超痕量（$\omega < 10^{-6}$）分析及对微粒有要求的实验,如高效液相色谱分析用水。一级水应存放于聚乙烯瓶中,临用前制备。在实验中,要依据需要选择用水,不应盲目地追求水的纯度。

三、实验室用水的检验方法

纯水的检验有物理方法（测定水的电导率）和化学方法两类。一般以其电导率为主要质量指标进行检验,也可进行诸如 pH、重金属离子等检验。

①电导率:水的电导率越小,表明水中杂质离子越少,水的纯度越高。测量一级水、二级水时,电导池常数为 $0.01 \sim 0.1$,进行在线测量;测量三级水时,电导池常数为 $0.1 \sim 1$,用烧杯接取 400 mL 水样,立即进行测定。

②pH 值:用酸度计测定纯水的 pH 值通常为 6 左右。

③Cu^{2+}、Pb^{2+}、Zn^{2+}、Fe^{3+}、Ca^{2+}、Mg^{2+} 等金属离子:取 25 mL 水于小烧杯中,加 1 滴 2 g/L 铬黑 T,5 mL pH = 10 的氨性缓冲溶液,若呈蓝色,说明上述离子含量甚微,水合格;若呈红色,则说明水不合格。

④氯化物:取 20 mL 水于试管中,用 1 滴 4 mol/L HNO_3 酸化,加入 $1 \sim 2$ 滴 0.1 mol/L $AgNO_3$,如出现白色乳状物,则水不合格。

⑤硅酸盐:取 10 mL 水于小烧杯中,加入 4 mol/L HNO_3 5 mL,50 g/L 钼酸铵 5 mL,室温下放置 5 min 后,加入 100 g/L Na_2SO_3 5 mL,观察是否出现蓝色,如呈蓝色则不合格。

第三节 化学试剂与溶液

化学试剂的种类很多,世界各国对化学试剂的分类和分级标准不尽一致,各国都有自己的国家标准及其他标准（行业标准、学会标准等）。我国化学试剂产品有国家标准（GB）、化工部标准（HG）及企业标准（QB）三级。

一、化学试剂的分类

化学试剂产品已有数千种,有分析试剂、仪器分析专用试剂、指示剂、有机合成试剂、生化试剂、电子工业或食品工业专用试剂、医用试剂等。随着科学技术和生产的发展,新的试剂种类还将不断产生,到目前为止,还没有统一的分类标准。通常将化学试剂分为标准试剂、一般试剂、高纯试剂、专用试剂四大类。

（1）标准试剂

标准试剂是用于衡量其他（待测）物质化学量的标准物质。标准试剂的特点是主体含量高而且准确可靠,其产品一般由大型试剂厂生产,并严格按国家标准检验。

（2）一般试剂

一般试剂是实验室最普遍使用的试剂,根据国家标准（GB）,一般化学试剂分为四个等级及生化试剂,其规格及适用范围等见表2.3。指示剂也属于一般试剂。

表2.3　一般试剂的规格及适用范围

级别	中文名称	英文符号	标签颜色	适用范围
一级	优级纯 （保证试剂）	G. R.	绿色	精密的分析及科学研究工作
二级	分析纯 （分析试剂）	A. R.	红色	一般的科学研究及定量分析工作
三级	化学纯	C. R.	蓝色	一般定性分析及无机、有机化学实验
四级	实验试剂	L. R.	棕色或其他色	要求不高的普通实验
生化试剂	生化试剂	B. R.	咖啡色	生物化学及医用化学实验
—	生物染色剂	—	（染色剂:玫瑰色）	—

按规定,试剂瓶的标签上应标示试剂名称、化学式、摩尔质量、级别、技术规格、产品标准号、生产许可证号、生产批号、厂名等,危险品和有毒药品还应给出相应的标志。

（3）高纯试剂

高纯试剂的特点是杂质含量低（比优级纯基准试剂低）,主体含量一般与优级纯试剂相当,而且规定检测的杂质项目比同种优级纯或基准试剂多1～2倍,在标签上标有"特优"或"超优"试剂字样。高纯试剂主要用于微量分析中试样的分解及试液的制备。

（4）专用试剂

专用试剂是指有特殊用途的试剂。如仪器分析中色谱分析标准试剂、气相色谱载体及固定液、液相色谱填料、薄层色谱试剂、紫外及红外光谱纯试剂、核磁共振分析用试剂等。专用试剂与高纯试剂相似之处是不仅主体含量较高,而且杂质含量很低。它与高纯试剂的区别是,在特定的用途中（如发射光谱分析）,有干扰的杂质成分只需控制在不致产生明显干扰的限度内。

二、化学试剂的选用

在分析工作中选用试剂的纯度、级别要与所用的分析方法相当,要结合具体的实验情况,根据分析对象的组成、含量,对分析结果准确度的要求和分析方法的灵敏度、选择性,合理地选用相应级别的试剂。在满足实验要求的前提下,应本着节约的原则,尽量选用低价位试剂。

化学分析实验通常使用分析纯试剂;若对杂质含量要求高,则要选用优级纯或专用试剂。

试剂的存放和使用过程总要保持清洁,取用下的瓶盖应倒放在实验台面上,取用后应立即盖好,防止污染和变质。

三、化学试剂的存放

在实验室中化学试剂的存放是一项十分重要的工作。一般化学试剂应贮存在通风良好、干净、干燥的库房内,要远离火源,并注意防止污染。实验室中盛放的原包装试剂或分装试剂,都应贴有商标或标签,盛装试剂的试剂瓶也都必须贴上标签,并写明试剂的名称、纯度、浓度、配制日期等,标签外应涂蜡或用透明胶带等保护,以防标签受腐蚀而脱落或破坏。同时,还应根据试剂的性质采用不同的存放方法。

①固体试剂一般应装在易于取用的广口瓶内;液体试剂或配制成的溶液则盛放在细口瓶中;一些用量小而使用频繁的试剂,如指示剂、定性分析试剂等可盛装在滴瓶中。

②遇光、热、空气易分解或变质的药品或试剂,如硝酸、硝酸银、碘化钾、硫代硫酸钠、过氧化氢、高锰酸钾、亚铁盐和亚硝酸盐等,都应盛放在棕色瓶中避光保存。

③容易侵蚀玻璃而影响试剂纯度的,如氢氟酸、含氟盐、氢氧化钠等应保存在塑料瓶中。

④碱性物质如氢氧化钾、氢氧化钠、碳酸钠、碳酸钾和氢氧化钡等溶液,盛放的瓶子要用橡皮塞,不能用玻璃磨口塞,以防瓶口被碱溶解。

⑤吸水性强的试剂如无水硫酸钠、氢氧化钠等应严格用蜡密封。

⑥易燃液体保存时应单独存放,注意阴凉避风,特别要注意远离火源。易燃液体主要是有机溶剂,实验室常见的一级易燃液体有丙酮、乙醚、汽油、环氧丙烷、环氧乙烷;二级易燃液体有甲醇、乙醇、吡啶、甲苯、二甲苯等;三级易燃液体有柴油、煤油、松节油。

⑦易燃固体有机物如硝化纤维、樟脑等,无机物如硫黄、红磷、镁粉和铝粉等,着火点都很低,遇火后易燃烧,要单独贮存在通风干燥处。

⑧白磷为自燃品,放置在空气中不经明火就能自行燃烧,应贮存在水里,加盖存放于避光阴凉处。

⑨金属钾、钠、电石和锌粉等为遇水燃烧的物品,与水剧烈反应并放出可燃性气体,贮存时应与水隔离,如金属钾和钠,应贮存在煤油里。贮存这类易燃品(包括白磷)时,最好把带塞容器的2/3埋在盛有干沙的瓦罐中,瓦罐加盖贮于地窖中。要经常检查,随时添加贮存用的液体。

⑩易爆炸物如三硝基甲苯、硝化纤维和苦味酸等应单独存放,不能与其他类试剂一起贮存。

⑪具有强氧化能力的含氧酸盐或过氧化物,当受热、撞击或混入还原性物质时,就可能引起爆炸。贮存这类物质,绝不能与还原性物质或可燃物放在一起,贮存处应阴凉通风。强氧化剂分为三个等级:一级强氧化剂与有机物或水作用易引起爆炸,如氯酸钾、过氧化钠、高氯酸;二级强氧化剂遇热或日晒后能产生氧气,支持燃烧或引起爆炸,如高锰酸钾、双氧水;三级强氧化剂遇高温或与酸作用时,能产生氧气,支持燃烧和引起爆炸,如重铬酸钾、硝酸铅。

⑫强腐蚀性药品如浓酸、浓碱、液溴、苯酚和甲酸等,应盛放在带塞的玻璃瓶中,瓶塞密闭。浓酸与浓碱不要放在高位架上,防止碰翻造成灼伤。如量大时,一般应放在靠墙的地面上。

⑬剧毒试剂如氰化物、三氧化二砷或其他砷化物、升汞及其他汞盐等,应由专人负责保管,取用时严格做好记录,每次使用以后要登记验收。钡盐、铅盐、锑盐也是毒品,要妥善贮存。

四、溶液配制与保存

溶液浓度的表示方法有质量浓度,常用单位有 g/L、mg/L 等;质量摩尔浓度,单为 mol/L;还有质量分数、体积分数等。

1. 溶液的配制

配制溶液时应注意以下几点:

①配制时所用试剂的名称、数量及有关计算,均应详细记录。

②当配制准确浓度的溶液时,如溶解已知量的某种基准物质或稀释某一已知浓度的溶液时,必须用经校准的容量瓶,并准确地稀释至标线,然后充分混匀。

③配制溶液时一定要将浓酸或浓碱缓慢地加入水中,并不断搅拌,待溶液温度冷至室温后,才能稀释到规定的体积。

④若溶质需加热助溶或在溶解过程中放出大量溶解热时,应在烧杯中配制,待溶解完全并冷却到室温后,再加足溶剂倒入试剂瓶中。

2. 试液的使用与保存

试液使用与保存时应以下几点:

①碱性试液和浓盐类试液不能用磨口玻璃瓶贮存,以免瓶塞与瓶口固结后不易打开。

②配制好的试液应在瓶签上写明试剂名称、浓度、配制日期、配制人、有效期及其他需注明的事项。

③有些标准溶液会因化学变化或微生物作用而变质,需要注意保存并经常进行标定。

有些试液受日光照射易引起变质,这类试液应贮存于棕色瓶中,并放暗处保存。

④盛有试液的试剂瓶应放在试液橱内或无阳光直射的试液架上,试液架应安装玻璃拉门,以免灰尘积聚在瓶口上而导致污染。

⑤试液瓶附近勿放置发热设备,以免使试液变质。

⑥试液瓶内液面以上的内壁,常凝聚着成片的水珠,用前应振摇,以混匀水珠和试液。

⑦吸取试液的吸管应预先洗净和晾干。多次或连续使用时,每次用后应妥善存放避免污染,不允许裸露平放在桌面上或泼在试液瓶内。

⑧同时取用相同容器盛装的几种试液,特别是当两人以上在同一台面上操作时,应注意勿将瓶塞盖错而造成交叉污染。

⑨当测定同一批样品并需对分析结果进行比较时,应使用同一批号试剂配制的试液。

⑩已经变质、污染或失效的试液应随即废弃,以免与新配试液混淆而被误用。

⑪有毒溶液应按规定加强使用管理,不得随意倾倒于下水道中。

3. 标准溶液的配制和标定

用来直接配制标准溶液或校准未知溶液浓度的物质,称为基准物质。基准物质应符合下列要求:

①纯度较高,杂质含量少可以忽略;

②物质的组成应精确地与化学式相符合;

③不论物质是以固态或液态保存,性质应稳定不变。

标准溶液的配制和标定有两种方法。

①直接法。准确称取一定量的物质,溶解后制成一定体积的溶液,根据所称取物质的质量

及所配成溶液的体积,可以通过下式计算出溶液准确浓度:

$$c_B = \frac{n_B}{V} = \frac{m_B}{M_B V}$$

式中　　c_B——标准溶液的物质的量浓度,mol/L;

V——配成物质的体积,mL;

n_B——物质的摩尔量,mol;

m_B——物质的质量,g;

M_B——物质的摩尔质量,g/mol。

②间接法。首先配制接近于所需要浓度的溶液,然后再由基准物质回测它的准确浓度。例如:配制 0.100 0 mol/L 的硫酸亚铁铵溶液。

先称取 39.5 g 硫酸亚铁铵溶于水中,一边搅拌一边缓慢加入 20 mL 浓硫酸,冷却后移入 1 000 mL 容量瓶中,加水至标线,摇匀。再准确吸取 10.00mL 重铬酸钾标准液于 500 mL 的锥形瓶中,加水稀释至 110 mL 左右,缓慢加入 30 mL 浓硫酸混匀,冷却后,加 3 滴亚铁灵指示剂(约 1.5 mL),最后用硫酸亚铁铵溶液滴定,溶液颜色由黄经绿、蓝至红褐色即为终点。

$$c_{硫酸亚铁铵} = (0.250\ 0 \times 10.00)/V$$

式中　V——滴定 10.00 mL 重铬酸钾时消耗硫酸亚铁铵溶液的体积,mL。

标定好的标准溶液保存时不要与空气接触,避免水分蒸发和吸收二氧化碳从而引起浓度改变,较长时间不用应重新标定后再用。

第四节　误差分析与数据处理

定量分析的目的是通过一系列的分析步骤获得被测组分的准确含量。但是,在实际测定过程中,即使采用最可靠的分析方法,使用最精密的仪器,由技术最熟练的分析人员测定也不可能得到绝对准确的结果。在分析过程中误差是客观存在的,因此我们不仅要得到被测组分含量,而且必须了解分析过程中误差产生的原因及出现的规律,以便采取相应措施减小误差,并进行科学的归纳、取舍、处理、使测定结果进来接近客观真实值。

一、误差分析

1. 误差的基本概念

在任何一种测量中,无论所用仪器多么精密,方法多么完善,实验者多么细心,所得结果常常不能完全一致而会有一定的误差和偏差。严格地说,误差是指观测值与真值之差,偏差是指观测值与平均值之差。但习惯上常将两种混用而不加区别。根据误差的种类、性质以及产生的原因,可将误差分为系统误差、偶然误差和过失误差三种。

（1）系统误差

系统误差又称为恒定误差,是指在测试中由未发现或未确认的因素所引起的误差。这些因素使得测试结果永远朝一个方向发生偏差,其大小及符号在同一实验中完全相同。产生系统误差的原因是:仪器不精确,如刻度不准、砝码未校正等;测试环境发生变化,如外界温度、压力和湿度的变化;个人习惯和偏向,如读数偏高或偏低等。这类误差可根据仪器的性能、环境条件或个人偏差等加以校正使之降低。

（2）偶然误差

偶然误差又称为随机误差。单次测试时，观测值总是有些变化且变化无规律，其误差时大、时小、时正、时负，方向不定，但多次测试后，其平均值趋近于零，具有这种性质的误差称为偶然误差。偶然误差产生的原因一般是不清楚的，因而无法人为控制。偶然误差可用概率理论进行数据处理加以避免。

①偶然误差的出现有规律。如果多次测量，便会发现数据的分布符合一般统计规律。这种规律可用图2.1中的典型曲线表示，此曲线称为误差的正态分布曲线，此曲线的函数形式为

$$y = \frac{1}{\sqrt{2\pi}\sigma}e^{\frac{-x^2}{2\sigma^2}} \tag{2.1}$$

$$y = \frac{h}{\sqrt{\pi}}e^{-h^2x^2} \tag{2.2}$$

式中　h——精确度指数；

　　　σ——标准误差。

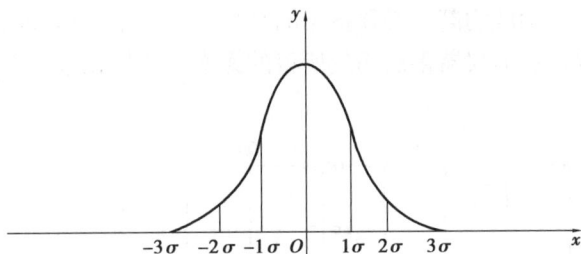

图2.1　误差正态分布曲线

h 与 σ 的公式为

$$h = \frac{1}{\sqrt{2}\sigma} \tag{2.3}$$

从图2.1中的曲线可以看出：误差小的比误差大的出现的机会多，故误差的概率与误差大小有关，个别特别大的误差出现的次数极少。

②由于正态分布曲线与 y 轴对称，因此数值大小相同、符号相反的正、负误差出现的概率近于相等。

如以 m 代表无限多次测量结果的平均值，在没有系统误差的情况下，它可以代表真值。σ 为无限多次测量所得标准误差。由数理统计方法分析可以得出，误差在 $\pm1\sigma$ 内出现的概率是68.3%，在 $\pm2\sigma$ 内出现的概率是95.5%，在 $\pm3\sigma$ 内出现的概率是99.7%，可见误差超过 $\pm3\sigma$ 的出现概率只有0.3%。因此，如果多次重复测量中个别数据的误差之绝对值大于 $\pm3\sigma$，则这个极端值可以舍去。偶然误差虽不能完全消除，但基于误差理论对多次测量结果进行统计处理，可以获得被测定的最佳代表值及对测量精密度作出正确的评价。在水质工程学实验中，测量次数有限，若要采用这种统计处理方法进行严格计算可查阅有关参考书，科学设计实验。

（3）过失误差

这是由实验过程中犯的某种不应有的错误所引起的，如标度看错、记录写错、计算弄错等。此类误差无规则可循，只要多方警惕、细心操作，过失误差是可以完全避免的。

2. 准确度和精确度

准确度表示测定值与真值的接近程度,它反映偶然误差和系统误差的大小,一个分析方法和分析系统的准确度是反映该方法和该测量系统存在的系统误差和偶然误差的综合指标,它决定这个分析结果的可靠性。

准确度用绝对误差或相对误差表示。分析工作中可通过测量标准物质做加标试验测定回收率的方法评价分析方法和测量系统的准确度。

精密度表示各测量值相互接近的程度,它反映偶然误差的大小。测试的偶然误差越小,测试的精密度越高。可通过考察测试方法的平行性、重复性和再现性来说明其精密度。

精密度通常用极差、算术平均偏差和相对平均偏差、标准偏差和相对标准偏差表示。

在一组测量中,尽管精密度很高,但准确度不一定很好;相反,若准确度好,精密度也不一定高。

准确度与精密度的区别,可用图 2.2 加以说明。例如甲、乙、丙三人同时进行一次化学分析,各分析四次,其测定结果在图中以小圈表示。从图 2.2 可见,甲的测定结果的精密度很高,但平均值与真值相差较大,说明其准确度低;乙的测定结果的精密度不高,准确度也低;只有丙的测定结果的精密度和准确度均高。必须指出的是科学测量中,只有设想的真值,通常是以运用正确测量方法并用校正过的仪器多次测量所得的算术平均值或载之于文献手册的公认值来代替的。

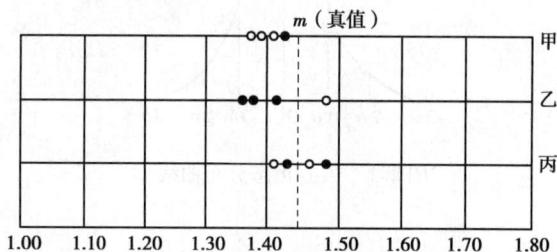

图 2.2　甲、乙、丙三人的测试结果示意图

3. 绝对误差与相对误差

绝对误差是观测值与真值之差。相对误差是指绝对误差在真值中所占的百分数。它们分别可用下列两式表示:

$$绝对误差 = 观测值 - 真值$$
$$相对误差 = 绝对误差/真值 \times 100\%$$

绝对误差的表示单位与被测量是相同的,而相对误差是无单位的,因此不同物理量的相对误差可以相互比较。这样,无论是比较各种测量的精密度还是评定测量结果的准确度,采用相对误差更为方便。

4. 平均误差与标准误差

为了说明测量结果的精密度,一般以单次测量结果的平均误差表示,即

$$d = \frac{|d_1| + |d_2| + \cdots + |d_n|}{n} \tag{2.4}$$

式中,$d_1, d_2, \cdots, d_n$ 为第 $1, 2, \cdots, n$ 次测量结果的绝对误差。

单次测量结果的相对平均误差为

$$相对平均误差 = \frac{d}{x} \times 100\% \qquad (2.5)$$

用数理统计方法处理实验数据时,常用标准误差来衡量精密度。标准误差又称均方根误差,其定义为 $\sigma = \sqrt{\dfrac{\sum d_i^2}{n}}$($i = 1, 2, 3, \cdots, n$)。当测量次数不多时,测量的标准误差可用标准偏差代替,按式(2.6)计算:

$$\sigma = \sqrt{\frac{d_1^2 + d_2^2 + \cdots + d_n^2}{n-1}} = \sqrt{\frac{\sum d_i^2}{n-1}} \qquad (2.6)$$

式中,d 为 $\bar{x}/x_i$,$\bar{x}$ 是 n 个观测值的算术平均值。$n-1$ 称为自由度,是指独立测定的次数减去处理这些观测值时所用的外加关系条件的数目。因此在有限观测次数时,计算标准误差公式中,采用 $n-1$ 的自由度就起了除去这个外加关系条件(等式)的作用。

用标准误差表示精密度要比用平均误差好,因为单次测量的误差平方之后,较大的误差更显著地反映出来,这就更能说明数据的分散程度。例如甲、乙二人打靶,每人两次,甲击中处离靶中心为 1 寸和 3 寸(1 寸 ≈ 3.33 cm),乙击中处则为 2 寸和 2 寸。这两人射击的平均误差都为 2。但乙的射击精密度要比甲的高些,因为按照最小二乘法原理,甲的误差乘方和是 $1^2 + 3^2 = 10$,而乙的是 $2^2 + 2^2 = 8$。甲的标准误差为 $\sqrt{10}$,而乙的标准误差却为 $\sqrt{8}$。因此在精密地计算实验误差时,大多采用标准误差,而不用以百分数表示的算数平均误差。

二、实验数据处理

1. 有效数字与运算

在实验工作中,任一测试分析,其准确度都有限,我们只能以某一近似值表示测试结果,因此测量数据的准确度就不能超过测量所允许的范围。如果任意将近似值保留过多的位数,反而歪曲测量结果的真实性。实际上有效数字的位数就指明了测量准确的幅度。现将有关有效数字和运算法则简述如下:

①记录测量数据时,一般只保留一位可疑数字。有效数字是指该数字在一个数量中所代表的大小。例如,一滴定管的读数为 32.47,其意义为十位数上为 3,个位数上为 2,十分位上为 4,百分位上为 7。从滴定管上的刻度来看,我们都知道要读到千分位是不可能的,因为刻度只刻到十分之一,百分之一已为估计值。故在末位上,上下可能有正负一个单位的出入。这一末位数可认为是不准确的或可疑的,而其前边各数所代表的数值,则均为准确测量的。通常测量时,一般均可估计到最小刻度的十分位,故在记录一数值时,只应保留一位不准确数字,其余数均为准确数字,我们称此时所记的数字均为有效数字。

在确定有效数字时,要注意"0"这个符号。紧接小数点后的 0 仅用来确定小数点的位置,并不作为有效数字。例如 0.000 16 g 中小数点后三个 0 都不是有效数字,而 0.160 g 中的小数点后的 0 是有效数字。至于 380 mm 中的 0 就很难说是不是有效数字,最好用指数来表示,以 10 的方次前面的数字表示,如写成 3.8×10^2 mm,则表示有效数字为两位;写成 3.80×10^2 mm,则有效数字为三位;其余类推。

②在运算中舍去多余数字时采用四舍五入法。凡末尾有效数字后面的第一位数大于 5,则在其前一位上增加 1,小于 5 则舍去。等于 5 时,如前一位为奇数,则增加 1,如前一位为偶

数则舍去。例如,对 68.023 5 取四位有效数字时,结果为 68.02;取五位有效数字时,结果为 68.024。但将 68.015 与 68.025 取为四位有效数字时,则都为 68.02。

③加减运算时,计算结果有效数字末位的位置应与各项中绝对误差最大的那项相同,或者说保留各小数点后的数字位数应与最小者相同。例如 18.75、0.008 3、1.647 三个数据相加,若各数末位都有 ±1 个单位的误差,则 18.75 的绝对误差 ±0.01 为最大的,也就是小数点后位数最少的是 18.75 这个数,所以计算结果的有效数字的末位应在小数点后第二位。

$$
\begin{array}{ll}
18.75 & 18.75 \\
0.008\ 3 \quad \text{舍去多余位数后得} & 0.01 \\
+1.647 & +1.65 \\
\hline
& 20.41
\end{array}
$$

④若第一位有效数字等于 8 或大于 8,则有效数字位数可多计 1 位。例如 9.17 实际上虽然只有三位,但在计算有效数字时,可作四位计算。

⑤乘除运算时,所得的积或商的有效数字,应以各值中有效数字最低者为标准。

例如,$2.7 \times 0.554 = 1.5$。

又如,$1.755 \times 0.018\ 1 \div 92$,其中 92 的有效数字最低,但由于首位是 9,故把它看成三位有效数字,其余各数都保留三位。因此上式计算结果为 3.45×10^{-4},保留三位有效数字。

在比较复杂的计算中,要先后按加减、乘除的方法,计算中间各步可保留各数值位数较以上规则多一位,以免由于多次四舍五入引起误差的积累,对计算结果带来较大影响。但最后结果仍只保留其应有的位数。

例如:

$$
\left[\frac{0.343(78.34 + 6.5)}{321 - 295}\right]^2 = \left(\frac{0.343 \times 84.8}{26}\right)^2 = 1.1
$$

⑥在所有计算式中,常数 π、e 及乘子(如 $\sqrt{2}$)和一些取自手册的常数,可无限制地按需要取有效数字的位数。例如,当计算式中有效数字最低者为两位,则上述常数可取两位或三位。

⑦在对数计算中,所取对数位数(对数首数除外)应与真数的有效数字相同。

a. 真数有几个有效数字,则其对数的尾数也应有几个有效数字。如

$$
\lg 406.5 = 2.6091
$$

$$
\lg 9.5 \times 10^{28} = 28.98
$$

b. 对数的尾数有几个有效数字,则其反对数也应有几个有效数字。如

$$
0.746 = \lg 5.57
$$

⑧在整理最后结果时,要按测量的误差进行化整,表示误差的有效数字一般只取一位,至多也不超过两位,例如,1.63 ± 0.01。当误差第一位数为 8 或 9 时,只需保留一位。

任何一个物理量的数据,有效数字的最后一位,在位数上应与误差的最后一位相对应。例如,测量结果为 1 373.78 ± 0.054,化整记为 1 373.78 ± 0.05。又如,测量结果为 13 556 ± 87,化整记为 $(1.356 \pm 0.009) \times 10^4$。

⑨计算平均值时,若为四个数或超过四个数相平均,则平均值的有效数字位数可增加

一位。

值得注意的是,一些公式中的系数不是用实验测得的,在计算中不考虑其位数。

2. 可疑数据的取舍

在分析整理实验数据时,有时会发现个别测量值与其他测量值相差很大,通常称它为可疑值。可疑值可能是由偶然误差造成的,也可能是由系统误差引起的。如果保留这样的数据,可能会影响平均值的可靠性。如果把属于偶然误差范围的数据任意舍去,可能暂时得到精密度较高的结果,但这是不科学的。以后在同样条件下再做实验时,超出该精密度的数据还会再次出现。因此,在整理数据时,应该注意正确地判断可疑值的取舍。

可疑值的取舍,实质上是区别离群较远的数据究竟是偶然误差还是系统误差造成的。因此,应该按照统计检验的步骤进行处理。

(1)格拉布斯检验法

用于一组测定值中离群数据的检验方法有格拉布斯(Grubbs)检验法、迪克逊(Dixon)检验法、消维涅(Chauvenet)准则等。下面介绍其中的格拉布斯检验法。

设有一组测定值 $x_1, x_2, x_3, x_4, \cdots, x_n$,测定次数为 n,其中 x_i 可疑,检验步骤如下:

①计算 n 个测定值的平均值(包括可疑值);

②计算标准差 s;

③计算 T 值,公式为

$$T_i = \frac{x_i - \bar{x}}{s} \tag{2.7}$$

根据给定的显著性水平 a 和测定的次数 n,由手册查出格拉布斯检验临界值 Ta。

若 $T_i > T_{0.01}$,则该可疑值为离群数组,可舍去;$T_{0.05} < T_i < T_{0.01}$,则该可疑值为偏离数值;若 $T_i \leq T_{0.01}$,则该可疑值为正常数值。

(2)多组测定值的均值中离群数据的检验

多组测定值均值的可疑值也常用格拉布斯检验法,其步骤与一组测定值所用的格拉布斯检验法类似:

①计算 n 组测定值的平均值 $\bar{x}_1, \bar{x}_2, \cdots, \bar{x}_m$(其中 m 为组数);

②计算上列平均值 $\bar{\bar{x}}$(称为总平均值)和标准差,公式为:

$$\bar{\bar{x}} = \frac{1}{m} \sum_{i=1}^{m} \bar{x}_i \tag{2.8}$$

$$s_{\bar{x}} = \sqrt{\frac{1}{m-1} \sum_{i=1}^{m} (\bar{x}_i - (\bar{\bar{x}}))^2} \tag{2.9}$$

③计算 T 值,设为可疑均值,则

$$T_i = \frac{\bar{x}_i - \bar{\bar{x}}}{s_{\bar{x}}} \tag{2.10}$$

查出临界值 T:用组数 m 查相关手册(将表中 n 改为 m 即可),得到 T,若 T_i 大于临界值 T,$\bar{x}_i$ 应弃去,反之则保留。

第五节　实验室安全与防护

一、实验室安全常识

实验室是实验开展的重要场所。在实验室中,经常会接触到各种化学药品和仪器,也可能面临着火、爆炸、中毒、烧伤、割伤、触电等事故,所以实验者必须掌握化学实验室的安全防护知识。

1. 化学药品的正确使用和安全防护

(1)防毒

大多数化学药品都有不同程度的毒性。有毒化学药品可通过呼吸道、消化道和皮肤进入人体而致其中毒。下面分别针对几种常见的有害药品,进行相关防护知识的介绍。

①氰化物和氢氰酸。如氰化钾、氰化钠、丙烯腈等均为烈性毒品,进入人体 50 mg 即可致死,甚至与皮肤接触经伤口进入人体,即可引起严重中毒。这些氰化物遇酸生成氢氰酸气体,这些气体易被吸入人体而致其中毒。在使用氰化物时,严禁用手直接接触;大量使用这类药品时,应戴上口罩和橡皮手套。对于含有氰化物的废液,严禁倒入酸缸,应先加入硫酸亚铁使之转变为毒性较小的亚铁氰化物,然后倒入废液桶,再用大量水冲洗原储放的器皿。

②汞和汞的化合物。汞是易挥发的物质,在人体内累积容易引起慢性中毒。0.1 ~ 0.3 g 高汞盐(如 $HgCl_2$)可致死。在室温下,汞的蒸气压为 0.001 2 mmHg,比安全浓度标准大 100 倍。使用汞时,不能直接将其暴露于空气中,应在其上加水或用其他液体覆盖;任何剩余的汞均不能倒入下水槽中;储存汞的器皿必须是结实的厚壁容器,且器皿应放在瓷盘上;盛装汞的器皿应远离热源;如果汞掉在地上、台面或水槽中,应尽量用吸管把汞珠收集起来,再用能与汞形成汞齐的金属片(Zn、Cu、Sn 等)在汞掉落处多次扫过,最后用硫黄粉覆盖;实验室应通风良好;手上有伤口时,切勿触摸汞的可溶性化合物(如氯化汞、硝酸汞等);实验中应避免碰到损坏的金属汞的仪器(如使用温度计、压力计、汞电极等)。

③砷的化合物。单质砷和砷的化合物都有剧毒,常用的是三氧化二砷(砒霜)和亚砷酸钠。这类物质的中毒一般因口服而引起。当用盐酸和粗锌粒制备氢气时,也会有少量的砷化氢剧毒气体产生,应加以注意,因此,一般将产生的氢气通过高锰酸钾溶液洗涤后再使用。砷的解毒剂是二巯基丙醇,通过肌肉注射即可解毒。

④硫化氢。硫化氢是毒性极强的气体,有臭鸡蛋味,能麻痹人的嗅觉,以致逐渐不闻其臭,因此特别危险。使用硫化氢和用酸分解硫化物时,应在通风橱中进行。

⑤一氧化碳。煤气中含有一氧化碳,使用煤炉和煤气时应提高警惕,防止中毒。煤气中毒时,轻者会头痛、眼花、恶心,重者会昏迷。对中毒的人,应立即打开房间窗子,将其移出中毒房间,助其呼吸新鲜空气,并进行人工呼吸,同时注意保暖,必要时候及时送医院救治。

⑥大多数有机化合物。大多数有机化合物有很强的毒性。它们作为溶剂时用量大,而且多数沸点很低、蒸气浓,很容易穿过皮肤进入人体,进而引起中毒,特别是慢性中毒,因此应该避免直接与皮肤接触,在使用时应特别注意并加强防护。常用的有毒有机化合物有苯、二硫化碳、硝基苯、苯胺、甲醇等,其中苯、四氯化碳、乙醚、硝基苯等的蒸气吸入过多会使人嗅觉减弱,

因此必须高度警惕。

⑦溴。溴为棕红色液体,易蒸发成红色蒸气,对眼睛有强烈的催泪作用,会损伤眼睛、气管、肺部。与皮肤接触后轻者剧烈灼痛,重者溃烂且长久不愈,因此使用时应戴橡皮手套。

⑧氢氟酸。氢氟酸和氟化氢都有剧毒和强腐蚀性,会灼伤肌体,轻者剧痛难忍,重者肌肉腐烂。氢氟酸渗入人体后,如不及时抢救,就会造成死亡,因此,在使用时应特别注意,相关操作必须在通风橱中进行,并戴橡皮手套。

常见的有毒、腐蚀性的无机物还很多,如磷、铍的化合物,铅盐,浓硝酸,碘蒸气等,使用这些无机物时都应加以注意。有毒气体(如 H_2S、Cl_2、Br_2、NO_2、HCl、HF 等)应在通风橱中进行操作,剧毒药品如汞盐、镉盐、铅盐等应妥善保管,实验操作要规范,离开实验室要洗手。

(2)防火

煤气管、煤气灯须防止漏气,使用煤气后一定要把阀门关好;对于乙醚、酒精、丙酮、二硫化碳、苯等易燃有机溶剂,实验室不得存放过多,切不可倒入下水道,以免集聚引起火灾;金属钠、钾、铝粉、电石、黄磷及金属氢化物要注意使用和存放,尤其不宜与水直接接触;万一着火,应冷静判断情况,选用水、沙、泡沫、CO_2 或 CCl_4 灭火器灭火。

(3)防爆

化学药品的爆炸分为支链爆炸和热爆炸。氢、乙烯、乙炔、苯、乙醇、乙醚、丙酮、乙酸乙酯、一氧化碳、水煤气和氨气等可燃性气体与空气混合至爆炸极限后,在热源诱发下,极易发生支链爆炸;过氧化物、高氯酸盐、叠氮铅、乙炔铜、三硝基甲苯等易爆物质,受震或受热则可能发生热爆炸。

防爆措施:对于支链爆炸,主要是防止可燃性气体或蒸气散失在室内空气中,因此需要保持室内通风良好。当大量使用可燃性气体时,应严禁使用明火和可能产生电火花的电器;对于热爆炸,强氧化剂和强还原剂必须分开存放,使用时轻拿轻放,远离热源。

(4)防灼伤

除了高温,液氮、强酸、强碱、强氧化剂、溴、磷、钠、钾、苯酚、醋酸等物质也会灼伤皮肤,应注意防止皮肤与之接触,尤其防止溅入眼中。

2. 仪器设备使用安全和用电安全

(1)人身安全防护,安全用电

实验室常用电为 50 Hz、220 V 的交流电。人体通过 1 mA 的电流便有发麻或针刺的感觉,10 mA 以上则会使人体肌肉强烈收缩,25 mA 以上则呼吸困难并且有生命危险;直流电对人体也有类似的危险。

为防止触电,应做到:修理或安装电器时,先切断电源;使用电器时,手要干燥;电源裸露部分应有绝缘装置,电器外壳应接地线;不能用试电笔去试高压电;不能用双手同时触及电器,防止触电时电流通过心脏;一旦有人触电,应首先切断电源,然后抢救。

(2)仪器设备的安全用电

一切仪器应按说明书装接适当的电源,需要接地的一定要接地;若是直流电器设备,应注意电源的正负极,不可接错;若电源为三相,则三相电源的中性点要接地,这样万一触电时,可降低接触电压;接三相电动机时,要注意与正转方向是否符合,否则,要切断电源并对调相线;接线时应注意接头要牢,并根据电器的额定电流选用适当的连接导线;接好电路后,应仔细检查,检查无误后方可通电使用;仪器发生故障时应及时切断电源。

（3）使用高压容器的安全防护

压力容器使用单位应对压力容器操作人员进行定期专业培训与安全教育，制定操作规程并张贴上墙，应根据国家法规和有关标准，严格执行操作规程，对压力容器进行定期检验与维护保养，使压力容器处于完好状态，检验中若发现缺陷，要及时采取相应措施。压力容器的操作人员应培训合格后持证上岗，容器运行期间应定时、定点检查易腐蚀部位和"跑、冒、滴、漏"的情况并及时采取妥善措施，如实做好使用与检查记录，包括工艺条件、设备状况和安全附件等；属于特种设备的压力容器需注册登记。

二、实验室事故处理常识

实验室中应备有医药箱、紧急喷淋装置等急救设施设备，以便发生意外事故时进行紧急救助。

1. 割伤（玻璃或铁器刺伤等）

先把碎玻璃从伤处挑出，如轻伤，可用生理盐水或硼酸溶液擦洗伤处，涂上紫药水（或红汞水），必要时撒些消炎粉，再用绷带包扎；伤势较重时，先用酒精在伤口周围擦洗消毒，再用纱布按住伤口压迫止血，并立即送医院治疗。

2. 烫伤

被烫伤时，可用10%的$KMnO_4$溶液擦洗灼伤处，轻伤涂以玉树油、正红花油、鞣酸油膏、苦味酸溶液均可；重伤撒上消炎粉或烫伤药膏，用油纱绷带包扎后送医院治疗，切勿用冷水冲洗。

3. 磷烧伤

被磷烧伤时，用1%的硫酸铜、1%的硝酸银或浓高锰酸钾溶液处理伤口后，送医院治疗。

4. 强酸腐伤

受到强酸腐伤时，先用大量水冲洗，然后擦上碳酸氢钠油膏。如受氢氟酸腐伤，应迅速用水冲洗，再用5%苏打溶液冲洗，然后浸泡在冰冷的饱和硫酸镁溶液中半小时，最后敷由26%的硫酸镁、6%的氧化镁、18%的甘油、1.2%的水和盐酸普鲁卡因配成的药膏（或用甘油和氧化镁2∶1制成的悬浮剂涂抹，用消毒纱布包扎），伤势严重时，应立即送医院急救。如果酸溅入眼内，首先用大量水冲眼，然后用3%的碳酸氢钠溶液冲洗，最后用清水洗眼。

5. 强碱腐伤

受到强碱腐伤时，立即用大量水冲洗，然后用1%柠檬酸或硼酸溶液洗。如果碱液溅入眼内，除用大量水冲洗外，再用饱和硼酸溶液冲洗，最后滴入蓖麻油。

6. 吸入溴、氯等有毒气体

可吸入少量酒精和乙醚的混合蒸气以解毒，同时应到室外呼吸新鲜鲜空气。

7. 触电事故

发生触电事故时，应立即断开电闸，截断电源，尽快利用绝缘物（干木棒、竹竿）将触电者与电源隔离。

如果事故严重，应立即送医院救治。

三、实验室灭火常识

1. 实验室易起火的情况

①一般有机物,特别是有机溶剂,大都容易着火,它们的蒸气或其他可燃性气体、固体粉末等(如氢气、一氧化碳、苯、油蒸气、面粉)与空气按一定比例混合后,在有火花时(点火、电火花、撞击火花)就会引起燃烧或猛烈爆炸。

②由于某些化学反应的放热而引起燃烧,如金属钠、钾等遇水燃烧甚至爆炸。

③有些物品易自燃(如白磷遇空气容易燃烧),由于保管和使用不善而引起燃烧。

④有些化学试剂混在一起,在一定的条件下会引起燃烧和爆炸(如将红磷与氯酸钾混在一起,磷就会燃烧爆炸)。

2. 实验室灭火常识

如果着火,要沉着、快速处理。首先组织人员有序、迅速撤离,切断热源、电源,把附近的可燃物品移走,再针对燃烧物的性质采取适当的灭火措施。常用的灭火措施有以下几种,使用时要根据火灾的轻重、燃烧物的性质、周围环境和现有条件进行选择。

①石棉布或灭火毯:适用于小火。用石棉布或灭火毯盖上以隔绝空气,就能灭火。如果火很小,用湿抹布或石棉板盖上就行。

②干沙土:一般装于沙箱或沙袋内,只要抛在着火物体上就可灭火,适用于不能用水扑救的燃烧,但对火势很猛,面积很大的火焰不适用。沙土应该用干的。

③水:常用的救火物质,它能使燃烧物的温度下降,但一般有机物着火不适用,因溶剂与水不相溶且比水轻,水浇上去后溶剂还漂在水面上,扩散开来继续燃烧。但若燃烧物与水互溶时,或用水没有其他危险时可用水灭火。在溶剂着火时,先用泡沫灭火器把火扑灭,再用水降温是有效的救火方法。

④泡沫灭火器:实验室常用的灭火器材。使用时把灭火器倒过来往火场喷,生成的二氧化碳及泡沫可使燃烧物与空气隔绝而灭火,效果较好,适用于除电流起火外的着火。

⑤二氧化碳灭火器:在小钢瓶中装入液态二氧化碳,救火时打开阀门,把喇叭口对准火场,喷射出二氧化碳即可灭火。二氧化碳灭火器在工厂实验室都很适用,它不损坏仪器,不留残渣,对通电的仪器也适用,但不可用于金属镁燃烧。

⑥四氯化碳灭火器:四氯化碳沸点较低,喷出来后形成沉重而惰性的蒸气掩盖在燃烧物体周围,使它与空气隔绝而灭火。四氯化碳不导电,适于扑灭带电物体的火灾。但它在高温时分解出有毒气体,故在不通风的地方最好不用。另外,在有钠、钾等金属存在时不能使用,因为有引起爆炸的危险。

⑦水蒸气:在有水蒸气的地方用水蒸气对火场喷,也能隔绝空气而起到灭火的作用。

⑧石墨粉:当钾、钠或锂着火时,不能用水、泡沫灭火器、二氧化碳、四氯化碳等灭火,可用石墨粉扑灭。

⑨电路或电器着火时,扑救的关键是首先切断电源,防止事态扩大。对于电器着火,最好的灭火器是四氯化碳和二氧化碳灭火器。

第六节　环境保护及"三废"处理

实验中不可避免地产生某些有毒气体、液体和固体,特别是某些剧毒物质,如果直接排出,就可能污染周围空气和水源,进而损害人体健康。因此,废液、废气、废渣必须经过一定的处理,才能排弃。

对于会产生少量有毒气体的实验,可在通风橱内进行,通过排风设备将少量有毒气体排到室外,以免污染室内空气。对于毒气产生量较大的实验,必须备有吸收或处理装置,如二氧化氮、二氧化硫、氯气、硫化氢、氟化氢氢等可用碱溶液吸收,一氧化碳可直接点燃使其转为二氧化碳。实验固体废弃物和废液应分类收集,规范回收交由有资质的处置公司处理。

第三章
水质工程实验基本技术

第一节 水质工程实验分析方法

水质分析主要以分析化学的基本原理为基础,对水中待测组分进行定量分析。分析方法根据分析测定原理和使用仪器的不同,可分为化学分析和仪器分析法。前者是以化学反应为基础的分析方法,包括重量分析法、滴定分析法(也称容量分析法)。仪器分析法是以物质的物理和物理化学性质为基础,并借助精密仪器来测定待测组分的含量,主要有光学分析法、电化学分析法、色谱分析法以及近年来发展起来的一些其他的仪器分析法。

一、重量分析法

重量分析法根据反应产物的质量来确定被测组分在试样中含量。将水中被测组分与其他组分分离后,通过称量的形式可确定被测组分的含量,按分离的方法分为沉淀法、气化法、电解法和萃取法等。

沉淀法是利用沉淀反应使被测组分产生溶解度很小的沉淀,将沉淀过滤、洗涤、烘干或者灼烧,然后称其质量,再计算被测组分的含量。对于沉淀形式的要求主要有:沉淀溶解度要小、沉淀要纯净、具有易操作(如容易过滤和洗涤)的物理性能、能转为可化学计量的称量形式。如水中 SO_4^{2-} 的测定,在一定体积的水样中,加入过量的 $BaCl_2$ 形成 $BaSO_4$ 沉淀,经过过滤、洗涤、灼烧后称重,可计算出水样中 SO_4^{2-} 的含量。

气化法是用加热或其他方法使水样中被测组分(或其他组分)气化逸出,根据气体逸出前后试样重量之差来计算被测组分的含量。加热的方式有常压加热和减压加热,均要控制加热的温度和时间。逸出的组分质量可以通过称量残余物质量求得,成为间接称量法,亦可通过称量吸收挥发组分后吸收剂的质量而求得,称为直接称量法。在水质分析中主要的应用如:水中悬浮物(SS)、溶解性固形物、总残渣灼烧减重等的测定。

电解法是根据电解原理使金属离子在电极上析出,然后称重可计算出含量,如水中 Cu^{2+} 的测定。

萃取法是利用一种溶剂将水中被测组分萃取出来,然后将有机溶剂蒸干后称重,可计算出被测组分的含量。

重量分析法适用于含量在1%以上的组分测定,可获得很精确的结果,但操作较麻烦,耗费时间长。

二、滴定分析法

滴定分析法是将一种已知准确浓度的试剂溶液加到被测物质的溶液中,直到二者反应完全为止。根据试剂溶液的浓度和用量、试剂与待测物质间的化学计量关系,计算出被测物质的含量。

滴定分析法可分为中和滴定法、配位滴定法、沉淀滴定法、氧化还原滴定法和非水溶液滴定法。做滴定分析时,将待测溶液置于锥形瓶(或烧杯)中,然后将已知准确浓度的试剂溶液(滴定剂或标准溶液)通过滴定管逐滴加到待测溶液中进行测定,这一过程称为滴定,加入滴定剂的量与被测物质的量之间正好符合反应式所表示的化学计量关系时,称为反应到达了化学计量点。在滴定过程中,一般根据指示剂的变色来确定,将指示剂的变色点称为滴定终点。滴定终点与化学计量点往往不一种,由此造成的分析误差称为滴定误差。

(1)酸碱滴定法

酸碱滴定法是以酸碱反应为基础的测定物质含量的滴定分析法。常采用 HCl、H_2SO_4、NaOH 等标准溶液。各类具有一定强度的酸性和碱性物质,一些能与酸或碱定量反应的其他物质,以及经过某些化学反应后定量生成酸或碱的物质,都可用酸碱滴定法进行测定。如水中碱度、酸度、游离 CO_2 等指标的测定。

(2)配位滴定法

配位滴定法是利用形成配位化合物反应进行滴定分析的方法。较常用的是以 EDTA(乙二胺四乙酸)标准溶液测定 Ca^{2+}、Mg^{2+}、Fe^{3+}、Al^{3+} 等离子的含量。

(3)沉淀滴定法

沉淀滴定法以沉淀反应为基础(被测定的元素或离子与所加的试剂生成难溶化合物)测定物质含量的滴定分析法称为沉淀滴定法。能满足沉淀滴定反应要求的沉淀反应不多。最成熟的是银量法,在水质分析中可用来测定 Ag^+、CN^- 等离子的含量。

(4)氧化还原滴定法

氧化还原滴定法以氧化还原反应作为滴定反应测定物质含量的滴定分析法,使用氧化剂或者还原剂标准溶液,直接或间接测定氧化性或还原性物质及一些非氧化性还原性的物质,是使用的氧化性标准溶液分为高锰酸钾法、重铬酸钾法、碘法、铈量法、溴酸盐法。在水质分析可用来测 COD 和 DO。

(5)非水溶液滴定法

非水溶液滴定法可以解决不溶于水的有机物及由于滴定产物的水解不能显出敏锐终点的分析方法。

三、仪器分析法

仪器分析法是以被测物质的某种物理性质或者化学性质为基础的分析方向,主要的仪器分析法有以下几种。

(1)光学分析法

利用物质的光学性质进行分析的方法成为光学分析法,它是目前常用的微量和痕量组分的分析方法。光学分析法可分为光谱法和非光谱法。如果物质在辐射能的作用下(或者外界能量的作用下),发生了内部能级跃迁,而测量的是由此所产生的发射、吸收或者散射的波长和强度,这类方法就是光谱法。如果电磁辐射与物质作用时,不包含能级之间的跃迁,电磁辐射只是改变了传播方向、速度或其他物理性质,例如折射、发射、干涉、衍射和偏振等,这类方法就称为非光谱法。光谱分析法在水质分析中占有重要的地位。常见的如可见光、紫外和红外分光光度法、荧光光谱法、原子吸收分光光度法。

(2)电化学分析法

根据被测溶液的各种电化学性质及其变化来测定物质组分含量的方法。通常使待测溶液与适当的电极构成化学电池,然后根据化学电池的某些物理量(如电动势、电流、电压、电量和电阻)来确定被测物质的组成和含量。按照测定物理量的不同分为电导分析法、电解分析法、极谱分析法和库伦分析法等。

(3)色谱分析法

利用混合物中各组分在不同的两相中有不同的分配系数,当两相作相对运动时,各组分在两相中的分配反复进行,使分配系数只有微小差异的物质得到分离。两相中的一相是相对固定的,称为固定相,它可以是固体,也可以是附载在惰性固体(称为载体)表面的液体,可以装入柱中,也可以展成薄层或涂成薄膜。另一相是携带被测混合物沿固定相流动,称为流动相(或移动相)。流动相可以是液体,也可以气体。色谱法是各种分离技术中效率最高和应用最广的一种分离法,这种分离方法应用于分析化学中,并与适当的检测手段结合起来,称为色谱分析法。按照两相的状态分为气相色谱(以气体为流动相)和液相色谱(液体为流动相)。

(4)质谱分析法

质谱分析时建立在原子、分子电离技术及离子光学理论的基础上的一种分析方法,是一种与光谱并列的谱学方法。在高速电子流或者强磁场作用下,高真空中样品分析发生裂解,形成带正电荷的离子,这些离子按照质荷比 m/z 大小排列形成波谱记录下来,通过对样品离子的质荷比进行分析而实现对样品进行定性及定量的分析。质谱分析可提供丰富的结构信息,作为至今唯一可确定物质的相对分子质量的分析方法,且具有分析速度快、灵敏度高、样品用量少等特点。

(5)其他分析法

近年来发展了一些新的仪器分析法,如核磁共振分析法、电子显微镜表面分析法、X 射线分析法及热重分析法等。

仪器分析法的特点是快速、灵敏、样品用量少,尤其在含量很低时,需要用仪器分析法,但有的仪器价格昂贵,平时维修维护要求严格。在实际水质分析工作中,仪器分析往往离不开化学分析的方法,二者相互配合,相互补充。仪器分析正在向自动化、计算化和遥测的方向发展。仪器分析已成为分析工作的重要手段,化学分析历史悠久,是水质分析的基础,尤其是滴定分析,操作简便、快速,所需设备简单,准确度较高,因此它仍是具有很大使用价值的分析方法。

四、水质分析方法的选择

分析方法的选择需要考虑许多因素。在分析时,应按待测组分的含量、共存物质的种类和含量、分析的目的等选择适当的分析方法。例如测定水中氯的含量时,若含量在几 mg/L 以上时,最好用滴定分析法。若在几 mg/L 以下,最好用仪器分析法。又如测定 SO_4^{2-} 含量,如含量较少,最好选比浊法或比色法,如含量高时,可选用滴定分析法或重量分析法。

所选择的分析方法往往受待测项目以外的共存物质的干扰。因此,必须预先知道存在何种影响物质,在何种含量才不发生干扰。如果共存物质的含量已超过可允许存在量时,就必须采取措施消除。

第二节　水样的采集与保存

水样采集是水质分析的重要环节,取样的代表性和可靠性直接关系到分析结果的准确度、可靠性。因此,在采样过程中,一定要采集能反映水质现状和具有代表性的水样,为使水样具有代表性,必须对被测水体的采样断面、位置、时间及样品数量等进行周密的调查和设计,使采集的水样经过分析所获得的数据能真正反映水体的实际情况。

一、水样的采集

1. 采样前的准备

地表水、地下水、废水和污水采样前,要根据监测项目的性质和采样方法的要求,选择适宜材质的盛水容器和采样器,并清洗干净。对采样器材质的要求是:化学性能稳定,大小和形状适宜,不吸附预测组分,容易清洗并可反复使用。

2. 采样方法和采样器

采集表层水时,可用桶、瓶等容器直接采取,一般将其沉至水面下 0.3~0.5 m 处采集。采集深层水样时,可用简易采水器、深层采水器、采水泵、自动采水器等。

3. 盛水器

盛水器(水样瓶)一般由聚四氟乙烯、聚乙烯、石英玻璃和硼硅玻璃等材料制成。通常,塑料容器常用作测定金属和无机物水样的容器;玻璃容器常用作测定有机物和生物类水样的容器。每个监测指标对水样容器的要求不尽相同。对于有些监测项目,如油类项目,盛水器往往作为采水器。

4. 水样类型

对于天然水体,为了采集具有代表性的水样,就要根据分析目的和现场实际情况来选择采集样品的类型和采样方法;对于工业废水和生活污水,应该根据生产工艺、排污规律和监测目的,针对其流量和浓度都随时间而变化的非稳态流体特性,科学、合理地设计水样的采集和采样方法。

(1)瞬时水样

瞬时水样是指在某一时间和地点从水体中随机采集的分散水样。当水体水质稳定,或其组分在相当长的时间或相当大的空间范围内变化不大时,瞬时水样具有很好的代表性;当水体组分和含量随时间和空间变化时,就应隔时、多点采集瞬时水样,分别进行分析,摸清水质的变化规律。

(2)混合水样

混合水样分为等时混合水样和等比例混合水样。前者是指在同一采样点按等时间间隔所采集的等体积瞬时水样混合的水样,这种水样在观察某一时段平均浓度时非常有用,但不适用于被测组分在贮存过程中发生明显变化的水样。后者是指在某一时段内,在同一采样点采集的水样量随时间和流量成比例变化的混合水样,即在不同时间依照流量大小按比例采集的混合水样,这种水样适用于流量和污染物浓度不稳定的水样。

(3)综合水样

把不同采样点同时采集的各个瞬时水样混合后所得到的样品称为综合水样。这种水样在某些情况下更具有实际意义。例如,当为几条废水河、渠建立综合处理厂时,以综合水样取得的水质参数作为设计的依据更为合理。

5.采样位置确定

确定取样位置时应注意以下几点:

①取样的地点要相对稳定,所取水样要具有代表性;

②取样点的水流状况比较稳定,不能在死角或水流湍急处取样;

③如果每一工艺过程有多个并联单元,水样采集应尽量多点取样,或选择有代表性的单元取样。

二、水样的保存

水样采集后,由于物理、化学和生物的作用会发生各种变化。为使这些变化降低到最低程度,必须对所采集的水样采取保护措施。水样的保存方法应根据不同的分析内容加以确定。

(1)充满容器或单独采样

采样时使样品充满取样瓶,样品上方没有空隙,减少运输过程中水样的晃动。有时对某些特殊项目需要单独定容采样保存,比如测定悬浮物时定容采样保存,然后可以将全部样品用于分析,防止样品分层或吸附在取样瓶壁上而影响测定结果。

(2)冷藏或冷冻

为了阻止生物活动、减少物理挥发作用和降低化学反应速度。水样通常应在 4 ℃冷藏,储存在暗处。如 COD_{Cr}、BOD_5、氨氮、硝酸盐氮、亚硝酸盐氮、磷酸盐、硫酸盐及微生物项目时,都可以使用冷藏法保存。有时也可将水样迅速冷冻,但冷冻法会使水样产生分层现象,并有可能使生物细胞破裂,导致生物体内的化学成分进入水溶液,改变水样的成分,因此尽可能不使用冷冻的方法保存水样。

(3)化学保护

向水样中投加某些化学药剂,使其中待测成分性质稳定或固定,可以确保分析的准确性。但要注意加入的保护剂不能干扰以后的测定,同时应做相应的空白试验,对测定结果进行校正,如果加入的保护剂是液体,则必须记录由此而来的水样体积的变化。化学保护的具体方法如下。

①加生物抑制剂,如在测定氨氮、硝酸盐氮和 COD_{Cr} 的水样中,加入 $HgCl_2$ 抑制微生物对硝酸盐氮、亚硝酸盐氮和氨氮产生的氧化或还原作用。

②调节 pH 值,如在测定 Cr^{6+} 的水样需要加 NaOH 调整 pH 值至 8,防止 Cr^{6+} 在酸性条件下被还原。

③加氧化剂,如在水样中加入 HNO_3(pH 值 <1)-$K_2Cr_2O_7$(0.05%),可以改善汞的稳定性。

④加还原剂,如在含有余氯的水样加入适量的 $Na_2S_2O_3$ 溶液,可以把余氯除去,消除余氯对测定结果的影响。

水样的保质期与多种因素有关,例如组分的稳定性、浓度、水样的污染程度等。表 3.1 列出了部分监测项目水样的保存方法和保存期。

表 3.1　部分监测项目水样的保存方法和保存期（摘自 HJ 493—2009）

序号	监测项目	采样容器	保存方法和保存剂用量	保存期	最少采样量/mL	容器洗涤方法	备注
1	pH	P 或 G	—	12 h	250	I	尽量现场测定
2	色度	P 或 G	—	12 h	250	I	尽量现场测定
3	浊度	P 或 G	—	12 h	250	I	尽量现场测定
4	DO	溶解氧瓶	加入硫酸锰、碱性 KI 叠氮化钠溶液,现场固定	24 h	500		尽量现场测定
5	电导率	P 或 BG		12 h	250		尽量现场测定
6	悬浮物	P 或 G	1～5 ℃暗处	14 d	500	I	—
7	酸度	P 或 G	1～5 ℃暗处	30 d	500	I	—
8	碱度	P 或 G	1～5 ℃暗处	12 h	500	I	—
9	高锰酸盐指数	G	1～5 ℃暗处冷藏	2 d	500		尽快分析
		P	−20 ℃冷冻	1 个月	500		—
10	COD	G	用 H_2SO_4 酸化,使 pH≤2	2 d	500	I	
		P	−20 ℃冷冻	1 个月	100		最长 6 个月
11	BOD_5	溶解氧瓶	1～5 ℃暗处冷藏	12 h	250	I	
		P	−20 ℃冷冻	1 个月	1 000		冷冻最长可保持 6 个月
12	TOC	G	用 H_2SO_4 酸化,使 pH≤2;1～5 ℃冷藏	7 d	250	I	—
		P	−20 ℃冷冻	1 个月	100		
13	氟化物	P	—	1 个月	200	—	—
14	氯化物	P 或 G	—	1 个月	100	—	—
15	总氰化物	P 或 G	加 NaOH 至 pH≥9,1～5 ℃冷藏	7 d,如果硫化物存在,保存 12 h	250	I	—
16	硫化物	P 或 G	水样充满容器,1 L 水样中加 NaOH 至 pH=9,加入 5% 抗坏血酸 5 mL,饱和 EDTA 3 mL,滴加饱和 Zn(Ac)₂,至胶体产生,常温避光	24 h	250	I	—
17	硫酸盐	P 或 G	1～5 ℃冷藏	1 个月	200	—	—

序号	监测项目	采样容器	保存方法和保存剂用量	保存期	最少采样量/mL	容器洗涤方法	备注
18	溶解性正磷酸盐	P 或 G	1~5 ℃冷藏	1 个月	250		采样时现场过滤
		P	−20 ℃冷冻	1 个月	250	—	—
19	总磷	P 或 G	用 H_2SO_4 酸化,HCl 酸化使 pH≤2	24 h	250	Ⅳ	—
		P	−20 ℃冷冻	1 个月	250	—	—
20	氨氮	P 或 G	用 H_2SO_4 酸化,至 pH≤2	24 h	250	Ⅰ	—
21	硝酸盐氮	P 或 G	1~5 ℃冷藏	24 h	250	Ⅰ	
		P 或 G	HCl 酸化至 pH 值为 1~2	7 d	250		
		P	−20 ℃冷冻	1 个月	250		
22	亚硝酸盐氮	P 或 G	1~5 ℃冷藏避光保存	24 h	250	Ⅰ	
23	总氮	P 或 G	用 H_2SO_4 酸化,使 pH 值为 1~2	7 d	250	Ⅰ	
		P	−20 ℃冷冻	1 个月	500		
24	铜、锌	P	1 L 水样中加浓硝酸10 mL 酸化	14 d	250	Ⅲ	—
25	铅、镉	P 或 G	1% HNO_3,如水样为中性,在 1 L 水样中加浓硝酸 10 mL 酸化	14 d	250	Ⅲ	—
26	六价铬	P 或 G	NaOH,pH 值为 8~9	14 d	250	酸洗Ⅲ	—
27	砷	P 或 G	1 L 水样中加浓硝酸10 mL (DDTC 法,HCl 2 mL)	14 d	250	Ⅲ	使用氢化物技术分析砷用盐酸
28	汞	P 或 G	HCl,1%。如水样为中性,1 L 水样中加浓盐酸 10 mL	14 d	250	Ⅲ	—
29	油类	溶剂洗 G	用盐酸酸化至 pH≤2	7 d	250	Ⅱ	—
30	挥发性有机物	G	用(1+10)HCl 调至 pH≤2,加入抗坏血酸0.01~0.02 g 除去残余氯;1~5 ℃冷藏避光保存	12 h	1 000	—	—
31	酚类	G	1~5 ℃冷藏避光保存。用磷酸调 pH≤2,加入抗坏血酸 0.01~0.02 g 除去残余氯	24 h	1 000	—	—

续表

序号	监测项目	采样容器	保存方法和保存剂用量	保存期	最少采样量/mL	容器洗涤方法	备注
32	邻苯二甲酸酯类	G	1～5 ℃避光保存。加入抗坏血酸 0.01～0.02 g除去残余氯	24 h	1 000	Ⅰ	
33	杀虫剂（包括有机氯、有机磷、有机氮）	G（溶剂洗,带聚四氟乙烯瓶盖）或P（适用草甘膦）	1～5 ℃冷藏	萃取 5 d	1 000～3 000,不能用水样冲洗采样容器,水样不能充满容器	—	萃取应在采样后 24 h 内完成
34	除草剂类	G	加入抗坏血酸 0.01～0.02 g 除去残余氯；1～5℃冷藏避光保存	24 h	1 000	Ⅰ	
35	阴离子表面活性剂	P 或 G	1～5 ℃冷藏,用 H_2SO_4 酸化,使 pH 值为 1～2	2 d	500	Ⅳ	不能用溶剂清洗
36	细菌总数大肠菌总数粪大肠菌	灭菌容器 G	1～5 ℃	尽快(地表水、污水及饮用水)			取氯化或溴化过的水样时,所用的样品瓶消毒之前,按每 125 mL 加入 0.1 mL 10%（质量分数）的硫代硫酸钠以消除氯或溴对细菌的抑制作用；对重金属含量高于 0.01 的水样,应在容器消毒之前,按每 125 mL 加入 0.3 mL 的 15%（质量分数）的 EDTA

注:①P 为聚乙烯瓶(桶),G 为硬质玻璃瓶。

②Ⅰ、Ⅱ、Ⅲ、Ⅳ表示四种洗涤方法

Ⅰ:洗涤剂洗一次,自来水洗三次,蒸馏水洗一次,对于采集微生物和生物采样容器,须经 160 ℃干热灭菌 2 h。经灭菌的微生物和生物采样容器必须在两周内使用,否则应重新灭菌。经 121 ℃高压蒸汽灭菌 15 min 的采样容器,如不立即使用,应于 60 ℃将瓶内冷凝水烘干,两周内使用。细菌检测项目采样时不能用水样冲洗采样容器,不能采混合水样,应单独采样 2 h 后送实验室分析。

Ⅱ:洗涤剂洗一次,自来水洗两次,(1+3)HNO₃ 荡洗一次,自来水洗三次,蒸馏水洗一次。

Ⅲ:洗涤剂洗一次,自来水洗两次,(1+3)HNO₃ 荡洗一次,自来水洗三次,去离子水洗一次。

Ⅳ:铬酸洗液洗一次,自来水洗三次,蒸馏水洗一次。如果采集污水样品可省去用蒸馏水清洗的步骤。

三、水样预处理

环境水样所含组分复杂,并且多数污染组分含量低,存在形态各异,所以在分析测定之前,往往需要预处理,以得到待测组分的形态、浓度适宜的测定方法要求和消除共存组分干扰的试验体系。在预处理过程中,常因挥发、吸附、污染等造成待测组分含量的变化,故应对预处理方法进行回收率的考核。常用的预处理方法如下所述。

1. 水样的消解

当测定含有机物水样中的无机元素时,需进行消解处理。消解处理的目的是破坏有机物,溶解悬浮性固体,将各种价态的欲测元素氧化成单一高价态或转变成易于分离的无机化合物。消解后的水样应清澈、透明、无沉淀。消解水样的方法有湿式消解法和干式分解法(干灰化法)。

(1)湿式消解法

①硝酸消解法。对于较清洁的水样,可用硝酸消解。其方法要点是:水与硝酸混匀后取 $50 \sim 100$ mL 于烧杯中,加入 $5 \sim 10$ mL 浓硝酸,在电热板上加热煮沸,蒸发至小体积,样液应清澈透明,呈浅色或无色,否则,应补加硝酸继续消解。蒸至近干,取下烧杯,稍冷后加 2% HNO_3 (或 HCl) 20 mL,温热溶解可溶盐。若有沉淀,应过滤,滤液冷至室温后于 50 mL 容量瓶中定容,备用。

②硝酸-高氯酸消解法。两种酸都是强氧化性酸,联合使用可消解含难氧化有机物的水样。方法要点是:取适量水样于烧杯或锥形瓶中,加 $5 \sim 10$ mL 硝酸,加热消解至大部分有机物被分解。取下烧杯,稍冷,加 $2 \sim 5$ mL 高氯酸,继续加热至开始冒白烟,如试液呈深色,再补加硝酸,继续加热至冒浓厚白烟将尽(不可蒸至干涸)。取下烧杯冷却,用 2% HNO_3 溶解残渣,此法消解彻底,一般清澈、透明、无沉淀。如有沉淀,应过滤,滤液冷至室温用 2% HNO_3 定容备用。因为高氯酸能与羟基化合物反应生成不稳定的高氯酸酯,有发生爆炸的危险,故应先加入硝酸氧化水样中的羟基化合物,稍冷后再加高氯酸处理。

③硝酸-硫酸消解法。两种酸都有较强的氧化能力,其中硝酸沸点低,而硫酸沸点高,二者结合使用,可提高消解温度和消解效果。常用的硝酸与硫酸的比例为 5:2。消解时,先将硝酸加入水样中,加热蒸发至小体积,稍冷,再加入硫酸、硝酸,继续加热蒸发至冒大量白烟,冷却,加适量水,温热溶解可溶盐,若有沉淀,应过滤。为提高消解效果,常加入少量过氧化氢。该方法不适用于处理测定易生成难溶硫酸盐组分(如铅、钡、锶)的水样。

④硫酸-磷酸消解法。两种酸的沸点都比较高,其中硫酸氧化性较强,磷酸能与一些金属离子如 Fe^{3+} 等络合,故二者结合消解水样,有利于测定时消除 Fe^{3+} 等的干扰。

⑤硫酸-高锰酸钾消解法。该方法常用于消解测定汞的水样。高锰酸钾是强氧化剂,在中性、碱性、酸性条件下都可以氧化有机物,其氧化产物多为草酸根,但在酸性介质中还可继续氧化。消解要点是:取适量水样,加适量硫酸和 5% 高锰酸钾,混匀后加热煮沸 10 min,冷却。过量的高锰酸钾滴加盐酸羟胺进行还原,至粉色刚消失为止。

⑥多元消解法。为提高消解效果,在某些情况下需要采用三元以上酸或氧化剂消解体系。例如,处理测总铬的水样时,用硫酸、磷酸和高锰酸钾消解。

⑦碱分解法。该法适用于待测组分在酸性条件下蒸发易于挥发的水样。在水样中加入氢氧化钠和过氧化氢溶液(30%),或者加入氨水和过氧化氢溶液,加热煮沸至近干,用水或稀碱

溶液温热溶解。

（2）干式分解法（干灰化法）

干灰化法又称高温分解法。其处理过程中是：取适量水样于白瓷或石英蒸发皿中，置于水浴上或用红外灯蒸干，移入马弗炉内，于 450～500 ℃灼烧到残渣呈灰白色，使有机物完全分解除去。取出蒸发皿，冷却，用适 2% HNO_2（或 HCl）溶解样品灰分，过滤，滤液定容后供测定。

本方法不适用于处理测定易挥发组分（如砷、汞、镉、硒、锡等）的水样。

2. 过滤

如水样浊度较高或带有明显的颜色，就会影响分析结果，可采用过滤、澄清、离心等措施分离不可滤残渣，尤其用适当孔径的过滤器可有效地除去细菌和藻类。

3. 挥发

挥发是利用某些污染物质挥发度大，或者将预测组分转变成易挥发物质，然后用惰性气体带出而达到分离的目的。例如，用冷原子荧光法测定水样中的汞时，先将汞离子用氯化亚锡还原为原子态汞，再利用汞易挥发的性质，通入惰性气体将其带出并送入仪器测定；用分光光度法测定水中的硫化物时，先使其在磷酸介质中生成硫化氢，再用惰性气体载入乙酸锌-乙酸钠溶液中吸收，从而达到与母液分离的目的。

4. 蒸馏

蒸馏是利用水样中各污染组分具有不同的沸点而使其彼此分离的方法，它是环境检测分析技术中分离待测物的重要操作方法之一，测定水样中的挥发酚、氰化物等，均须先在酸性介质中进行预蒸馏分离。此时，蒸馏具有消解、富集和分离三种作用，按所用手段和条件的不同，蒸馏可分为常压蒸馏、减压蒸馏、分馏和其他类型的蒸馏等。

5. 浓缩

试样中待测组分的含量较低时，而现有测定方法灵敏度又不够高，需要对样品进行浓缩，一般有蒸发和氮吹两种方式。蒸发就是将液体加热变成蒸气而除去的操作，在水质分析中蒸发可用来减少溶剂量（浓缩）或完全除去溶剂（蒸干），以达到富集待测物的目的。氮吹法通常是将氮气吹入加热样品的表面进行样品浓缩，使待处理样品中的水分迅速蒸发、分离，从而实现样品的无氧浓缩，同时，能够保持样品的纯净，从而达到快速分离纯化的效果。氮吹不仅操作简单，而且可以同时处理多个样品，这就大大缩短了检测时间。

6. 溶剂萃取

有机化合物的测定多采用此法进行预处理。溶剂萃取法是基于物质在不同溶剂中的分配系数不同，使溶质物质从一种溶剂内转移到另外一种溶剂中，达到组分的富集与分离目的。

7. 超临界流体萃取

超临界流体萃取是利用超临界状态下的流体作为萃取剂，从环境样品中萃取出待测组分的方法。超临界流体萃取分离过程是利用超临界流体的溶解能力与其密度的关系，即利用压力和温度对超临界流体溶解能力的影响而进行的。

在超临界状态下，将超临界流体与待分离的物质接触，使其有选择性地把极性大小、沸点高低和分子量大小不同的成分依次萃取出来。超临界流体的密度和介电常数随密闭体系压力的增加而增加，同时极性增大，利用程序升压可将不同极性的成分进行分步提取，然后借助减压、升温的方法使超临界流体变成普通气体，被萃取物质则完全或基本析出，从而达到分离提纯的目的，所以超临界流体萃取过程是由萃取和分离过程组合而成的。

8.固相萃取

固相萃取由液固萃取柱和液相色谱技术相结合发展而来,主要用于样品的分离、纯化和浓缩,与传统的液液萃取法相比较,可以提高分析物的回收率,更有效地将分析物与干扰组分分离。固相萃取是利用选择性吸附与选择性洗脱的液相色谱法分离原理,使液体样品通过吸附剂,保留其中某一组分,再选用适当溶剂冲去杂质,然后用少量溶剂迅速洗脱,从而达到快速分离净化与浓缩的目的。在固相萃取中,固相对分离物的吸附力比溶解分离物的溶剂更大。当样品溶液通过吸附剂床时,分离物浓缩在其表面,其他样品成分通过吸附剂床;通过只吸附分离物而不吸附其他样品成分的吸附剂,可以得到高纯度和浓缩的分离物。

第三节　水质指标和分析方法

一、水质指标

水及其杂质共同表现的综合特性叫做水质。衡量水中杂质的标度叫做水质指标,它体现了水中杂质的种类和数量,是判断污染物程度的具体衡量尺度,是水质评价的重要依据。

常见的水质指标有数十项,可分为物理指标、化学指标和微生物指标三大类。

1.物理指标

物理指标是指反应溶液的物理性质的一类指标。

(1)温度

温度能影响水的其他物理性质和生物、化学过程,是现场观测的水质指标之一。

(2)臭味

水中的臭味可用文字描述法和臭味阈值法检验,文字描述法采用臭强度报告,用无、微弱、弱、明显、强和很强 6 个等级描述,臭阈值是水样用无臭水稀释到最低可辨别的臭气浓度的稀释倍数,饮用水的臭阈值≤2。

(3)颜色

水中的悬浮物、胶体或溶解类物质均可使水产生颜色,有颜色的水可用表色和真色来描述。

(4)浊度

浊度表示水中含有的悬浮物或胶体状态的杂质引起的水的浑浊程度。浊度是天然水和饮用水的一项重要水质指标,水源浊度的测定可采用目视比色法和分光光度法。

(5)透明度

透明度与浊度的意义相反,但两者反映水对透过光的阻碍程度,随水中化学成分的不同和水中悬浮物质和浮游生物的多少而变化,可反映水体污染的状况。

(6)残渣

残渣分为总残渣、总可滤残渣和总不可滤残渣。残渣采用重量法测定,适用于饮用水、地面水、盐水、生活污水和工业废水的测定。

①总残渣。将水样混合均匀后,在已称量至恒重的蒸发皿中通过水浴或蒸汽浴蒸干,再于 $103 \sim 205\ ℃$ 烘干至恒重,增加的质量就是总残渣,也称总固体。

$$总残渣(mg/L) = \frac{(G_2 - G_1) \times 1\,000 \times 1\,000}{V_水}$$

式中 G_1——蒸发皿质量,g;

       G_2——水样总残渣和蒸发皿质量,g;

       $V_水$——水样体积,mL。

②总可滤残渣。将水样混合均匀后,经过过滤后将滤液放在称至恒重的蒸发皿内蒸干,再于103~205 ℃或者(180±2)℃烘至恒重,所增加的质量。计算方法同总残渣。常用的滤器有滤纸、滤膜、石棉坩埚。由于它们的滤孔大小不一致,故报告结果时应注明。

③总不可滤残渣(悬浮物,SS)将水样混合均匀后,经过滤后留在过滤器上的固体物质,于103~105 ℃烘至恒重得到的物质量称为总不可滤残渣量。它包括不溶于水的泥沙、各种污染物、微生物及难溶无机物等(总不可滤残渣 = 总残渣 - 总可滤残渣)。

根据残渣的挥发性能,也可将水中出残渣分为挥发性残渣和固定性残渣。

挥发性残渣也称总残渣灼烧减重。该指标可粗略计算水中有机物含量和铵盐、碳酸盐等部分含量。测定方法:水样测定总残渣后,在600 ℃灼烧30 min,冷却后用2 mL蒸馏水浸润残渣,于103~205 ℃烘干至恒重,所减少的质量为挥发性残渣。

$$挥发性残渣(mg/L) = \frac{(W - W') \times 1\,000 \times 1\,000}{V_水}$$

式中 W——总残渣质量,g;

       W'——总残渣灼烧后质量,g;

       $V_水$——水样体积,mL。

固体性残渣可由总残渣减去挥发性残渣求得,它可粗略地代表水中无机盐类的含量。

(7)电导率

电导率又称比电导,表示水溶液传导电流的能力,电导率用电导率仪测定。

(8)紫外光吸光度值

紫外光吸光度值是在紫外光波长下测定的吸光度值,是水中有机物污染的新综合指标。

2.化学指标

天然水和一般清洁水最主要的离子成分有阳离子 Ca^{2+}、Mg^{2+}、Na^+、K^+ 和阴离子 HCO_3^-、SO_4^{2-}、Cl^-、SiO_3^{2-} 等基本离子,再加上量少但起重要作用的 H^+、OH^-、CO_3^{2-}、NO_3^- 等,可反映出水中离子组成的基本情况。而受污染的水、生活污水、工业废水可以看成在此基础上增加了诸多杂质成分。水中杂质及污染物化学成分和综合性指标等化学指标主要如下。

(1)离子含量指标

①pH 值。酸度和碱度是污水的重要污染指标,用 pH 值来表示。它对保护环境、污水处理及水工构筑物都有影响,一般生活污水呈中性或弱碱性,工业污水多呈强酸或强碱性。城市污水呈中性,pH 值一般为 6.5~7.5。pH 值的微小降低可能是由于城市污水输送管道中的厌氧发酵;雨季时较大的 pH 值降低往往是城市酸雨造成的,这种情况在合流制系统尤其突出。pH 值的突然大幅度变化不论是升高还是降低,通常是工业废水的大量排入造成的。

②碱度。一般来源于水样的 OH^-、CO_3^{2-}、HCO_3^-,影响水中的许多化学反应过程。

③硬度。由可溶性钙盐和镁盐组成,引起沉积和结垢,许多金属离子的毒性在软水中要比在硬水中强得多。

④总含盐量。总含盐量表示水中全部阳离子和阴离子的总和。

（2）水中有机物含量指标

①生物化学需氧量（BOD）。BOD 是一个反映水中可生物降解的含碳有机物的含量及排到水体后所产生的耗氧影响的指标。它表示在温度为 20 ℃和有氧的条件下，好氧微生物分解水中有机物消耗的溶解氧量，也就是水中可生物降解有机物稳定化所需要的氧量，单位为 mg/L。BOD 不仅包括水中好氧微生物的增长繁殖或呼吸作用所消耗的氧量，还包括硫化物，如硫化亚铁等还原性无机物所耗用的氧量，但这一部分的所占比例通常很小。BOD 越高，表示污水中可生物降解的有机物越多。

污水中可降解有机物的转化与温度、时间有关。在 20 ℃的自然条件下，有机物氧化到硝化阶段，即实现全部分解稳定所需时间在 100 d 以上，但实际上常用 20 ℃时 20 d 的生化需氧量 BOD_{20} 近似地代表完全生化需氧量。生产应用中仍嫌 20 d 的时间太长，一般采用 20 ℃时 5 d 的生化需氧量 BOD_5 作为衡量污水有机物含量的指标。

②化学需氧量（COD）。

化学需氧量（COD）是指在酸性条件下，用强氧化剂将水中有机物氧化为 CO_2、H_2O 所消耗的氧量，用 COD 表示，单位为 mg/L。氧化剂主要高锰酸钾和重铬酸钾，因此分别有 COD_{Mn} 和 COD_{Cr}。一般 COD_{Mn} 用于测定清洁水，COD_{Cr} 用于测定污水。

尽管 BOD_5 是城市污水中常用的有机物浓度指标，但是存在分析上的缺陷：

①5 d 的测定时间过长，难以及时指导实践；

②污水中难生物降解的物质含量高时，BOD_5 测定误差较大；

③工业废水中往往含有抑制微生物生长繁殖的物质，影响测定结果。因此有必要采用 COD_{Cr} 这一指标作为补充或替代。重铬酸钾的氧化性极强，水中有机物绝大部分（90% ~ 95%）被氧化。化学需氧量的优点是能够更精确地表示污水中有机物的含量，并且测定的时间短，不受水质的限制。缺点是不能像 BOD 那样表示出微生物氧化的有机物量。另外还有部分无机物也被氧化，并非全部代表有机物含量。城市污水的 COD 一般大于 BOD_5，两者的差值可近似反映废水中存在的难以被微生物降解的有机物。在城市污水处理分析中，常用 BOD_5/COD 的比值来分析污水的可生化性。当 BOD_5/COD >0.3 时，可生化性较好，适宜采用生化处理工艺。

（3）有毒物质指标

①总氮（TN）、氨氮（NH_3-N）、凯氏氮（TKN）。

总氮（TN）。总氮为水中有机氮、氨氮和总氧化氮（亚硝酸氮及硝酸氮之和）的总和。有机污染物分为植物性和动物性两类：城市污水中植物性有机污染物如果皮、蔬菜叶等，其主要化学成分是碳（C），由 BOD_5 表征；动物性有机污染物质包括人畜粪便、动物组织碎块等，其化学成分以氮（N）为主。氮属植物性营养物质，是导致湖泊、海湾、水库等缓流水体富营养化的主要物质，是废水处理的重要控制指标。

氨氮（NH_3-N）。氨氮是水中以 NH_3 和 NH_4^+ 形式存在的氮，它是有机氮化物氧化分解的第一步产物。氨氮不仅会促使水体中藻类的繁殖，而且游离的 NH_3 对鱼类有很强的毒性，致死鱼类的氨氮浓度为 0.2 ~2.0 mg/L。氨也是污水中重要的耗氧物质，在硝化细菌的作用下，氨被氧化成 NO_2^- 和 NO_3^-，所消耗的氧量称硝化需氧量。

凯氏氮（TKN）。凯氏氮是氨氮和有机氮的总和。测定 TKN 及 NH_3-N，两者之差即为有机氮。

②总磷（TP）。

总磷是污水中各类有机磷和无机磷的总和。与总氮类似,磷也属植物性营养物质,是导致缓流水体富营养化的主要物质。总磷受到人们的关注,成为一项重要的水质指标。

③非重金属无机物质有毒化合物。

a.氰化物（CN）。氰化物是剧毒物质,急性中毒时抑制细胞呼吸,造成人体组织严重缺氧,对人的经口致死量为 0.05 ~ 0.12 g。排放含氰废水的工业主要有电镀、焦炉和高炉的煤气洗涤,金、银选矿和某些化工企业等,含氰浓度为 20 ~ 70 mg/L。

氰化物在水中的存在形式有无机氰（如氰氢酸 HCN、氰酸盐 CN^-）及有机氰化物（称为腈,如丙烯腈 C_2H_3CN）。

b.砷（As）。砷是对人体毒性作用比较严重的有毒物质之一。砷化物在污水中存在形式有无机砷化物（如亚砷酸盐 AsO_2,砷酸盐 AsO_4^{3-}）以及有机砷（如三甲基砷）。三价砷的毒性远高于五价砷,对人体来说,亚砷酸盐的毒性作用比砷酸盐大 60 倍,因为亚砷酸盐能够和蛋白质中的硫反应,而三甲基砷的毒性比亚砷酸盐更大。

砷也是累积性中毒的毒物,当饮水中砷含量大于 0.05 mg/L 时就会导致累积。近年来发现砷还是致癌元素（主要是皮肤癌）。工业中排放含砷废水的有化工、有色冶金、炼焦、火电、造纸、皮革等行业,其中以冶金、化工排放砷量较高。

我国饮用水标准规定,砷含量不应大于 0.04 mg/L,农田灌溉标准是不高于 0.05 mg/L,渔业用水不超过 0.1 mg/L。

④重金属。

重金属指原子序数在 21 ~ 83 的金属或相对密度大于 4 的金属。其中汞（Hg）、镉（Cd）、铬（Cr）、铅（Pb）毒性最大,危害也最大。

a.汞（Hg）。汞是重要的污染物质,也是对人体毒害作用比较严重的物质。汞是累积性毒物,无机汞进入人体后随血液分布于全身组织,在血液中遇氯化钠生成二价汞盐累积在肝、肾和脑中,在达到一定浓度后毒性发作,其毒理主要是汞离子与酶蛋白的硫结合,抑制多种酶的活性,使细胞的正常代谢发生障碍。

甲基汞是无机汞在厌氧微生物的作用下转化而成的。甲基汞在体内约有 15% 累积在脑内,侵入中枢神经系统,破坏神经系统功能。

含汞废水排放量较大的是氯碱工业,因其在工艺上以金属汞作流动阴电极,以制成氯气和苛性钠,有大量的汞残留在废盐水中。聚氯乙烯、乙醛、醋酸乙烯的合成工业均以汞为催化剂,因此上述工业废水中含有一定数量的汞。此外,在仪表和电气工业中也常使用金属汞,因此也排放含汞废水。

我国饮用水、农田灌溉水都要求汞的含量不得超过 0.001 mg/L,渔业用水要求更为严格,不得超过 0.000 5 mg/L。

b.镉（Cd）。镉也是一种比较广泛的污染物质。镉是一种典型的累积富集型毒物,主要累积在肾脏和骨骼中,引起肾功能失调,骨质中钙被镉所取代,使骨骼软化,造成自然骨折,疼痛难忍。这种病潜伏期长,短则 10 年,长则 30 年,发病后很难治疗。

每人每日允许摄入的镉量为 0.057 ~ 0.071 mg。我国饮用水标准规定,镉的含量不得大于 0.01 mg/L,农业用水与渔业用水标准则规定要小于 0.005 mg/L。镉主要来自采矿、冶金、电镀、玻璃、陶瓷、塑料等生产部门排出的废水。

c. 铬(Cr)。铬也是一种较普遍的污染物。铬在水中以六价和三价两种形态存在,三价铬的毒性低,作为污染物质所指的是六价铬。人体大量摄入能够引起急性中毒,长期少量摄入也能引起慢性中毒。

六价铬是卫生标准中的重要指标,饮用水中的浓度不得超过 0.05 mg/L,农业灌溉用水与渔业用水应小于 0.1 mg/L。排放含铬废水的工业企业主要有电镀、制革、铬酸盐生产以及铬矿石开采等。电镀车间是产生六价铬的主要来源,电镀废水中铬的浓度一般在 50 ~ 100 mg/L。生产铬酸盐的工厂,其废水中六价铬的含量一般在 100 ~ 200 mg/L 之间。皮革鞣制工业排放的废水中六价铬的含量约为 40 mg/L。

d. 铅(Pb)。铅对人体也是累积性毒物。据美国相关资料报道,成年人每日摄取铅低于 0.32 mg 时,人体可将其排出而不产生积累作用;摄取 0.5 ~ 0.6 mg,可能有少量的累积,但尚不至于危及健康;如每日摄取量超过 1.0 mg,即将在体内产生明显的累积作用,长期摄入会引起慢性中毒。其毒理是铅离子与人体内多种酶络合,从而扰乱了机体多方面的生理功能,可危及神经系统、造血系统、循环系统和消化系统。

我国饮用水、渔业用水及农田灌溉水都要求铅的含量小于 0.1 mg/L。铅主要含于采矿、冶炼、化学、蓄电池、颜料工业等排放的废水中。

3. 微生物指标

污水生物性质的检测指标有大肠菌群数(或称大肠菌群值)、大肠菌群指数、病毒及细菌总数。

①大肠菌群数(大肠菌群值)与大肠菌群指数。大肠菌群数(大肠菌群值)是每升水样中所含有的大肠菌群的数目,以个/L 计;大肠菌群指数是查出 1 个大肠菌群所需的最少水量,以毫升(mL)计。可见大肠菌群数与大肠菌群指数是互为倒数,即

$$大肠菌群指数 = \frac{1\,000}{大肠菌群数}(mL)$$

若大肠菌群数为 500 个/L,则大肠菌群指数为 1 000/500 等于 2 mL。

大肠菌群数作为污水被粪便污染程度的卫生指标,原因有两个:

a. 大肠菌与病原菌都存在于人类肠道系统内,它们的生活习性及在外界环境中的存活时间都基本相同。每人每日排泄的粪便中含有大肠菌约 $1 \times 10^{11} \sim 4 \times 10^{11}$ 个,数量远远多于病原菌,但对人体无害;

b. 由于大肠菌的数量多,且容易培养检验,但病原菌的培养检验十分复杂与困难,因此,常采用大肠菌群数作为卫生指标。水中存在大肠菌,就表明受到粪便的污染,并可能存在病原菌。

②病毒。污水中已被检出的病毒有 100 多种。检出大肠菌群,可以表明肠道病原菌的存在,但不能表明是否存在病毒及其他病原菌(如炭疽杆菌),因此还需要检验病毒指标。病毒的检验方法目前主要有数量测定法与蚀斑测定法两种。

③细菌总数。细菌总数是大肠菌群数、病原菌、病毒及其他细菌数的总和,以每毫升水样中的细菌菌落总数表示。细菌总数越多,表示病原菌与病毒存在的可能性越大。因此用大肠菌群数、病毒及细菌总数等 3 个卫生指标来评价污水受生物污染的严重程度就比较全面。

二、主要指标分析方法

主要指标分析方法见表3.2。

表 3.2　主要指标分析方法

序号	项目	方法	检测范围
1	pH 值	玻璃电极法	1 ~ 10(可准确到 0.01)
2	浊度	散射法-福尔马肼标准	>0.5NTU
3	色度	铂钴比色法、稀释倍数法	①铂钴比色法:5 ~ 50 度,不包含 40 度时精确度为 5 度;40 ~ 70 度时精确到 10 度;②稀释倍数法:无范围要求
4	TOC	TOC 仪器分析法(非色散红外线吸收法)	0.5 ~ 60 mg/L
5	硬度	乙二胺四乙酸二钠滴定法	≥0.05 mmol/L
6	导电率、酸度、碱度	电极法	—
7	SS	滤膜法(重量法)	>5
8	VSS	灼烧重量法	≥5 mg/L
9	TSS	重量法	>2
10	COD_{Cr}	重铬酸钾法	10 ~ 800
11	BOD_5	稀释与接种法	>3
12	DO	碘量法	0.2 ~ 20
13	NH_3-N	纳氏比色法	0.05 ~ 2.0
14	NO_2^--N	N-(1-萘基)-乙二胺分光光度法	0.003 ~ 0.2
15	NO_3^--N	酚二磺酸分光光度法	0.02 ~ 1.0
16	凯氏氮	硒催化矿化法	≥0.2 mg/L
17	TN	蒸馏纳氏比色法/碱性过硫酸钾-消解紫外分光光度法	0.05 ~ 2.0 / >0.05
18	TP	钼酸盐比色法 / 钼酸铵分光光度法	0.025 ~ 0.6 / >0.01
19	挥发酚	4-氨基安替比林三氯甲烷萃取分光光度法	0.002 ~ 0.6 mg/L
20	挥发酸	蒸馏滴定法	—

续表

序号	项目	方法	检测范围
21	Hg	冷原子吸收分光光度法	≥0.05 μg/L
		双硫腙分光光度法	2～40 μg/L
22	Cr	高锰酸钾氧化-二苯碳酰二肼分光光度法	0.004～1 mg/L
23	金属(具体)	原子吸收分光光度法(Cu\Zn\Pb\Cd) 火焰原子吸收分光光度法(Fe\Mn\Ni\Ag) 冷原子吸收分光光度法(Hg) 二乙基二硫代氨基甲酸银分光光度法(As) 石墨炉原子吸收分光光度法(Sn)	—
24	氯化物、氟化物、硫酸盐	离子色谱法	0.1～1.5 mg/L(以 F⁻ 计) 0.15～2.5 mg/L(以 Cl⁻ 计) 0.75～12 mg/L(以 SO₄²⁻ 计)
25	氰化物	硝酸银滴定法、异烟酸-吡唑啉酮比色法、吡啶-巴比妥酸比色法	①硝酸银滴定法 0.25～100 mg/L; ②异烟酸-吡唑啉酮比色法 0.004～0.25 mg/L; ③吡啶-巴比妥酸比色法 0.002～0.45 mg/L
26	硫化物	N,N-二乙基对苯二胺分光光度法	>0.001 mg/L
27	有机氯农药	气相色谱-质谱法	>0.1 μg/L
28	砷	二乙基二硫代氨基甲酸银分光光度法	0.007～0.50 mg/L
29	硒	2,3-二氨基萘荧光法	≥0.25 μg/L
30	硅	可溶性硅:分光光度法(常量硅)、分光光度法(微量硅)、重量法 全硅:氢氟酸转化分光光度法(常量硅)、氢氟酸转化分光光度法(微量硅)	①分光光度法(常量硅)0.1～5 mg/L; ②分光光度法(微量硅)10～200 μg/L; ③重量法 >5 mg/L; ④氢氟酸转化分光光度法(常量硅)1～5 mg/L; ⑤氢氟酸转化分光光度法(微量硅)<100 μg/L
31	油类(锅炉水)	红外分光光度法、紫外分光光度法	①红外分光光度法 0.1～100 mg/L; ②紫外分光光度法 0.1～4 mg/L
32	油类(水质)	红外分光光度法	>0.06 mg/L
33	阴离子表面活性剂	亚甲基蓝分光光度法	0.05～2 mg/L
34	大肠菌群数	发酵法	—

注:除 pH 值和大肠菌群数外,均以 mg/L 计。

三、常用的水质分析仪器

常用的水质分析仪器有以下设备。

①精密仪器:分析天平、分光光度计、生物显微镜、pH 计、DO 分析仪、气相色谱仪、浊度计、余氯测定仪、BOD_5 测定仪、COD_{Cr} 测定仪、原子吸收分光光度计等;

②电气设备:BOD_5 培养箱、电冰箱、恒温箱、可调高温炉、六联电炉、恒温水浴箱、电烘箱、电动离心机、蒸馏水器、高压蒸汽灭菌锅、磁力搅拌器等;

③玻璃仪器:烧杯、量筒、量杯、酸式滴定管、碱式滴定管、移液管、刻度吸管、DO 瓶、试管、比色管、冷凝管、橡皮管、吸管、蒸馏水瓶、碘量瓶、洗气瓶、具塞锥形瓶、广口瓶、试剂瓶、称量瓶、容量瓶、分液漏斗、圆底烧瓶、平底烧瓶、锥形瓶、凯氏烧瓶、玻璃蒸发皿、平皿、漏斗、玻璃棒、玻璃管、玻璃珠、干燥器、酒精灯等;

④其他设备:滴定管架、冷凝管架、漏斗架、分液漏斗架、比色管架、烧瓶夹、酒精喷灯、定量滤纸、定性滤纸、定时钟表、操作台、医用手套、温度计、采样瓶、防护眼镜、洗瓶刷、滴定管刷、标签纸、灭火器等。

第四章
常见水质指标测定实验

实验一 悬浮物的测定

一、实验目的

掌握悬浮物的测定方法和步骤。

二、实验原理

悬浮物(SS)是指水样经过过滤后留在过滤器上,并于 103 ~ 105 ℃烘至恒重后得到的物质,包括不溶于水的泥沙、各种污染物、微生物和难溶无机物等。测定的方法是在水样通过过滤器后,烘干固体残留物,将所称质量减去过滤器质量,即为悬浮物质量。本方法主要依据《水质 悬浮物的测定 重量法》(GB 11901—89)。

三、实验仪器和试剂

①全玻璃微孔滤膜过滤器。
②CN-CA 滤膜:孔径为 0.45 μm、直径为 60 mm。
③吸滤瓶、真空泵。
④无齿扁嘴镊子。
⑤蒸馏水或同等纯度的水。

四、实验步骤

(1)水样的采集和保存

采集具有代表性的水样 500 ~ 1 000 mL,盖严瓶塞。漂浮或浸没的不均匀固体物质不属于悬浮物质,应从水样中除去。水样采集后尽快分析测定,如需放置,应贮存在 4 ℃冰箱中,但最长不得超过七天。

所用聚乙烯瓶或硬质玻璃瓶要用洗涤剂洗净,再依次用自来水和蒸馏水冲洗干净。在采样之前,再用即将采集的水样清洗三次。

（2）滤膜准备

用无齿扁嘴镊子夹取微孔滤膜放于事先恒重的称量瓶里,移入烘箱中于 103～105 ℃烘干半小时后取出,置于干燥器内冷却至室温,称其质量。反复烘干、冷却、称量,直至两次称量的质量差≤0.2 mg。将恒重的微孔滤膜正确地放在滤膜过滤器的滤膜托盘上,加盖配套的漏斗,并用夹子固定好。以蒸馏水湿润滤膜,并不断吸滤。

（3）测定

量取充分混合均匀的试样 100 mL 抽吸过滤,使水分全部通过滤膜。再以每次 10 mL 蒸馏水连续洗涤三次,继续吸滤以除去痕量水分。停止吸滤后,仔细取出载有悬浮物的滤膜放在原恒重的称量瓶里,移入烘箱中于 103～105 ℃下烘干 1 h 后移入干燥器中,冷却到室温,称其质量。反复烘干、冷却、称量,直至两次称量的质量差≤0.4 mg。

五、实验结果表示

（1）数据记录

将数据记录于表 4.1 中。

表 4.1　数据记录表

序号	滤膜＋称量瓶质量/g	SS＋滤膜＋称量瓶质量/g	水样体积/mL
1			
2			

（2）计算

悬浮物含量 $C(\mathrm{mg/L})$ 按下式计算

$$C = \frac{(A - B) \times 10^6}{V}$$

式中　C——水中悬浮物浓度,mg/L;

　　　A——悬浮物＋滤膜＋称量瓶质量,g;

　　　B——滤膜＋称量瓶质量,g;

　　　V——水样体积,mL。

六、实验注意事项

若滤膜上截留过多的悬浮物则可能夹带过多的水分,除延长干燥时间外,还可能造成过滤困难,遇此情况,可酌情少取试样。滤膜上悬浮物过少,则会增大称量误差,影响测定精度,必要时,可增大试样体积。一般以 5～100 mg 悬浮物量作为量取试样体积的适用范围。

七、思考题

①如何根据水样特点确定最小取样量?

②分析水样中悬浮物的测定结果与烘干时间的关系。

实验二 浊度的测定

一、实验目的

掌握分光光度法测定地表水浊度的方法和原理。

二、实验原理

在适当温度下,硫酸肼与六次甲基四胺聚合,形成白色高分子聚合物,以此作为浊度标准贮备液,在一定条件下与水样浊度相比较。水样应无碎屑和易沉降的颗粒物。本方法主要依据《水质 浊度的测定》(GB 13200—91)。

三、实验仪器和试剂

(1)实验仪器

①50 mL 具塞比色管。

②分光光度计。

(2)实验试剂

①无浊度水:将蒸馏水通过 0.2 μm 滤膜过滤,收集于用滤过水荡洗两次的烧瓶中。

②浊度标准贮备液:

a.1 g/100 mL 硫酸肼溶液:称取 1.000 g 硫酸肼($N_2H_4 \cdot H_2SO_4$)溶于水,定容至 100 mL。

b.10 g/100 mL 六次甲基四胺溶液:称取 10.00 g 六次甲基四胺$[(CH_2)_6N_4]$溶于水,定容至 100 mL。

c.浊度标准贮备液:吸取 5.00 mL 硫酸肼溶液与 5.00 mL 六次甲基四胺溶液于 100 mL 容量瓶中,混匀。于(25 ± 3)℃下静置反应 24 h。冷却后用水稀释至标线,混匀。此溶液浊度为 400 度。可保存 1 个月。

四、实验步骤

(1)水样的采集和保存

样品采集到具塞玻璃瓶中,取样后尽快测定。如需保存,可在冷暗处保存不超过 24 h。测试前需激烈振摇并恢复到室温。所有与样品接触的玻璃器皿必须清洁,可用盐酸或表面活性剂清洗。

(2)校准曲线的绘制

吸取浊度标准液 0、0.50、1.25、2.50、5.00、10.00、12.50 mL,置于 50 mL 的比色管中,加水至标线。摇匀后,即得浊度为 0、4、10、20、40、80、100 度的标准系列。于 680 nm 波长下,用 30 mm 比色皿测定吸光度,绘制校准曲线。

(3)测定

吸取 50.0 mL 摇匀水样(无气泡,如浊度超过 100 度可酌情少取,用无浊度水稀释至 50.0 mL),于 50 mL 比色管中,按绘制校准曲线步骤测定吸光度,在校准曲线上查得水样浊度。

五、实验结果表示

（1）校准曲线的绘制

将表 4.2 中的浊度对扣除空白后的吸光度做校准曲线,得出曲线方程。

表 4.2　校准曲线数据记录表

序号	1	2	3	4	5	6	7
浊度/度	0	4	10	20	40	80	100
吸光度							
扣除空白后的吸光度	—						

（2）计算

将样品的吸光度扣除空白后代入校准曲线方程,计算出水样或稀释后水样的浊度值。

如果水样经过稀释,按下式计算原水样的浊度值

$$浊度 = \frac{A(B + C)}{C}$$

式中　A——稀释后水样的浊度,度;

　　　B——稀释水体积,mL;

　　　C——原水样体积,mL。

六、实验注意事项

在 680 nm 波长下测定吸光度时,天然水中存在淡黄色、淡绿色无干扰。

七、思考题

①分析水样悬浮物测定和浊度测定的适用条件,水样测定中如何选择?

②浊度测定结果和稀释倍数是否有关?

实验三　色度的测定

Ⅰ. 铂钴标准比色法

一、实验目的

①了解表色、真色的含义。

②掌握铂钴标准比色法测定色度的原理和方法。

二、实验原理

用氯铂酸钾和氯化钴配制颜色标准溶液,与被测样品进行目视比较,以测定样品的颜色强度,即色度,样品的色度以与之相当的色度标准溶液的度值表示。用经过沉降 15 min 的原始

上清液测定颜色。pH 对颜色有较大影响,在测定颜色时应同时测定 pH。

本方法主要依据《水质 色度的测定》(GB 11903—89),适用于比较清洁的地面水、地下水和饮用水等。

三、实验仪器和试剂

(1)实验仪器

①具塞比色管,50 mL,规格一致,光学透明玻璃,底部无阴影。

②pH 计,精度 ±0.1。

③容量瓶,250 mL。

(2)实验试剂

①光学纯水:将 0.2 μm 滤膜(细菌学研究中所采用的)在 100 mL 蒸馏水或去离子水中浸泡 1 h,每次用它过滤 250 mL 蒸馏水或去离子水,弃去最初的 250 mL,以后用这种水配制全部标准溶液并作为稀释水。

②色度标准贮备液,相当于 500 度:将(1.245 ± 0.001)g 六氯铂(Ⅳ)酸钾(K$_2$PtCl$_6$)和(1.000 ±0.001)g 六水氯化钴(Ⅱ)(CoCl$_2$·6H$_2$O)溶于约 500 mL 水中,加(100 ±1)mL 盐酸(ρ =1.18 g/mL)并在 1 000 mL 的容量瓶内用水稀释至标线。此溶液色度为 500 度,密封于玻璃瓶中,存放在暗处,温度不能超过 30 ℃。本溶液至少能稳定 6 个月。

四、实验步骤

(1)水样的采集和保存

将样品采集在容积至少为 1 L 的玻璃瓶内,在采样后要尽早进行测定。如果必须贮存,应将样品贮于暗处。在有些情况下还要避免样品与空气接触,同时要避免温度的变化。

(2)水样的预处理

将样品倒入 250 mL(或更大)量筒中,静置 15 min,倾取上层液体作为水样进行测定。

(3)色度标准溶液的配制

向 50 mL 比色管中加入 0、0.50、1.00、1.50、2.00、2.50、3.00、3.50、4.00、4.50、5.00、6.00、7.00 mL 色度标准贮备液,并用水稀释至标线,混匀。各管溶液色度分别为 0、5、10、15、20、25、30、35、40、45、50、60、70 度。溶液存放在严密盖好的玻璃瓶中,存放在暗处,温度不能超过 30 ℃。这些溶液至少可稳定 1 个月。

(4)水样的测定

①分别取 50.0 mL 澄清透明水样于比色管中,如水样色度较大,可酌情少取水样,用水稀释至 50.0 mL。

②将水样与色度标准溶液进行目视比较。观测时,将具塞比色管放在白色表面上,比色管与该表面应成合适的角度,使被反射的光线自具塞比色管底部向上通过液柱。垂直向下观察液柱,找出与水样色度最接近的标准溶液。

如色度≥70 度,用光学纯水将试样适当稀释后,使色度落入色度标准溶液范围之中再行测定。另取试样测定 pH。

五、实验结果表示

以色度的标准单位表示与水样最接近的标准溶液的值,在 0 ~ 40 度(不包括 40 度)的范围内,准确到5度。40~70度的范围内,准确到10度。

在记录样品色度的同时记录pH。

稀释过的样品色度(A_0),以度计,用下式计算

$$A_0 = \frac{V_1}{V_0} A_1$$

式中　V_1——样品稀释后的体积,mL;

　　　V_0——样品稀释前的体积,mL;

　　　A_1——稀释样品色度的观察值,度。

Ⅱ. 稀释倍数法

一、实验目的

掌握稀释倍数法测定色度的方法。

二、实验原理

将样品用光学纯水稀释至刚好看不见颜色时的稀释倍数作为表达颜色的强度,单位为倍。同时观察样品,检验颜色性质:颜色的深浅(无色、浅色或深色),色调(红、橙、黄、绿、蓝、紫、白、灰、黑等),如果可能包括样品的透明度(透明、浑浊或不透明)。用文字予以描述,结果以稀释倍数值和文字描述相结合的方式表达。

本方法主要依据《水质 色度的测定》(HJ 1182—2021),适用于受工业废水污染的地表水和工业废水色度的测定。

三、实验仪器和试剂

①50 mL、100 mL 具塞比色管,内径一致。

②pH 计。

③光学纯水。

四、实验步骤

(1)水样的准备

将样品倒入250 mL(或更大)量筒中,静置15 min,倾取上层液体作为水样进行测定。

(2)水样的测定

目视比色法:将稀释后的试料和光学纯水分别倒入50 mL 具塞比色管至50 mL 标线,将具塞比色管垂直放置在白色表面上,垂直向下观察液柱,比较试料和水的颜色。

①分别取水样和光学纯水于具塞比色管中,充至标线,将具塞比色管放在白色表面上,具塞比色管与该表面应成合适的角度,使被反射的光线自具塞比色管底部向上通过液柱。垂直向下观察液柱,比较样品和光学纯水,描述样品呈现的色度和色调,如果可能包括透明度。

②准备移取10.0 mL 试样于100 mL 比色管或者100 mL 容量瓶中,用水稀释至100 mL 刻度,混匀后按目视比色法观察,如果还有颜色,则继续取稀释后的试料10.0 mL,再稀释10倍,以此类推,直到刚好与光学纯水无法区别为止,记录稀释次数n。

③用量筒取第$n-1$次初级稀释的试料,按照表4.3的稀释方法由小到大逐级按自然倍数

进行稀释,每次稀释 1 次,混匀后按目视比色方法观察,直到刚好与光学纯水无法区别时停止稀释,记录稀释倍数 D_1。

表4.3　稀释方法及结果表示

稀释倍数(D_1)	稀释方法	结果表示
2 倍	取 25 mL 试样加水 25 mL,混匀备用	$2 \times 10^{n-1}$倍($n = 1, 2, \cdots$)
3 倍	取 20 mL 试样加水 40 mL,混匀备用	$3 \times 10^{n-1}$倍($n = 1, 2, \cdots$)
4 倍	取 20 mL 试样加水 60 mL,混匀备用	$4 \times 10^{n-1}$倍($n = 1, 2, \cdots$)
5 倍	取 10 mL 试样加水 40 mL,混匀备用	$5 \times 10^{n-1}$倍($n = 1, 2, \cdots$)
6 倍	取 10 mL 试样加水 50 mL,混匀备用	$6 \times 10^{n-1}$倍($n = 1, 2, \cdots$)
7 倍	取 10 mL 试样加水 60 mL,混匀备用	$7 \times 10^{n-1}$倍($n = 1, 2, \cdots$)
8 倍	取 10 mL 试样加水 70 mL,混匀备用	$8 \times 10^{n-1}$倍($n = 1, 2, \cdots$)
9 倍	取 10 mL 试样加水 80 mL,混匀备用	$9 \times 10^{n-1}$倍($n = 1, 2, \cdots$)

④另取试样测定 pH。

五、实验结果表示

①样品的系数倍数 D,按照下式进行计算:

$$D = D_1 \times 10^{n-1}$$

式中　D——样品稀释倍数;

　　　n——初级稀释次数;

　　　D_1——稀释倍数。

②同时用文字描述样品的颜色深浅、色调,如果可能,包括透明度。

③记录样品色度的同时,记录 pH。

六、思考题

①为什么测色度时要测 pH?

②铂钴标准比色法和稀释倍数法测定水样色度各适用于什么情况?

实验四　pH 值的测定

　　pH 值是水中氢离子活度的负对数。天然水的 pH 值多为 6~9,这也是我国污水排放标准中的 pH 值控制范围。pH 值是水化学中常用的和最重要的检验项目之一。由于 pH 值受水温影响而变化,因此测定时应在规定的温度下进行,或者校正温度。玻璃电极法十分常用,基本上不受色度、浊度、胶体物质、氧化剂、还原剂及盐度等因素干扰。但 pH 值在 10 以上时,因产生"钠差",读数偏低,需选用特制的"低钠差"玻璃电极,或使用与水样 pH 值相近的标准缓冲溶液对仪器进行校正。

此法依据《水质 pH 值的测定 电极法》(HJ 1147—2020),采用玻璃电极法测水的 pH 值,适用于地表水、地下水、生活污水和工业废水中 pH 值的测定。测定范围为 0～14。

一、实验目的

①初步掌握 pH 计的使用,学会仪器校正;
②掌握电极法测水的 pH 值的基本原理和方法。

二、实验原理

pH 值由测量电池的电动势而得。该电池通常由参比电极和氢离子指示电极组成。溶液每变化 1 个 pH 单位,在同一温度下电位差的改变是常数,据此在仪器上直接以 pH 的读数表示。

以玻璃电极为指示电极,饱和甘汞电极为参比电极组成电池,在 25 ℃理想条件下,氢离子活度变化 10 倍,使电动势偏移 59.16 mV,根据电动势的变化量测出 pH 值。通过 pH 计上的温度补偿装置,来校正温度对电极的影响。为了提高测定的准确度,校准仪器时选用的标准缓冲液的 pH 应与水样的 pH 值接近。

三、实验仪器和试剂

(1)实验仪器
①采样瓶:聚乙烯瓶。
②酸度计:精度为 0.01 个 pH 单位,具有温度补偿功能,pH 值测定范围为 0～14。
③电极:复合 pH 电极。
④温度计:0～100 ℃。
⑤一般实验室常用仪器和设备。

(2)实验试剂
①实验用水:新制备的去除二氧化碳的蒸馏水,将水注入烧杯中,煮沸 10 min,加盖放置冷却。临用现制。
②邻苯二甲酸氢钾($C_8H_5KO_4$):于 110～120 ℃下干燥 2 h,置于干燥器中保存,待用。
③无水磷酸氢二钠(Na_2HPO_4):于 110～120 ℃下干燥 2 h,置于干燥器中保存,待用。
④磷酸二氢钾(KH_2PO_4):于 110～120 ℃下干燥 2 h,置于干燥器中保存,待用。
⑤四硼酸钠($Na_2B_4O_7 \cdot 10H_2O$):与饱和溴化钠(或氯化钠加蔗糖)溶液(室温)共同放置于干燥器中 48 h,使四硼酸钠晶体保持稳定。
⑥标准缓冲溶液。
a. 标准缓冲溶液Ⅰ:$c(C_8H_5KO_4) = 0.05$ mol/L,pH = 4.00(25 ℃)。

称取 10.12 g 邻苯二甲酸氢钾,溶于水中,转移至 1 L 容量瓶中并定容至标线;也可购买市售合格标准缓冲溶液,按照说明书使用。

b. 标准缓冲溶液Ⅱ:$c(Na_2HPO_4) = 0.025$ mol/L,$c(KH_2PO_4) = 0.025$ mol/L,pH = 6.86(25 ℃)。

分别称取 3.53 g 无水磷酸氢二钠和 3.39 g 磷酸二氢钾,溶于水中,转移至 1 L 容量瓶中并定容至标线;也可购买市售合格标准缓冲溶液,按照说明书使用。

c. 标准缓冲溶液Ⅲ: $c(Na_2B_4O_7)=0.01$ mol/L,pH=9.18(25 ℃)。

称取 3.80 g 四硼酸钠,溶于水中,转移至 1 L 容量瓶中并定容至标线,在聚乙烯瓶中密封保存。

⑦pH 广泛试纸。

⑧未知水样。

四、实验步骤

1. 测定前准备

按照使用说明书对电极进行活化和维护,确认仪器正常工作。现场测定应了解现场环境条件以及样品的来源和性质,初步判断是否存在强酸碱、高电解质、低电解质、高氟化物等干扰,并进行相应的准备。

2. 仪器校准

(1)校准溶液

使用 pH 广泛试纸粗测样品的 pH 值,根据样品的 pH 值大小选择两种合适的校准用标准缓冲溶液。两种标准缓冲溶液 pH 值相差约 3 个 pH 单位。样品 pH 值尽量在两种标准缓冲溶液 pH 值范围之间,若超出范围,样品 pH 值至少与其中一个标准缓冲溶液 pH 值之差不超过 2 个 pH 单位。

(2)温度补偿

手动温度补偿的仪器,将标准缓冲溶液的温度调节至与样品的实际温度一致,用温度计测量并记录温度。校准时,将酸度计的温度补偿旋钮调至该温度上。带有自动温度补偿功能的仪器,无须将标准缓冲溶液与样品保持同一温度,按照仪器说明书进行操作。现场测定时必须使用带有自动温度补偿功能的仪器。

(3)校准方法

采用两点校准法,按照仪器说明书选择校准模式,先用中性(或弱酸、弱碱)标准缓冲溶液,再用酸性或碱性标准缓冲溶液校准。

①将电极浸入第一个标准缓冲溶液,缓慢水平搅拌,避免产生气泡,待读数稳定后,调节仪器示值与标准缓冲溶液的 pH 值一致。

②用蒸馏水冲洗电极并用滤纸边缘吸去电极表面水分,将电极浸入第二个标准缓冲溶液中,缓慢水平搅拌,避免产生气泡,待读数稳定后,调节仪器示值与标准缓冲溶液的 pH 值一致。

③重复步骤①,待读数稳定后,仪器的示值与标准缓冲溶液的 pH 值之差应≤0.05 个 pH 单位,否则重复步骤①和②,直至合格。

3. 样品测定

用蒸馏水冲洗电极并用滤纸边缘吸去电极表面水分,现场测定时根据使用的仪器取适量样品或直接测定;实验室测定时将样品沿杯壁倒入烧杯,立即将电极浸入样品中,缓慢水平搅拌,避免产生气泡。待读数稳定后记下 pH 值。具有自动读数功能的仪器可直接读取数据。每个样品测定后用蒸馏水冲洗电极。

五、实验结果表示

测定结果保留小数点后 1 位,并注明样品测定时的温度。当测量结果超出测量范围(0 ~

14)时,以"强酸,超出测量范围"或"强碱,超出测量范围"报出。

六、实验注意事项

①酸度计及电极应参照仪器说明书使用和维护。

②当被测样品 pH 值过高或过低时,可选用与其 pH 值相近的其他标准缓冲溶液。如选用更高精度的仪器设备,需使用更高精度的标准缓冲溶液。pH 标准缓冲溶液于 4 ℃以下冷藏可保存 2～3 个月。发现有浑浊、发霉或沉淀等现象时,不能继续使用。

③酸度计 1 min 内读数变化小于 0.05 个 pH 单位即可视为读数稳定。

④为减少空气中酸碱性气体的溶入,或样品中相应物质的挥发,测定前不应提前打开采样瓶。

⑤测定 pH 值大于 10 的强碱性样品时,应使用聚乙烯烧杯。

⑥使用过的标准缓冲溶液不允许倒回原瓶中。

实验五　溶解氧的测定

溶解于水中的分子态氧称为溶解氧,通常记作 DO,用每升水里氧气的毫克数表示。溶解氧的饱和含量与空气中氧的分压、大气压、水温和水质有密切的关系。水中溶解氧的多少,是衡量水体自净能力的一个指标。好氧反应区混合液中必须有足够溶解氧,若溶解氧过低,好氧微生物正常的代谢活动下降,活性污泥发黑发臭,易滋生丝状菌,产生污泥膨胀,污水处理能力受到影响;若溶解氧过高,导致有机污染物分解过快,从而使微生物缺乏营养,活性污泥易老化,结构松散。

I.电化学探头法

此法依据《水质 溶解氧的测定 电化学探头法》(HJ 506—2009),采用电化学探头法水质溶解氧;适用于地表水、地下水、生活污水、工业废水和盐水中溶解氧的测定;可测定水中饱和百分率为 0%～100% 的溶解氧,还可测量高于 100%(20 mg/L)的过饱和溶解氧。

一、实验目的

①掌握电化学探头法测定溶解氧的基本原理与方法。

②学会正确使用溶解氧仪测水中溶解氧。

二、实验原理

溶解氧电化学探头是一个用选择性薄膜封闭的小室,室内有两个金属电极并充有电解质。氧和一定数量的其他气体及亲液物质可透过这层薄膜,但水和可溶性物质的离子几乎不能透过这层膜。将探头浸入水中进行溶解氧的测定时,由于电池作用或外加电压在两个电极间产生电位差,使金属离子在阳极进入溶液,同时氧气通过薄膜扩散在阴极获得电子被还原,产生的电流与穿过薄膜和电解质层的氧的传递速率成正比,即在一定温度下该电流与水中氧的分压(或浓度)成正比。

薄膜对其他的渗透性受温度变化的影响较大,要采用数学方法对温度进行校正,也可在电路中安装热敏元件对温度变化进行自动补偿。

若仪器在电路中未安装压力传感器不能对压力进行补偿时,仪器仅显示与气压有关的表观读数,当测定样品的气压与校准仪器时的气压不同时,应进行校正。

若测定海水、港湾水等含盐量高的水,应根据含盐量对测量值进行修正。

三、实验仪器和试剂

(1)实验仪器

①溶解氧测量仪:极谱型(例如银/金)测量探头,探头上宜附有温度补偿装置,仪表可直接显示溶解氧的质量浓度或饱和百分率。

②磁力搅拌器。

③电导率仪:测量范围 $2 \sim 100$ mS/cm。

④温度计:最小分度为 0.5 ℃。

⑤气压表:最小分度为 10 Pa。

⑥溶解氧瓶。

⑦实验室常用玻璃仪器。

(2)实验试剂

①无水亚硫酸钠(Na_2SO_3)或七水合亚硫酸钠($Na_2SO_3 \cdot 7H_2O$)。

②二价钴盐,例如六水合氯化钴(Ⅱ)($CoCl_2 \cdot 6H_2O$)。

③零点检查溶液:称取 0.25 g 亚硫酸钠和约 0.25 mg 钴(Ⅱ)盐,溶解于 250 mL 蒸馏水中。临用时现配。

④氮气:99.9%。

四、实验步骤

1.仪器校准

(1)零点检查和调整

当测量的溶解氧质量浓度水平低于 1 mg/L(或 10% 饱和度)时,或者当更换溶解氧膜罩或内部的填充电解液时,需要进行零点检查和调整。若仪器具有零点补偿功能,则不必调整零点。

零点调整:将探头浸入零点检查溶液中,待反应稳定后读数,调整仪器到零点。

(2)接近饱和值的校准

在一定的温度下,向蒸馏水中曝气,使水中氧的含量达到饱和或接近饱和。在这个温度下保持 15 min,测定溶解氧的质量浓度。

将探头浸没在瓶内,瓶中完全充满按上述步骤制备并测定的样品,让探头在搅拌的溶液中稳定 $2 \sim 3$ min 以后,调节仪器读数至样品已知的溶解氧质量浓度。当仪器不能再校准,或仪器响应变得不稳定或较低时,及时更换电解质或(和)膜。

2.测定

将探头浸入样品,不能有空气泡截留在膜上,停留足够的时间,待探头温度与水温达到平衡,且数字显示稳定时读数。必要时,根据所用仪器的型号及对测量结果的要求,检验水温、气压或含盐量,并对测量结果进行校正。

　　探头的膜接触样品时,样品要保持一定的流速,防止与膜接触的瞬间将该部位样品中的溶解氧耗尽,使读数发生波动。

　　对于流动样品(例如河水):应检查水样是否有足够的流速(不得小于 0.3 m/s),若水流速低于 0.3 m/s 需在水样中往复移动探头,或者取分散样品进行测定。

　　对于分散样品:容器能密封以隔绝空气并带有搅拌器。将样品充满容器至溢出,密闭后进行测量。调整搅拌速度,使读数达到平衡后保持稳定,并不得夹带空气。

五、实验结果表示

　　1. 溶解氧的质量浓度

溶解氧的质量浓度以每升水中氧的毫克数表示。

　　(1)温度校正

测量样品与仪器校准期间温度不同时,需要对仪器读数按下式进行校正。

$$\rho(O) = \rho'(O) \times \rho(O)_m / \rho(O)_c$$

式中　$\rho(O)$——实测溶解氧的质量浓度,mg/L;

　　　　$\rho'(O)$——溶解氧的表观质量浓度(仪器读数),mg/L;

　　　　$\rho(O)_m$——测量温度下氧的溶解度,mg/L;

　　　　$\rho(O)_c$——校准温度下氧的溶解度,mg/L。

　　例如:校准温度为 25 ℃时氧的溶解度为 8.3 mg/L;测量温度为 10 ℃时氧的溶解度为 11.3 mg/L;测量时仪器的读数为 7.0 mg/L。10 ℃时实测溶解氧的质量浓度:$\rho(O) = 7.0 \times 11.3/8.3 = 9.5$ mg/L。

　　(2)气压校正

气压为 p 时,水中溶解氧的质量浓度 $\rho(O)_s$ 可由下式求出:

$$\rho(O) = \rho'(O)_s \times (p - p_w)/(101.325 - p_w)$$

式中　$\rho(O)$——温度为 t、大气压力为 p(kPa)时,水中氧的质量浓度,mg/L;

　　　　$\rho'(O)_s$——仪器默认大气压力为 101.325 kPa,温度为 t 时,仪器的读数,mg/L;

　　　　p_w——温度为 t 时,饱和水蒸气的压力,kPa。

　　(3)盐度修正

当水中含盐量大于等于 3 g/kg 时,需要对仪器读数按下式进行修正。

$$\rho(O) = \rho''(O)_s - \Delta\rho(O)_s \times w \times \rho''(O)_s / \rho(O)_s$$

式中　$\rho(O)$——p 大气压下和温度为 t 时,盐度修正后溶解氧的质量浓度,mg/L;

　　　　$\Delta\rho(O)_s$——气压为 101.325 kPa,温度为 t 时,水中溶解氧的修正因子,$(\mathrm{mg \cdot L^{-1}})/(\mathrm{g \cdot kg^{-1}})$;

　　　　w——水中含盐量,g/kg;

　　　　$\rho(O)_s$——p 大气压下和温度为 t 时水中氧的溶解度,mg/L;

　　　　$\rho''(O)_s$——p 气压下和摄氏温度为 t 时,盐度修正前仪器的读数,mg/L;

　　　　$\rho''(O)_s/\rho(O)_s$——p 大气压下和温度为 t 时水中溶解氧的饱和率。

　　2. 以饱和百分率表示的溶解氧含量

水中溶解氧的饱和百分率,按照下式计算:

$$S = \rho''(O)_s / \rho(O)_s \times 100\%$$

式中　S——水中溶解氧的饱和百分率,%;

　　　$\rho''(O)_s$——实测值,mg/L,表示在 p 大气压和温度为 t 时水中溶解氧的质量浓度;

　　　$\rho(O)_s$——理论值,mg/L,表示在 p 大气压和温度为 t 时水中氧的溶解度。

六、实验注意事项

①当将探头浸入样品中时,应保证没有空气泡截留在膜上。

②样品接触探头的膜时,应保持一定的流速,以防止与膜接触的瞬间将该部位样品中的溶解氧耗尽而出现错误的读数。应保证样品的流速不致使读数发生波动,在这方面要参照仪器制造厂家的说明。

③有些仪器能自动进行温度、压力补偿,无须单独修正。

④水中氧的溶解度与温度、大气压和盐分的关系可查《水质溶解氧的测定 电化学探头法》(HJ 506—2009)附录 A。

Ⅱ. 碘量法

一、实验目的

①掌握碘量法测定水中溶解氧的原理和方法。

②了解测定溶解氧的意义。

二、实验原理

本方法主要依据《水质 溶解氧的测定 碘量法》(GB 7489—87)。水样中加入硫酸锰和碱性碘化钾,水中溶解氧将低价锰氧化成高价锰,生成四价锰的氢氧化物棕色沉淀。加酸后,氢氧化物沉淀溶解,并与碘离子反应而释放出碘。以淀粉做指示剂,用硫代硫酸钠滴定释出碘,可计算溶解氧的含量。化学反应方程式如下:

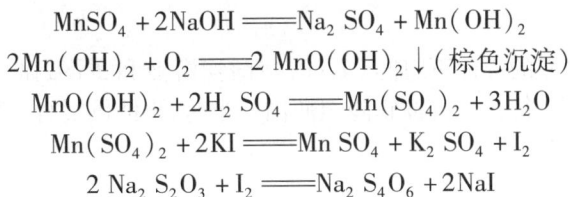

$$MnSO_4 + 2NaOH \Longrightarrow Na_2SO_4 + Mn(OH)_2$$
$$2Mn(OH)_2 + O_2 \Longrightarrow 2MnO(OH)_2 \downarrow (棕色沉淀)$$
$$MnO(OH)_2 + 2H_2SO_4 \Longrightarrow Mn(SO_4)_2 + 3H_2O$$
$$Mn(SO_4)_2 + 2KI \Longrightarrow MnSO_4 + K_2SO_4 + I_2$$
$$2Na_2S_2O_3 + I_2 \Longrightarrow Na_2S_4O_6 + 2NaI$$

三、实验仪器和试剂

(1)实验仪器

溶解氧瓶:细口玻璃瓶,容量为 250~300 mL,校准至 1 mL,具塞温克勒瓶或任何其他适合的细口瓶,瓶肩最好是直的。每一个瓶和盖要有相同的号码。溶解氧瓶如图 4.1 所示。

(2)实验试剂

①硫酸锰溶液:称取 480 g 硫酸锰(MnSO_4·4H_2O)或 364 g MnSO_4·H_2O 溶于水,用水稀释至 1 000 mL。将此溶液加至酸化过的碘化钾溶液中,遇淀粉不得产生蓝色。

②碱性碘化钾溶液:称取 500 g 氢氧化钠溶解于 300~400 mL 水中,

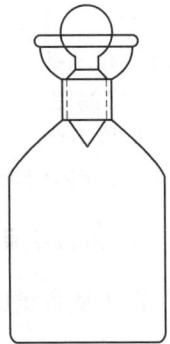

图 4.1　溶解氧瓶

另称取 150 g 碘化钾(或 135 g NaI)溶于 200 mL 水中,待氢氧化钠溶液冷却后,将两溶液合并,混匀,用水稀释至 1 000 mL。如有沉淀,则放置过夜后,倾出上清液,贮于棕色瓶中。用橡皮塞塞紧,避光保存。此溶液酸化后,遇淀粉不应呈蓝色。

③(1+1)硫酸溶液:小心地把 500 mL 浓硫酸(ρ = 1.84 g/mL)在不停搅拌下加入 500 mL 水中。

④1% 淀粉溶液:新配制,称取 1 g 可溶性淀粉,用少量水调成糊状,再用刚煮沸的水冲稀至 100 mL。冷却后,加入 0.1 g 水杨酸或 0.4 g 氯化锌防腐。

⑤重铬酸钾标准溶液,$c(1/6K_2Cr_2O_7)$ = 0.025 0 mol/L:称取于 105~110 ℃烘干 2 h 并冷却的优级纯重铬酸钾 1.225 8 g,溶于水,移入 1 000 mL 容量瓶中,用水稀释至标线,摇匀。

⑥硫代硫酸钠溶液:称取 3.2 g 硫代硫酸钠($Na_2S_2O_3 \cdot 5H_2O$)溶于煮沸放冷的水中,加入 0.2 g 碳酸钠,用水稀释至 1 000 mL。贮于棕色瓶中,使用前用 0.025 0 mol/L 重铬酸钾标准溶液标定,标定方法如下:

于 250 mL 碘量瓶中,加入 100 mL 水和 1 g 碘化钾,加入 10.00 mL 的 0.025 0 mol/L 重铬酸钾标准溶液、5 mL(1+1)硫酸溶液,密塞,摇匀。于暗处静置 5 min 后,用硫代硫酸钠溶液滴定至溶液呈淡黄色,加入 1 mL 淀粉溶液,继续滴定至蓝色刚好褪去为止,记录用量。

$$M = \frac{10.00 \times 0.025\ 0}{V}$$

式中　M——硫代硫酸钠溶液的浓度,mol/L;

　　　V——滴定时消耗硫代硫酸钠溶液的体积,mL。

四、实验步骤

(1)样品的采集

将样品采集在溶解氧瓶中,注意水样应充满溶解氧瓶中,且不要有气泡产生,测定就在溶解氧瓶内进行。

(2)溶解氧的固定

用吸管插入溶解氧瓶的液面下,加入 1 mL 硫酸锰溶液和 2 mL 碱性碘化钾溶液,盖好瓶塞,颠倒混合数次,静置。待棕色沉淀物降至瓶内一半时,再颠倒混合一次,待沉淀物下降到瓶底,一般再取样现场固定。

(3)析出碘

轻轻打开瓶塞,立即用吸管插入液面下加入 2.0 mL 硫酸。小心盖好瓶盖,颠倒混合摇匀至沉淀物全部溶解为止,置于暗处 5 min。

(4)滴定

移取 100.0 mL 上述溶液于 250 mL 锥形瓶中,用硫代硫酸钠溶液滴定至溶液呈淡黄色,加入 1 mL 淀粉溶液,继续滴定至蓝色刚好褪去为止,记录硫代硫酸钠溶液用量。

五、实验结果表示

溶解氧含量(mg/L)按下式计算

$$溶解氧含量 = \frac{MV \times 8 \times 1\ 000}{100}$$

式中　M——硫代硫酸钠溶液浓度,mol/L;

　　　V——滴定样品时消耗的硫代硫酸钠溶液的体积,mL。

六、实验注意事项

①当存在能固定或消耗碘的悬浮物,或者怀疑有这类物质存在时,最好采用电化学探头法测定溶解氧。

②如果水样中含有氧化性物质时(如游离氯浓度大于 0.1 mg/L 时),应预先于水样中加入硫代硫酸钠去除,即用两个溶解氧瓶各取一瓶水样,在其中一瓶加入 5 mL(1 +1)硫酸和 1 g 碘化钾,摇匀,此时游离出碘。以淀粉作指示剂,用硫代硫酸钠溶液滴定至蓝色刚褪去,记下用量(相当于去除游离氯的量)。于另一瓶水样中,加入同样量的硫代硫酸钠溶液,摇匀。

③如果水样呈强酸性或强碱性,可用氢氧化钠或硫酸溶液调至中性后测定。

七、思考题

①溶解氧测定过程中,搅拌强度是否对测定结果有影响?

②如果测定含有活性污泥的水样中的溶解氧,怎么样才能准确测量?

实验六　总磷的测定

总磷(TP)是水样经消解后将各种形态的磷转变成正磷酸盐后测定的结果,以每升水样含磷毫克数计量。总磷包括溶解的、颗粒的有机和无机磷。本方法适用于地面水、污水和工业废水。其主要来源为生活污水、化肥、有机磷农药及近代洗涤剂所用的磷酸盐增洁剂等。磷酸盐会干扰水厂中的混凝过程。水体中的磷是藻类生长所需要的一种关键元素,过量磷(如超过 0.2 mg/L)可造成藻类过度繁殖,是湖泊发生富营养化和海湾出现赤潮的主要原因。

此法依据《水质　总磷的测定　钼酸铵分光光度法》(GB 11893—89),用过硫酸钾作为氧化剂,将未经过滤的水样消解,用钼酸铵分光光度法测定水样中的总磷,适用于地面上、污水和工业废水。取 25 mL 试样,本方法的最低检出浓度为 0.01 mg/L,测定上限为 0.6 mg/L。

一、实验目的

①掌握使用分光光度法测定水中总磷的原理及方法。

②掌握水样酸消解的预处理方法。

③理解总磷对水环境的影响。

二、实验原理

在中性条件下用过硫酸钾使试样消解,将所含磷全部氧化为正磷酸盐。在酸性介质中,正磷酸盐与钼酸铵反应,在锑盐存在下生成磷钼杂多酸后,立即被抗坏血酸还原,生成蓝色的络合物,该络合物在 700 nm 处有最大吸收波长,且吸光度和浓度成正比。

三、实验仪器和试剂

(1)实验仪器

①医用手提式蒸气消毒器或一般压力锅(1.1 ~ 1.4 kg/cm^2)。

②50 mL 具塞(磨口)刻度管。

③分光光度计。

(2)实验试剂

方法中所用试剂除另有说明外,均应使用符合国家标准或专业标准的分析试剂和蒸馏水或同等纯度的水。

①硫酸(H_2SO_4),密度为 1.84 g/mL。

②硫酸(H_2SO_4)(1+1)。

③过硫酸钾,50 g/L 溶液:将 5 g 过硫酸钾($K_2S_2O_8$)溶解于水中,并稀释至 100 mL。

④抗坏血酸,100 g/L 溶液:将 10 g 抗坏血酸($C_6H_8O_6$)溶解于水中,并稀释至 100 mL。此溶液贮于棕色的试剂瓶中,在冷处可稳定几周。如不变色可长时间使用。

⑤钼酸盐溶液:将 13 g 钼酸铵$[(NH_4)_6Mo_7O_{24} \cdot 4H_2O]$溶解于 100 mL 水中,将 0.35 g 酒石酸锑钾($KSbC_4H_4O_7 \cdot \frac{1}{2}H_2O$)溶解于 100 mL 水中。在不断搅拌下把钼酸铵溶液徐徐加到 300 mL 硫酸$[H_2SO_4(1+1)]$中,加酒石酸锑钾溶液并混合均匀。此溶液贮存于棕色试剂瓶中,在冷处可保存 2 个月。

⑥磷标准贮备溶液:称取磷酸二氢钾(KH_2PO_4)(0.219 7 ± 0.001)g 于 110 ℃干燥 2 h,然后将在干燥器中放冷的磷酸二氢钾(KH_2PO_4)用水溶解后转移至 1 000 mL 容量瓶中,加入约 800 mL 水、5 mL 硫酸$[H_2SO_4(1+1)]$,用水稀释至标线并混匀。1.00 mL 此标准溶液含 50.0 μg 磷。本溶液在玻璃瓶中可贮存至少 6 个月。

⑦磷标准使用溶液:将 10.0 mL 的磷标准贮备溶液转移至 250 mL 容量瓶中,用水稀释至标线并混匀。1.00 mL 此标准溶液含 2.0 μg 磷。使用当天配制。

四、实验步骤

1. 水样的准备

用玻璃瓶采取 500 mL 水样后加入 1 mL 硫酸($\rho = 1.84$ g/mL)调节样品的 pH 值,使之小于或等于 1,或不加任何试剂于冷处保存。

取 25 mL 样品于具塞刻度管中。取时应仔细摇匀,以得到溶解部分和悬浮部分均具有代表性的试样。如样品中含磷浓度较高,可以减少试样体积。

2. 空白试样

按上述试样的制备规定进行空白实验,用水代替试样,并加入与测定时相同体积的试剂。

3. 水样的测定

(1)消解

$K_2S_2O_8$ 消解:向试样中加 4 mL $K_2S_2O_8$,将具塞刻度管的盖塞紧后,用一小块布和线将玻璃塞扎紧(或用其他方法固定),放在大烧杯中置于高压蒸汽消毒器中加热,待压力达 1.1 kg/cm² ,相应温度为 120 ℃时,保持 30 min 后停止加热。待压力表读数降至零,取出放冷。然后用水稀释至标线。

(2)发色

分别向各份消解液中加入 1 mL 抗坏血酸溶液混匀,30 s 后加 2 mL 钼酸盐溶液充分混匀。

（3）分光光度测量

室温下放置 15 min 后，使用光程为 30 mm 的比色皿，在 700 nm 波长下，以水作参比，测定吸光度。扣除空白实验的吸光度后，从工作曲线上查得磷的含量。

（4）工作曲线的绘制

取 7 支具塞刻度管分别加入 0.0 mL、0.50 mL、1.00 mL、3.00 mL、5.00 mL、10.0 mL、15.0 mL 磷酸盐标准溶液。加水至 25 mL。然后按测定步骤进行处理。以水作参比，测定吸光度。扣除空白实验的吸光度后，和对应的磷的含量绘制工作曲线。

五、实验结果

总磷含量以 $C(\mathrm{mg/L})$ 表示，按下式计算：

$$C = m/V$$

式中　m——试样测得的含磷量，μg；

　　　V——测定用试样体积，mL。

六、实验注意事项

①所有玻璃器皿均应用稀 HCl 或稀 HNO_3 浸泡。

②一般民用压力锅，在加热至顶压阀出气孔冒气时，锅内温度约为 120 ℃。

③水样中的有机物用 $K_2S_2O_8$ 氧化不能完全破坏时，可用硝酸-高氯酸消解法消解。

④如试样中含有浊度或色度时，需考虑浊度-色度补偿。

⑤砷大于 2 mg/L 干扰测定时，用硫代硫酸钠去除。硫化物大于 2 mg/L 干扰测定时，通氮气去除。铬大于 50 mg/L 干扰测定时，用亚硫酸钠去除。

七、思考题

总磷测定中的干扰因素有哪些？如何消除？

实验七　氨氮的测定

氨氮是指以氨或铵离子形式存在的化合氮，即水中以游离氨（NH_3）和铵离子（NH_4^+）形式存在的氮。自然地表水体和地下水体中以硝酸盐氮（NO_3^-）为主，以游离氨（NH_3）和铵离子（NH_4^+）形式存在的氮受污染水体的氨氮叫水合氨，也称非离子氨。非离子氨是引起水生生物毒害的主要因子。国家标准Ⅲ类地面水，非离子氨氮的浓度 ≤1 mg/L。氨氮是水体中的营养素，可导致水体富营养化现象产生，是水体中的主要耗氧污染物，对鱼类及某些水生生物有毒害。

此法依据《水质　氨氮的测定　纳氏试剂分光光度法》（HJ 535—2009），采用纳氏试剂分光光度法测定水中氨氮，适用于地表水、地下水、生活污水和工业废水中氨氮的测定。当水样体积为 50 mL，使用 20 mm 比色皿时，本方法的检出限为 0.025 mg/L，测定下限为 0.10 mg/L，测定上限为 2.0 mg/L（均以 N 计）。

一、实验目的

①掌握纳氏试剂分光光度法测定水中氨氮的基本原理和方法。

②掌握可见分光光度计的使用及测试条件的选择。

二、实验原理

以游离态的氨或铵离子等形式存在的氨氮与纳氏试剂反应生成淡红棕色络合物,该络合物的吸光度与氨氮含量成正比,于波长 420 nm 处测量吸光度。

三、实验仪器和试剂

(1)实验仪器

①可见分光光度计:具 20 mm 比色皿。

②氨氮蒸馏装置:由 500 mL 凯氏烧瓶、氮球、直形冷凝管和导管组成,冷凝管末端可连接一段适当长度的滴管,使出口尖端浸入吸收液液面下;亦可使用 500 mL 蒸馏烧瓶。如图 4.2 所示。

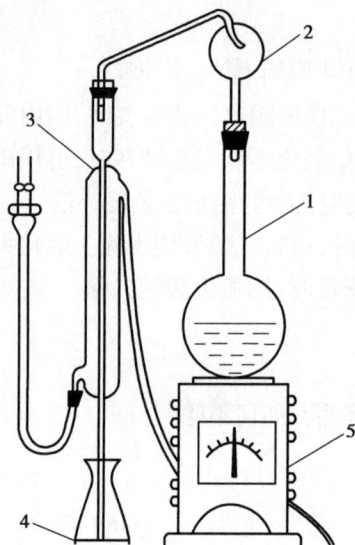

图 4.2　氨氮蒸馏装置

1—凯氏烧瓶;2—氮球;3—冷凝管;4—锥形瓶;5—电炉

(2)实验试剂

①无氨水:所有试剂配制均用无氨水。

②盐酸,$\rho(HCl) = 1.18$ g/mL。

③纳氏试剂:碘化汞-碘化钾-氢氧化钠(HgI_2-KI-NaOH)溶液。

称取 16.0 g NaOH,溶于 50 mL 水中,冷却至室温。

称取 7.0 g KI 和 10.0 g HgI_2,溶于水中,然后搅拌,缓慢加入上述 50 mL NaOH 溶液中,用水稀释至 100 mL。贮于聚乙烯瓶内,用橡皮塞或聚乙烯盖盖紧,于暗处存放,有效期 1 年。

④酒石酸钾钠($KNaC_4H_6O_6 \cdot 4H_2O$)溶液,$\rho = 500$ g/L:称取 50.0 g 酒石酸钾钠溶于 100 mL 水中,加热煮沸以驱除氨,充分冷却后稀释至 100 mL。

⑤硫代硫酸钠（Na₂S₂O₃）溶液，$\rho = 3.5$ g/L：称取 3.5 g 硫代硫酸钠溶于水中，稀释至 1 000 mL。

⑥硫酸锌（ZnSO₄·7H₂O）溶液，$\rho = 100$ g/L：称取 10.0 g 硫酸锌溶于水中，稀释至 100 mL。

⑦氢氧化钠（NaOH）溶液，$\rho = 250$ g/L：称取 25 g 氢氧化钠溶于水中，稀释至 100 mL。

⑧氢氧化钠（NaOH）溶液，$c(\text{NaOH}) = 1$ mol/L：称取 4 g 氢氧化钠溶于水中，稀释至 100 mL。

⑨盐酸（HCl）溶液，$c(\text{HCl}) = 1$ mol/L：量取 8.5 mL 盐酸（$\rho = 1.18$ g/mL）于适量水中，用水稀释至 100 mL。

⑩硼酸（H₃BO₃）溶液，$\rho = 20$ g/L：称取 20 g 硼酸溶于水中，稀释至 1 L。

⑪溴百里酚蓝指示剂，$\rho = 0.5$ g/L：称取 0.05 g 溴百里酚蓝溶于 50 mL 水中，加入 10 mL 无水乙醇，用水稀释至 100 mL。

⑫淀粉-碘化钾试纸：称取 1.5 g 可溶性淀粉于烧杯中，用少量水调成糊状，加入 200 mL 沸水，搅拌混匀放冷。加 0.50 g KI 和 0.50 g Na₂CO₃，用水稀释至 250 mL。将滤纸条浸渍后，取出晾干，于棕色瓶中密封保存。

⑬轻质氧化镁（MgO）：不含碳酸盐，在 500 ℃下加热氧化镁，以除去碳酸盐。

⑭氨氮标准溶液：

a. 氨氮标准贮备溶液，$\rho_\text{N} = 1\ 000$ μg/mL。

称取 3.819 0 g 氯化铵（NH₄Cl，优级纯，在 100～105 ℃干燥 2 h），溶于水中，移入 1 000 mL 容量瓶中，稀释至标线，可在 2～5 ℃保存 1 个月。

b. 氨氮标准工作溶液，$\rho_\text{N} = 10$ μg/mL。

吸取 5.00 mL 氨氮标准贮备溶液于 500 mL 容量瓶中，稀释至刻度。临用前配制。

四、实验步骤

1. 样品的采集和保存

水样采集在聚乙烯瓶或玻璃瓶内，应尽快分析。如需保存，应加硫酸使水样酸化至 pH < 2，在 2～5 ℃下可保存 7 d。

2. 样品的预处理

（1）去除余氯

若样品中存在余氯，可加入适量的硫代硫酸钠溶液去除。每加 0.5 mL 可去除 0.25 mg 余氯。用淀粉-碘化钾试纸检验余氯是否除尽。

（2）絮凝沉淀

100 mL 样品中加入 1 mL 硫酸锌溶液和 0.1～0.2 mL 氢氧化钠溶液（250 g/L），调节 pH 值约为 10.5，混匀，放置使之沉淀，取上清液分析。必要时，用经水冲洗过的中速滤纸过滤，弃去初滤液 20 mL。也可对絮凝后的样品离心处理。

（3）预蒸馏

将 50 mL 硼酸溶液移入接收瓶内，确保冷凝管出口在硼酸溶液液面之下（1 mol/L）。分取 250 mL 样品，移入烧瓶中，加几滴溴百里酚蓝指示剂，必要时，用氢氧化钠溶液或盐酸溶液（1 mol/L）调整 pH 值至 6.0（指示剂呈黄色）～7.4（指示剂呈蓝色），加入 0.25 g 轻质氧化镁及数粒玻璃珠,立即连接氮球和冷凝管。加热蒸馏,使馏出液速率约为 10 mL/min,待馏出液达 200 mL 时,停止蒸馏,加水定容至 250 mL。

3. 校准曲线的绘制

在 8 个 50 mL 比色管中,分别加入 0.00、0.50、1.00、2.00、4.00、6.00、8.00、10.00 mL 氨氮标准工作溶液($\rho_N = 10$ μg/mL),其所对应的氨氮含量分别为 0.0、5.0、10.0、20.0、40.0、60.0、80.0、100 μg,加水至标线。加入 1.0 mL 酒石酸钾钠溶液,摇匀,再加入纳氏试剂(HgI$_2$-KI-NaOH 溶液)1.0 mL,摇匀。放置 10 min 后,在波长 420 nm 下,用 20 mm 比色皿,以水作参比,测量吸光度。

以空白校正后的吸光度为纵坐标,以其对应的氨氮含量(μg)为横坐标,绘制校准曲线。

4. 样品测定

①清洁水样:直接取 50 mL,按与校准曲线相同的步骤测量吸光度。

②有悬浮物或色度干扰的水样:取经预处理的水样 50 mL(若水样中氨氮质量浓度超过 2 mg/L,可适当少取水样体积),按与校准曲线相同的步骤测量吸光度。

5. 空白实验

用水代替水样,按与样品相同的步骤进行前处理和测定。

五、实验结果

水中氨氮的质量浓度按下式计算:

$$\rho_N = (A_s - A_b - a)/(b \times V)$$

式中 ρ_N——水样中氨氮的质量浓度(以 N 计),mg/L;

A_s——水样的吸光度;

A_b——空白实验的吸光度;

a——校准曲线的截距;

b——校准曲线的斜率;

V——试样体积,mL。

六、实验注意事项

①水样中含有悬浮物、余氯、钙镁等金属离子、硫化物和有机物时会产生干扰,因此含有此类物质时要作适当处理,以消除对测定的影响。

②经蒸馏或在酸性条件下煮沸方法预处理的水样,须加一定量的 NaOH 溶液,调节水样至中性,用水稀释至 50 mL 标线,再按与校准曲线相同的步骤测量吸光度。

③根据待测样品的质量浓度也可选用 10 mm 比色皿。试剂空白的吸光度应不超过 0.030(10 mm 比色皿)。

④蒸馏器清洗:向蒸馏烧瓶中加入 350 mL 水,加数粒玻璃珠,装好仪器,蒸馏到至少收集 100 mL 水,弃去馏出液及瓶内残留液。

七、思考题

①测定河水、城市污水或垃圾渗滤液中氨氮含量时,应分别采用什么预处理方法?

②污水的氨氮含量很高,测定过程中需要稀释时,怎样合理确定稀释倍数?

实验八　化学需氧量的测定

水样在一定条件下,以氧化 1 L 水样中还原性物质所消耗的氧化剂的量为指标,折算成每升水样全部被氧化后,需要的氧的毫克数,称为化学需氧量,以 mg/L 表示。它反映了水中受还原性物质污染的程度。水中的还原性物质有各种有机物、亚硝酸盐、硫化物、亚铁盐等,但主要是有机物。因此,化学需氧量(COD)又往往作为衡量水中有机物质含量多少的指标。化学需氧量越大,说明水体受有机物的污染越严重。

Ⅰ.重铬酸钾法

一、实验目的

掌握重铬酸钾法测定化学需氧量的原理和方法。

二、实验原理

本方法主要依据《水质 化学需氧量的测定 重铬酸盐法》(HJ 828—2017),适用于地表水、生活污水和工业废水中化学需氧量的测定,不适用于含氯化物浓度大于 1 000 mg/L(稀释后)的水的化学需氧量的测定。当取样体积为 10.0 mL 时,检出限为 4 mg/L,测定下限为 16 mg/L。未经稀释的水样测定上限为 700 mg/L,超过上限时须稀释后测定。

在水样中加入已知量的重铬酸钾溶液,并在强酸介质下以银盐作催化剂,经沸腾回流后以试亚铁灵为指示剂,用硫酸亚铁铵滴定水样中未被还原的重铬酸钾,由消耗的硫酸亚铁铵的量换算成消耗氧的质量浓度。

在酸性重铬酸钾条件下,芳烃和吡啶难以被氧化,其氧化率较低。在硫酸银催化作用下,直链脂肪族化合物可有效地被氧化。无机还原性物质如亚硝酸盐、硫化物和二价铁盐等将使测定结果增大,其需氧量也是 COD_{Cr} 的一部分。

本方法的主要干扰物为氯化物,可加入硫酸汞溶液去除。经回流后,氯离子与硫酸汞结合成可溶性的氯汞配合物。硫酸汞溶液的用量可根据水样中氯离子的含量,按质量比 $m[HgSO_4]:m[Cl^-]\geq20:1$ 加入,最大加入量为 2 mL(按照氯离子最大允许浓度 1 000 mg/L 计)。

三、实验仪器、实验试剂和材料

(1)实验仪器

①回流装置:带有 24 号标准磨口的 250 mL 锥形瓶的全玻璃回流装置。回流冷凝管长度为 300~500 mm。若取样量在 30 mL 以上,可采用带有标准磨口 500 mL 锥形瓶的全玻璃回流装置,如图 4.3 所示。

②加热装置。

③25 mL 或 50 mL 酸式滴定管。

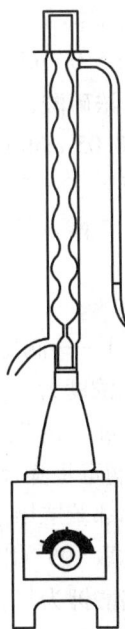

图 4.3　回流装置

97

（2）实验试剂和材料

①硫酸银（Ag_2SO_4）：化学纯。

②硫酸汞（$HgSO_4$）：化学纯。

③硫酸（H_2SO_4），$\rho = 1.84$ g/mL：优级纯。

④重铬酸钾（$K_2Cr_2O_7$）：基准试剂，取适量重铬酸钾在105 ℃烘箱中干燥至恒重。

⑤邻苯二甲酸氢钾（$KHC_8H_4O_4$）：基准试剂。

⑥七水合硫酸亚铁（$FeSO_4 \cdot 7H_2O$）。

⑦硫酸亚铁铵$[(NH_4)_2Fe(SO_4)_2 \cdot 6H_2O]$。

⑧硫酸溶液（1+9）。

⑨硫酸银-硫酸溶液：向1 L硫酸（$\rho = 1.84$ g/mL）中加入10 g硫酸银，放置1~2 d使之溶解，并混匀，使用前小心摇动。

⑩重铬酸钾标准溶液。

a.浓度为$c(1/6\ K_2Cr_2O_7) = 0.250$ mol/L的重铬酸钾标准溶液：将12.258 g在105 ℃干燥2 h后的重铬酸钾溶于水中，稀释至1 000 mL。

b.浓度为$c(1/6\ K_2Cr_2O_7) = 0.025\ 0$ mol/L的重铬酸钾标准溶液：将上述溶液稀释10倍而成。

⑪硫酸汞溶液，$\rho = 100$ g/L：称取10 g硫酸汞，溶于100 mL硫酸溶液（1+9），混匀。

⑫硫酸亚铁铵标准溶液，$c[(NH_4)_2Fe(SO_4)_2 \cdot 6H_2O] \approx 0.05$ mol/L。

a.浓度为$c[(NH_4)_2Fe(SO_4)_2 \cdot 6H_2O] \approx 0.05$ mol/L的硫酸亚铁铵标准溶液：溶解19.5 g硫酸亚铁铵$[(NH_4)_2Fe(SO_4)_2 \cdot 6H_2O]$于水中，加入10 mL硫酸（$\rho = 1.84$ g/mL），待溶液冷却后稀释至1 000 mL。

b.每日临用前，必须用0.250 mol/L重铬酸钾标准溶液准确标定此溶液的浓度，标定时应做平行双样。

取5.00 mL重铬酸钾标准溶液（0.250 mol/L）于锥形瓶中，用水稀释至50 mL，缓慢加入15 mL浓硫酸（$\rho = 1.84$ g/mL），混匀，冷却后，加3滴（约0.15 mL）试亚铁灵指示剂，用硫酸亚铁铵（0.05 mol/L）滴定，溶液的颜色由黄色经蓝绿色变为红褐色，即为终点。记录硫酸亚铁铵的消耗量V（mL）。

c.硫酸亚铁铵标准滴定溶液浓度的计算。

$$c[(NH_4)_2Fe(SO_4)_2 \cdot 6H_2O] = \frac{5.00 \times 0.250}{V} = \frac{1.25}{V}$$

式中　V——滴定时消耗硫酸亚铁铵溶液的体积，mL。

d.浓度为$c[(NH_4)_2Fe(SO_4)_2 \cdot 6H_2O] \approx 0.005$ mol/L的硫酸亚铁铵标准溶液：将a中0.05 mol/L的硫酸亚铁铵标准溶液稀释10倍，用重铬酸钾标准溶液（$c = 0.025\ 0$ mol/L）标定，其滴定步骤及浓度计算分别与b及c类同。

⑬邻苯二甲酸氢钾标准溶液，$c(KHC_8H_4O_4) = 2.082\ 4$ mmol/L。

称取105 ℃时干燥2 h的邻苯二甲酸氢钾0.425 1 g溶于水中，并稀释至1 000 mL，混匀。以重铬酸钾为氧化剂，将邻苯二甲酸氢钾完全氧化的COD_{Cr}值为1.176 g氧/g（即1 g邻苯二甲酸氢钾耗氧1.176 g），故该标准溶液的理论COD_{Cr}值为500 mg/L。

⑭试亚铁灵指示剂溶液。

1,10-菲绕啉(1,10-phenanathroline monohy drate,商品名为邻菲罗啉、1,10-菲罗啉等)指示剂溶液:溶解 0.7 g 七水合硫酸亚铁(FeSO$_4$·7H$_2$O)于 50 mL 的水中,加入 1.5 g 1,10-菲绕啉,搅拌至溶解,加水稀释至 100 mL。

⑮防爆沸玻璃珠。

四、实验步骤

1.样品的采集和保存

水样采集于玻璃瓶中,应尽快分析。如不能立即分析时,应加入硫酸(ρ=1.84 g/mL)至 pH<2,置于 4 ℃下保存。但保存时间不多于 5 d。采集水样的体积不得少于 100 mL。将试样充分摇匀,取出 10.0 mL 作为测试样品。

2.COD$_{Cr}$浓度≤50 mg/L 的样品测定

(1)样品测定

取 10.0 mL 水样于锥形瓶中,依次加入硫酸汞溶液(100 g/L)、重铬酸钾标准溶液(0.025 0 mol/L)5.00 mL 和几颗防爆沸玻璃珠,摇匀。硫酸汞溶液按质量比 m[HgSO$_4$]:m[Cl$^-$]≥20∶1的比例加入,最大加入量为 2 mL。

将锥形瓶连接到回流装置冷凝管下端,从冷凝管上端缓慢加入 15 mL 硫酸银-硫酸溶液,以防止低沸点有机物的逸出,不断旋动锥形瓶使之混合均匀。

自溶液开始沸腾起保持微沸回流 2 h。若为水冷装置,应在加入硫酸银-硫酸溶液之前通入冷凝水。

回流并冷却后,自冷凝管上端加入 45 mL 水冲洗冷凝管,取下锥形瓶。

溶液冷却至室温后,加入 3 滴试亚铁灵指示剂溶液,用硫酸亚铁铵标准溶液(0.005 mol/L)滴定,溶液的颜色由黄色经蓝绿色变为红褐色即为终点。记录硫酸亚铁铵的消耗体积 V_1。

注:样品浓度低时,取样体积可适当增加,同时其他试剂量也应按比例增加。

(2)空白实验

按(1)相同的步骤以 10.0 mL 实验用蒸馏水代替水样进行空白实验,记录空白滴定时消耗硫酸亚铁铵标准溶液的体积 V_0。空白实验中硫酸银-硫酸溶液和硫酸汞溶液的用量应与样品中的用量保持一致。

3.COD$_{Cr}$浓度>50 mg/L 的样品测定

(1)样品测定

取 10.0 mL 水样于锥形瓶中,依次加入硫酸汞溶液(100 g/L)、重铬酸钾标准溶液(0.250 mol/L)5.00 mL 和几颗防爆沸玻璃珠,摇匀。硫酸汞溶液按质量比 m[HgSO$_4$]:m[Cl$^-$]≥20∶1的比例加入,最大加入量为 2 mL。

将锥形瓶连接到回流装置冷凝管下端,从冷凝管上端缓慢加入 15 mL 硫酸银-硫酸溶液,以防止低沸点有机物的逸出,不断旋动锥形瓶使之混合均匀。自溶液开始沸腾起保持微沸回流 2 h。若为水冷装置,应在加入硫酸银-硫酸溶液之前通入冷凝水。

回流并冷却后,自冷凝管上端加入 45 mL 水冲洗冷凝管,取下锥形瓶。

溶液冷却至室温后,加入 3 滴试亚铁灵指示剂溶液,用硫酸亚铁铵标准溶液(0.05 mol/L)滴定,溶液的颜色由黄色经蓝绿色变为红褐色即为终点。记录硫酸亚铁铵的消耗体积 V_2。

注:对于污染严重的水样,可选取所需体积 1/10 的水样放入硬质玻璃管中,加入 1/10 的

试剂,摇匀后加热至沸腾数分钟,观察溶液是否变成蓝绿色。如呈蓝绿色,应再适当少取水样,直至溶液不变蓝绿色为止,从而确定待测水样的稀释倍数。

（2）空白实验

步骤同 COD_{Cr} 浓度 ≤50 mg/L 的空白实验。

五、实验结果

（1）计算

按下式计算样品中化学需氧量的质量浓度 ρ（mg/L）

$$\rho = \frac{c(V_0 - V_1) \times 8\,000}{V_2} \times f$$

式中　c——硫酸亚铁铵标准溶液的浓度,mol/L;

　　　V_0——空白实验所消耗的硫酸亚铁铵标准滴定溶液的体积,mL;

　　　V_1——水样测定所消耗的硫酸亚铁铵标准滴定溶液的体积,mL;

　　　V_2——加热回流时所取水样的体积,mL;

　　　f——样品稀释倍数;

　　　8 000——1/4 O_2 的相对分子质量,以 mg/L 为单位的换算值。

（2）结果表示

当 COD_{Cr} 测定结果 <100 mg/L 时,保留至整数位;当测定结果 ≥100 mg/L 时,保留 3 位有效数字。

六、实验注意事项

①消解时应使溶液缓慢沸腾,不宜爆沸。如出现爆沸,说明溶液中出现局部过热,会导致测定结果有误。爆沸的原因可能是加热过于激烈,或是防爆沸玻璃珠的效果不好。

②试亚铁灵指示剂的加入量虽然不影响临界点,但应尽量一致。当溶液的颜色先变为蓝绿色再变到红褐色即达到终点,几分钟后可能还会重现蓝绿色。

七、思考题

①若样品的 COD_{Cr} >700 mg/L 时,如何确定稀释倍数?

②若采用不同的稀释倍数测定结果不一致,数据该如何处理?

Ⅱ. 快速消解分光光度法

一、实验目的

①掌握快速消解分光光度法测定化学需氧量的原理和方法。

②理解有机物综合指标的含义及测定方法。

二、实验原理

本方法主要依据《水质 化学需氧量的测定 快速消解分光光度法》（HJ/T 399—2007）,适用于地表水、地下水、生活污水和工业废水中化学需氧量（COD）的测定。对未经稀释的水样,

COD 测定下限为 15 mg/L,测定上限为 1 000 mg/L,氯离子浓度不应大于 1 000 mg/L。对于化学需氧量(COD)大于 1 000 mg/L 或氯离子含量大于 1 000 mg/L 的水样,可经适当稀释后进行测定。

试样中加入已知量的重铬酸钾溶液,在强硫酸介质中,以硫酸银作为催化剂,经高温消解后,用分光光度法测定 COD 值。

当试样中 COD 值为 100 ~ 1 000 mg/L,在(600 ± 20)nm 波长处测定重铬酸钾被还原产生的三价铬(Cr^{3+})的吸光度,试样中 COD 值与三价铬(Cr^{3+})的吸光度的增加值成正比例关系,将三价铬(Cr^{3+})的吸光度换算成试样的 COD 值。

当试样中 COD 值为 15 ~ 250 mg/L,在(440 ± 20)nm 波长处测定重铬酸钾未被还原的六价铬(Cr^{6+})和被还原产生的三价铬(Cr^{3+})的两种铬离子的总吸光度;试样中 COD 值与六价铬(Cr^{6+})的吸光度减少值、三价铬(Cr^{3+})的吸光度增加值、总吸光度减少值成正比,将总吸光度值换算成试样的 COD 值。

三、实验仪器、实验试剂和材料

(1)实验仪器

①消解管。

a. 消解管应由耐酸玻璃制成,在 165 ℃ 下能承受 600 kPa 的压力,管盖应耐热耐酸,使用前所有的消解管和管盖均应无任何破损或裂纹。

b. 首次使用的消解管,应按以下方法进行清洗,在消解管中加入适量的硫酸银-硫酸溶液[$\rho(Ag_2SO_4) = 10$ g/L]和重铬酸钾溶液[$c(1/6\ K_2Cr_2O_7) = 0.500$ mol/L]的混合液(6 +1),也可用铬酸洗液代替混合液。拧紧管盖,在 60 ~ 80 ℃ 水浴中加热管子,手执管盖,颠倒摇动管子,反复洗涤管内壁。室温至冷却后,拧开盖子,倒出混合液,再用水冲洗净管盖和消解管内外壁。

②加热器。

a. 加热器应具有自动恒温加热,计时鸣叫等功能,有透明且通风的防消解液飞溅的防护盖。

b. 加热器加热时不会产生局部过热现象。加热孔的直径应能使消解管与加热壁紧密接触。为保证消解反应液在消解管内有充分的加热消解和冷却回流,加热孔深度一般不低于或高于消解管内消解反应液高度 5 mm。

c. 加热器加热后应在 10 min 内达到设定的(165 ± 2)℃ 温度,其他指标及检验参照《化学需氧量(COD)测定仪》(JJG 975)的有关要求。

③分光光度计。

a. 普通光度计。

在测定波长处,可用普通长方形比色皿测定的光度计。

b. 专用光度计。

在测定波长处,用固定长方形比色皿(池)测定 COD 值的光度计或用消解比色管测定 COD 值的光度计。宜选用消解比色管测定 COD 的专用分光计。

c. 性能校正。

在正常工作时,比色池(皿)或消解比色管装入适量水调整吸光度值或 COD 值为 0.000

时,每隔 1 min,读取记录一次数据,20 min 内吸光度小于 0.005 或 COD 值变化小于 6 mg/L。光度计其他指标及检验参照《化学需氧量(COD)测定仪》(JJG 975)的有关要求。

④离心机。

可放置消解比色管进行离心分离,转速范围为 0 ~ 4 000 r/min。

(2)实验试剂和材料

①硫酸,$\rho(H_2SO_4) = 1.84$ g/mL。

②硫酸溶液(1 + 9):将 100 mL 硫酸沿烧杯壁慢慢加入 900 mL 水中,搅拌混匀,冷却备用。

③硫酸银-硫酸溶液,$\rho(Ag_2SO_4) = 10$ g/L:将 5.0 g 硫酸银加入 500 mL 硫酸[$\rho(H_2SO_4) = 1.84$ g/mL]中,静置 1 ~ 2 d,搅拌,使其溶解。

④硫酸汞溶液,$\rho(HgSO_4) = 0.24$ g/mL:将 48.0 g 硫酸汞分次加入 200 mL 硫酸溶液(1 + 9)中,搅拌溶解,此溶液可稳定保存 6 个月。

⑤重铬酸钾($K_2Cr_2O_7$):优级纯。

⑥重铬酸钾标准溶液。

a. 重铬酸钾标准溶液,$c(1/6\ K_2Cr_2O_7) = 0.500$ mol/L。

将重铬酸钾在(120 ± 2)℃下干燥至恒重后,称取 24.515 4 g 置于烧杯中,加入 600 mL 水,搅拌,慢慢加入 100 mL 硫酸[$\rho(H_2SO_4) = 1.84$ g/mL],溶解冷却后,转移此溶液于 1 000 mL 容量瓶中,用水稀释至标线,摇匀。溶液可稳定保存 6 个月。

b. 重铬酸钾标准溶液,$c(1/6\ K_2Cr_2O_7) = 0.160$ mol/L。

将重铬酸钾在(120 ± 2)℃下干燥至恒重后,称取 7.844 9 g 置于烧杯中,加入 600 mL 水,搅拌,慢慢加入 100 mL 硫酸[$\rho(H_2SO_4) = 1.84$ g/mL],溶解冷却后,转移此溶液于 1 000 mL 容量瓶中,用水稀释至标线,摇匀。溶液可稳定保存 6 个月。

c. 重铬酸钾标准溶液,$c(1/6\ K_2Cr_2O_7) = 0.120$ mol/L。

将重铬酸钾在(120 ± 2)℃下干燥至恒重后,称取 5.883 7 g 置于烧杯中,加入 600 mL 水,搅拌,慢慢加入 100 mL 硫酸[$\rho(H_2SO_4) = 1.84$ g/mL],溶解冷却后,转移此溶液于 1 000 mL 容量瓶中,用水稀释至标线,摇匀。溶液可稳定保存 6 个月。

⑦预装混合试剂。

在一支消解管中,按表 4.4 的要求加入重铬酸钾溶液、硫酸汞溶液和硫酸银-硫酸溶液,拧紧盖子,轻轻摇匀,冷却至室温,避光保存。预装混合试剂在常温避光条件下,可稳定保存 1 年,在使用前应将混合试剂摇匀。

⑧邻苯二甲酸氢钾[$C_6H_4(COOH)(COOK)$]:基准级或优级纯。1 mol 邻苯二甲酸氢钾[$C_6H_4(COOH)(COOK)$]可以被 30 mol 重铬酸钾($1/6\ K_2Cr_2O_7$)完全氧化,其化学需氧量相当 30 mol 的氧($1/2O$)。

⑨邻苯二甲酸氢钾 COD 标准贮备液。

a. COD 值为 5 000 mg/L。

将邻苯二甲酸氢钾在 105 ~ 110 ℃下干燥至恒重后,称取 2.127 4 g 溶于 250 mL 水中,转移此溶液于 500 mL 容量瓶中,用水稀释至标线,摇匀。此溶液在 2 ~ 8 ℃下贮存,或在定容前加入约 10 mL 硫酸溶液(1 +9),常温贮存,可稳定保存 1 个月。

b. COD 值为 1 250 mg/L。

表 4.4　预装混合试剂及方法(试剂)标识

测定方法	测定范围 /(mg · L^{-1})	重铬酸钾溶液用量/mL	硫酸汞溶液用量/mL	硫酸银－硫酸溶液用量/mL	消解管规格/mm
比色池(皿)分光光度法①	高量程 100 ~ 1 000	1.00(0.500 mol/L)	0.50	6.00	$\Phi20 \times 120$
					$\Phi16 \times 150$
	低量程 15 ~ 250 或 15 ~ 150	1.00 (0.160 mol/L 或 0.120 mol/L)	0.50	6.00	$\Phi20 \times 120$
					$\Phi16 \times 150$
比色管分光光度法②	高量程 100 ~ 1 000	1.00 mL 重铬酸钾溶液 [$c(1/6\ K_2Cr_2O_7) =0.500$ mol/L] +硫酸汞溶液(2 +1)		4.00	$\Phi16 \times 120$③
					$\Phi16 \times 100$
	低量程 15 ~ 150	1.00 mL 重铬酸钾溶液 [$c(1/6\ K_2Cr_2O_7) =0.120$ mol/L] +硫酸汞溶液(2 +1)		4.00	$\Phi16 \times 120$③
					$\Phi16 \times 100$

①比色池(皿)分光光度法的消解管可选用 $\Phi20$ mm × 120 mm 或 $\Phi16$ mm × 150 mm 规格的密封管,宜选 $\Phi20$ mm × 120 mm 规格的密封管;而在非密封条件下消解时,应使用 $\Phi20$ mm × 150 mm 的消解管。

②比色管分光光度法的消解管可选用 $\Phi16$ mm × 120 mm 或 $\Phi16$ mm × 100 mm 规格的密封管,宜选 $\Phi20$ mm × 120 mm 规格的密封管;而在非密封条件下消解时,应使用 $\Phi16$ mm × 150 mm 的消解管。

③$\Phi16$ mm × 120 mm 密封消解比色管冷却效果较好。

量取 50.00 mL COD 标准贮备液(COD 值为 5 000 mg/L)于 200 mL 容量瓶中,用水稀释至标线,摇匀。此溶液在 2 ~ 8 ℃下贮存,可稳定保存 1 个月。

c. COD 值为 625 mg/L。

量取 25.00 mL COD 标准贮备液(COD 值为 5 000 mg/L)于 200 mL 容量瓶中,用水稀释至标线,摇匀。此溶液在 2 ~ 8 ℃下贮存,可稳定保存 1 个月。

⑩邻苯二甲酸氢钾 COD 标准系列使用溶液。

a. 高量程(测定上限 1 000 mg/L) COD 标准系列使用溶液。

COD 值分别为 100 mg/L、200 mg/L、400 mg/L、600 mg/L、800 mg/L、1 000 mg/L。

分别量取 5.00 mL、10.00 mL、20.00 mL、30.00 mL、40.00 mL、50.00 mL 的 COD 标准贮备液(COD 值为 5 000 mg/L),加入相应的 250 mL 容量瓶中,用水定容至标线,摇匀。此溶液在 2 ~ 8 ℃下贮存,可稳定保存 1 个月。

b. 低量程(测定上限 250 mg/L) COD 标准系列使用溶液。

COD 值分别为 25 mg/L、50 mg/L、100 mg/L、150 mg/L、200 mg/L、250 mg/L。

分别量取 5.00 mL、10.00 mL、20.00 mL、30.00 mL、40.00 mL、50.00 mL COD 标准贮备液(COD 值为 1 250 mg/L),加入相应的 250 mL 容量瓶中,用水稀释至标线,摇匀。此溶液在 2 ~ 8 ℃下贮存,可稳定保存 1 个月。

c. 低量程(测定上限 150 mg/L) COD 标准系列使用溶液。

COD 值分别为 25 mg/L、50 mg/L、75 mg/L、100 mg/L、125 mg/L、150 mg/L。

分别量取 10.00 mL、20.00 mL、30.00 mL、40.00 mL、50.00 mL、60.00 mL COD 标准贮备液(COD 值为 625 mg/L),加入相应的 250 mL 容量瓶中,用水稀释至标线,摇匀。此溶液在 2～8 ℃下贮存,可稳定保存 1 个月。

⑪硝酸银溶液,$c(AgNO_3)=0.1$ mol/L:将 17.1 g 硝酸银溶于 1 000 mL 水中。

⑫铬酸钾溶液,$\rho(K_2CrO_4)=50$ g/L:将 5.0 g 铬酸钾溶解于少量水中,滴加硝酸银溶液至有红色沉淀生成,摇匀,静置 12 h,过滤,并用水将滤液稀释至 100 mL。

四、实验步骤

1. 水样的采集和保存

水样采集应不少于 100 mL,应保存在洁净的玻璃瓶中。采集好的水样应在 24 h 内测定,否则应加入硫酸[$\rho(H_2SO_4)=1.84$ g/mL]调节水样 pH 值≤2。在 0～4 ℃保存,一般可保存 7 d。

2. 试样的制备

(1)水样氯离子的测定

在试管中加入 2.00 mL 试样,再加入 0.5 mL 硝酸银溶液,充分混合,最后加入 2 滴铬酸钾溶液,摇匀,如果溶液变红,则氯离子溶液低于 1 000 mg/L;如果仍为黄色,则氯离子浓度高于 1 000 mg/L。

(2)水样的稀释

应将水样在搅拌均匀时取样稀释,一般取被稀释水样不少于 10 mL,稀释倍数小于 10 倍。水样应逐次稀释为试样。

初步判定水样的 COD 浓度,选择对应量程的预装混合试剂,加入相应体积的试样,摇匀,在(165±2)℃加热 5 min,检查管内溶液是否呈绿色,如变绿应重新稀释后再进行测定。

3. 测定条件的选择

分析测定的条件见表 4.5。宜选用比色管分光光度法测定水样中的 COD。比色池(皿)分光光度法选用 Φ20 mm×150 mm 规格的消解管时,消解可在非密封条件下进行。比色管分光光度法选用 Φ16 mm×150 mm 规格的消解比色管时,消解可在非密封条件下进行。

4. 校准曲线的绘制

①打开加热器,预热到设定的(165±2)℃。

②选定预装混合试剂,试剂摇匀后再拧开消解管管盖。

③量取相应体积的 COD 标准系列溶液(试样),沿消解管内壁慢慢加入消解管中。

④拧紧消解管管盖,手执管盖颠倒摇匀消解管中的溶液,用无毛纸擦净管外壁。

⑤将消解管放入(165±2)℃的加热器的加热孔中,加热器温度略有降低,待温度升到设定的(165±2)℃时,计时加热 15 min。

⑥待消解管冷却至 60 ℃左右时,手执管盖颠倒摇动消解管几次,使消解管内的溶液均匀,用无毛纸擦净管外壁,静置,冷却至室温。

⑦高量程方法在(600±20)nm 波长处,以水为参比液,用光度计测定吸光度值。低量程方法在(440±20)nm 波长处,以水为参比液,用光度计测定吸光度值。

表 4.5　分析测定条件

测定方法	测定范围 /(mg·L^{-1})	试样用量 /mL	比色管或比色池（皿）规格/mm	测定波长/nm	检出限 /(mg·L^{-1})
比色池（皿）分光光度法	高量程 100～1 000	3.00	20①	600±20	22
	低量程 15～250 或 15～150	2.00	16①	440±20	3.0
比色管分光光度法	高量程 100～1 000	2.00	$\Phi16\times120$②	600±20	33
			$\Phi16\times100$②		
	低量程 15～150	2.00	$\Phi16\times120$②	440±20	2.3
			$\Phi16\times100$②		

①长方形比色池。
②比色管为密封管,外径 $\phi16$ mm,壁厚 13 mm,长 120 mm 密封消解比色管消解时冷却效果较好

⑧高量程 COD 标准系列使用溶液 COD 值对应其测定的吸光度值减去空白实验测定的吸光度值的差值,绘制校准曲线。低量程 COD 标准系列使用溶液 COD 值对应空白实验测定的吸光度值减去其测定的吸光度值的差值,绘制校准曲线。

5. 空白实验
用水代替试样,按照上述步骤测定其吸光度值,空白实验应与试样同时测定。

6. 试样的测定
①按照表 4.4 和表 4.5 所示方法及要求选定对应的预装混合试剂,将已稀释好的试样搅拌均匀,取相应体积的试样。
②按照上述校准曲线的绘制步骤进行测定。
③测定的 COD 值由相应的校准曲线查得,或由光度计自动计算得出。

五、实验结果

在(600±20)nm 波长处测定时,水样 COD 的计算:
$$\rho(COD) = n[k(A_s - A_b) + a]$$
在(440±20)nm 波长处测定时,水样 COD 的计算:
$$\rho(COD) = n[k(A_b - A_s) + a]$$
式中　$\rho(COD)$——水样 COD 值,单位为 mg/L;
n——水样稀释倍数;
k——校准曲线灵敏度,(mg·L^{-1})/1;
A_s——试样测定的吸光度值,单位为 1;
A_b——空白实验测定的吸光度值,单位为 1;
a——校准曲线截距,mg/L。

六、实验注意事项

①当试样中含有氯离子时,选用含汞预装混合试剂进行氯离子的掩蔽。在加热消解前,应颠倒摇动消解管,使氯离子同 Ag_2SO_4 形成 $AgCl$ 白色乳状块消失。

②若消解液浑浊或有沉淀,影响比色测定时,应用离心机离心变清后,再用光度计测定。消解液颜色异常或离心后不能变澄清的样品不适合用本测定方法。

③若消解管底部有沉淀影响比色测定时,应小心将消解管中上清液转入比色池(皿)中测定。

④COD 测定值一般保留三位有效数字。

七、思考题

①采用重铬酸钾法和快速消解法测定同一个样品,是否有差别?

②消解管加热时出现迸溅现象,可能是什么原因导致的?

实验九　五日生化需氧量(BOD_5)的测定

水中的污染物,在以微生物为媒介的氧化过程中要消耗水中的溶解氧,其所消耗的溶解氧量称作生化需氧量(或生物耗氧量,即 BOD,mg/L),间接反映了水中可生物降解的有机物量,是表示水中有机物等需氧污染物质含量的一个综合指标。生化需氧量是重要的水质污染参数。

生物氧化过程是一个缓慢的过程,如在 20 ℃培养时,完成此过程需 100 多天。目前国内外普遍规定于(20 ±1) ℃培养 5 d,分别测定水样培养前后的溶解氧,二者之差即为 BOD_5 值,以氧的 mg/L 表示。

一、实验目的

①掌握测定 BOD_5 时样品的预处理方法。

②掌握稀释与倍数法测定 BOD_5 的原理和方法。

③理解生化需氧量作为有机污染物指标的意义。

二、实验原理

本方法主要依据《水质 五日生化需氧量(BOD_5)的测定 稀释与接种法》(HJ 505—2009),适用于地表水、工业废水和生活污水中五日生化需氧量(BOD_5)的测定。本方法的检出限为 0.5 mg/L,方法测定下限为 2 mg/L,非稀释法和非稀释接种法的测定上限为 6 mg/L,稀释与稀释接种法的测定上限为 6 000 mg/L。

生化需氧量是指在规定的条件下,微生物分解水中的某些可氧化的物质,特别是分解有机物的生物化学过程消耗的溶解氧。通常情况下是指水样充满完全密闭的溶解氧瓶中,在(20 ±1)℃的暗处培养 5 d ±4 h 或(2 +5)d ±4 h[先在 0 ~4 ℃的暗处培养 2 d,接着在(20 ±1)℃的暗处培养 5 d,即培养(2 +5)d],分别测定培养前后水样中溶解氧的质量浓度,由培养前后溶解氧的质量浓度之差,计算每升样品消耗的溶解氧量,以 BOD_5 形式表示。

若样品中的有机物含量较多,BOD_5 的质量浓度大于 6 mg/L,样品需适当稀释后测定;对不含或含微生物少的工业废水,如酸性废水、碱性废水、高温废水、冷冻保存的废水或经过氯化处理的废水,在测定 BOD_5 时应进行接种,以引进能分解废水中有机物的微生物。当废水中存在难以被一般生活污水中的微生物以正常的速度降解的有机物或含有剧毒物质时,应将驯化后的微生物引入水样中进行接种。

三、实验仪器、实验试剂和材料

(1)实验仪器

①滤膜:孔径为 1.6 μm。

②溶解氧瓶:带水封装置,容积为 250～300 mL。

③稀释容器:1 000～2 000 mL 的量筒或容量瓶。

④虹吸管:供分取水样或添加稀释水。

⑤溶解氧测定仪。

⑥冷藏箱:0～4 ℃。

⑦冰箱:有冷冻和冷藏功能。

⑧带风扇的恒温培养箱:(20 ± 1)℃。

⑨曝气装置:多通道空气泵或其他曝气装置;曝气可能带来有机物、氧化剂和金属,导致空气污染,如有污染,空气应过滤清洗。

(2)实验试剂和材料

所用试剂除另有说明外,分析时均使用符合国家标准的分析纯化学试剂。

①水。

实验用水为符合《分析实验室用水规格和试验方法》(GB/T 6682—2008)规定的 3 级蒸馏水,且水中铜离子的质量浓度不大于0.01 mg/L,不含有氯或氯胺等物质。

②接种液。

可购买接种微生物用的接种物质,接种液的配制和使用按说明书的要求操作。也可按以下方法获得接种液。

a.未受工业废水污染的生活污水,化学需氧量不大于 300 mg/L,总有机碳不大于100 mg/L;

b.含有城镇污水的河水或湖水;

c.污水处理厂的出水;

d.分析含有难降解物质的工业废水时,在其排污口下游适当处取水样作为废水的驯化接种液。也可取中和或经适当稀释后的废水进行连续曝气,每天加入少量该种废水,同时加入少量生活污水,使适应该种废水的微生物大量繁殖。当水中出现大量絮状物时,表明微生物已繁殖,可用作接种液。一般驯化过程需 3～8 d。

③盐溶液。

a.磷酸盐缓冲溶液。

将 8.5 g 磷酸二氢钾(KH_2PO_4)、21.8 g 磷酸氢二钾(K_2HPO_4)、33.4 g 七水合磷酸氢二钠($Na_2HPO_4 \cdot 7H_2O$)和 1.7 g 氯化铵(NH_4Cl)溶于水中,稀释至 1 000 mL,此溶液在 0～4 ℃可

稳定保存6个月。此溶液的pH值为7.2。

b. 硫酸镁溶液，$\rho(MgSO_4) = 11.0$ g/L。

将22.5 g七水合硫酸镁（$MgSO_4 \cdot 7H_2O$）溶于水中，稀释至1 000 mL，此溶液在0~4 ℃可稳定保存6个月，若发现任何沉淀或微生物生长应弃去。

c. 氯化钙溶液，$\rho(CaCl_2) = 27.6$ g/L。

将27.6 g无水氯化钙（$CaCl_2$）溶于水中，稀释至1 000 mL，此溶液在0~4 ℃可稳定保存6个月，若发现任何沉淀或微生物生长应弃去。

d. 氯化铁溶液，$\rho(FeCl_3) = 0.15$ g/L。

将0.25 g六水合氯化铁（$FeCl_3 \cdot 6H_2O$）溶于水中，稀释至1 000 mL，此溶液在0~4 ℃可稳定保存6个月，若发现任何沉淀或微生物生长应弃去。

④稀释水。

在5~20 L的玻璃瓶中加入一定量的水，水温控制在（20±1）℃，用曝气装置至少曝气1 h，使稀释水中的溶解氧达到8 mg/L以上。使用前每升水中加入上述四种盐溶液各1.0 mL，混匀，20 ℃保存。在曝气的过程中防止污染，特别是防止带入有机物、金属、氧化物或还原物。

稀释水中氧的浓度不能过饱和，使用前需开口放置1 h，且应在24 h内使用。剩余的稀释水应弃去。

⑤接种稀释水。

根据接种液的来源不同，每升稀释水中加入适量接种液，城市生活污水和污水处理厂出水加1~10 mL。河水或湖水加10~100 mL。将接种稀释水存放在（20±1）℃的环境中，当天配制当天使用。接种的稀释水pH值为7.2，BOD_5应小于1.5 mg/L。

⑥盐酸溶液，$c(HCl) = 0.5$ mol/L。

将40 mL浓盐酸（HCl）溶于水中，稀释至1 000 mL。

四、实验步骤

1. 样品的采集和保存

样品采集按照《地表水和污水监测技术规范》（HJ/T 91—2022）的相关规定执行。采集的样品应充满并密封于棕色玻璃瓶中，样品量不小于1 000 mL，在0~4 ℃的暗处运输和保存，并于24 h内尽快分析。

2. 样品的前处理

（1）pH值调节

若样品或稀释后的样品pH值不在6~8内，应用盐酸溶液或氢氧化钠溶液调节其pH值至6~8。

（2）余氯和结合氯的去除

若样品中含有少量余氯，一般在采样后放置1~2 h，游离氯即可消失。对在样品中存在的短时间内不能消失的余氯，可加入适量亚硫酸钠溶液去除，加入的亚硫酸钠溶液的量由下述方法确定。

取已中和好的水样100 mL，加入乙酸溶液10 mL、碘化钾溶液1 mL，混匀，暗处静置5 min。用亚硫酸钠溶液滴定析出的碘至淡黄色，加入1 mL淀粉溶液呈蓝色。再继续滴定至蓝色刚刚褪去,即为终点,记录所用亚硫酸钠溶液体积,由亚硫酸钠溶液消耗的体积,计算出水样中应加亚硫酸钠溶液的体积。

（3）样品均质化

含有大量颗粒物、需要较大稀释倍数的样品或经冷冻保存的样品,测定前均需搅拌均匀。

（4）样品中有藻类

若样品中有大量藻类存在,BOD₅ 的测定结果会偏高。当分析结果精度要求较高时,测定前应用滤孔为 1.6 μm 的滤膜过滤,检测报告中注明滤膜滤孔的大小。

（5）含盐量低的样品

若样品含盐量低,非稀释样品的电导率小于 125 μS/cm 时,需加入适量相同体积的四种盐溶液,使样品的电导率大于 125 μS/cm。每升样品中至少需加入各种盐的体积 V 按下式计算：

$$V = (\Delta K - 12.8)/113.6$$

式中　V——需加入各种盐的体积,mL;

　　　ΔK——样品需要提高的电导率值,μS/cm。

3. 非稀释法测定样品

非稀释法分为两种情况:非稀释法和非稀释接种法。

如样品中的有机物含量较少,BOD₅ 的质量浓度不大于 6 mg/L,且样品中有足够的微生物,用非稀释法测定。若样品中的有机物含量较少,BOD₅ 的质量浓度不大于 6 mg/L,但样品中无足够的微生物,如酸性废水、碱性废水、高温废水、冷冻保存的废水或经过氯化处理的废水,采用非稀释接种法测定。

测定前待测试样的温度达到 (20±2)℃,若样品中溶解氧浓度低,需要用曝气装置曝气 15 min,充分振摇赶走样品中残留的空气泡;若样品中氧过饱和,将容器 2/3 体积充满样品,用力振荡赶出过饱和氧,然后根据试样中微生物含量的情况确定测定方法。非稀释法可直接取样测定;非稀释接种法,每升试样中加入适量的接种液,待测定。若试样含有硝化细菌,有可能发生硝化反应,需在每升试样中加入 2 mL 丙烯基硫脲硝化抑制剂。

非稀释接种法,每升稀释水中加入与试样中相同量的接种液作为空白试样,需要时每升试样中加入 2 mL 丙烯基硫脲硝化抑制剂。

（1）碘量法测定试样中的溶解氧

将上述待测试样充满两个溶解氧瓶中,使试样少量溢出,防止试样中的溶解氧质量浓度改变,使瓶中存在的气泡靠瓶壁排除。将一溶解氧瓶盖上瓶盖,加上水封,在瓶盖外罩上一个密封罩,防止培养期间水封水蒸发干,在恒温培养箱中培养 5 d±4 h 或 (2+5)d±4 h 后测定试样中溶解氧的质量浓度。另一瓶 15 min 后测定试样在培养前溶解氧的质量浓度。溶解氧的测定按《水质 溶解氧的测定 碘量法》(GB/T 7489—1987)进行操作。

（2）电化学探头法测定试样中的溶解氧

将上述待测试样充满一个溶解氧瓶中,使试样少量溢出,防止试样中的溶解氧质量浓度改变,使瓶中存在的气泡靠瓶壁排除。测定培养前试样中的溶解氧的质量浓度。盖上瓶盖,防止样品中残留气泡,加上水封,在瓶盖外罩上一个密封罩,防止培养期间水封水蒸发干。将试样瓶放入恒温培养箱中培养 5 d±4 h 或 (2+5)d±4 h。测定培养后试样中溶解氧的质量浓度。

4.稀释与接种法测定样品

稀释与接种法分为两种情况:稀释法和稀释接种法。

若试样中的有机物含量较多,BOD_5 的质量浓度大于 6 mg/L,且样品中有足够的微生物,采用稀释法测定;若试样中的有机物含量较多,BOD_5 的质量浓度大于 6 mg/L,但试样中无足够的微生物,采用稀释接种法测定。

(1)稀释倍数的确定

样品稀释的程度应使消耗的溶解氧质量浓度不小于 2 mg/L,培养后样品中剩余溶解氧质量浓度不小于 2 mg/L,且试样中剩余的溶解氧的质量浓度为开始浓度的 1/3 ~ 2/3 为最佳。

稀释倍数可根据样品的总有机碳(TOC)、高锰酸盐指数(I_{Mn})或化学需氧量(COD_{Cr})的测定值,按照表 4.6 列出的 BOD_5 与总有机碳(TOC)、高锰酸盐指数(I_{Mn})或化学需氧量(COD_{Cr})的比值 R 估计 BOD_5 的期望值(R 与样品的类型有关),再根据表 4.6 确定稀释因子。当不能准确地选择稀释倍数时,一个样品做 2 ~ 3 个不同的稀释倍数。

表 4.6 典型的比值

水样的类型	总有机碳 $R(BOD_5/TOC)$	高锰酸盐指数 $R(BOD_5/I_{Mn})$	化学需氧量 $R(BOD_5/COD_{Cr})$
未处理的废水	1.2 ~ 2.8	1.2 ~ 1.5	0.35 ~ 0.65
生化处理的废水	0.3 ~ 1.0	0.5 ~ 1.2	0.20 ~ 0.35

由表 4.6 中选择适当的 R 值,按下式计算 BOD_5 的期望值:

$$\rho = RY$$

式中 ρ——五日生化需氧量浓度的期望值,mg/L;

Y——总有机碳(TOC)、高锰酸盐指数(I_{Mn})或化学需氧量(COD_{Cr})的值,mg/L。

由估算出的 BOD_5 的期望值,按表 4.7 确定样品的稀释倍数。

表 4.7 BOD_5 测定的稀释倍数

BOD_5 的期望值/($mg \cdot L^{-1}$)	稀释倍数	水样类型
6 ~ 12	2	河水,生物净化的城市污水
10 ~ 30	5	河水,生物净化的城市污水
20 ~ 60	10	生物净化的城市污水
40 ~ 120	20	澄清的城市污水或轻度污染的工业废水
100 ~ 300	50	轻度污染的工业废水或原城市污水
200 ~ 600	100	轻度污染的工业废水或原城市污水
400 ~ 1 200	200	重度污染的工业废水或原城市污水
1 000 ~ 3 000	500	重度污染的工业废水
2 000 ~ 6 000	1 000	重度污染的工业废水

（2）样品稀释

按照确定的稀释倍数，将一定体积的试样或处理后的试样用虹吸管加入已加部分稀释水或接种稀释水的稀释容器中，加稀释水或接种稀释水至刻度，轻轻混合避免残留气泡，待测定。若稀释倍数超过 100 倍，可进行两步或多步稀释。

若试样中有微生物毒性物质，应配制几个不同稀释倍数的试样，选择与稀释倍数无关的结果，并取其平均值。试样测定结果与稀释倍数的关系确定如下：

当分析结果精度要求较高或存在微生物毒性物质时，一个试样要做两个以上不同的稀释倍数，每个试样、每个稀释倍数做平行双样同时进行培养。测定培养过程中每瓶试样氧的消耗量，并画出氧消耗量对每一稀释倍数试样中原样品的体积曲线。

若此曲线呈线性，则此试样中不含有任何抑制微生物的物质，即样品的测定结果与稀释倍数无关；若此曲线仅在低浓度范围内呈线性，取线性范围内稀释比的试样测定结果计算平均 BOD_5 值。

（3）空白试样

稀释法测定，空白试样为稀释水，必要时每升稀释水中加入 2 mL 丙烯基硫脲硝化抑制剂。稀释接种法测定，空白试样为接种稀释水，必要时每升接种稀释水中加入 2 mL 丙烯基硫脲硝化抑制剂。取两个溶解氧瓶，用虹吸法装满稀释水或接种稀释水，分别测定 5 d 前后的溶解氧含量。

（4）试样的测定

试样和空白试样的测定方法按不经稀释水样测定步骤，进行瓶装，测定当天溶解氧和培养 5 d 后溶解氧。

五、实验结果

（1）非稀释法

非稀释法按下式计算样品 BOD_5 的测定结果：

$$\rho = \rho_1 - \rho_2$$

式中　ρ——五日生化需氧量质量浓度，mg/L；

ρ_1——水样在培养前的溶解氧质量浓度，mg/L；

ρ_2——水样在培养后的溶解氧质量浓度，mg/L。

（2）非稀释接种法

非稀释接种法按下式计算样品 BOD_5 的测定结果：

$$\rho = (\rho_1 - \rho_2) - (\rho_3 - \rho_4)$$

式中　ρ——五日生化需氧量质量浓度，mg/L；

ρ_1——接种水样在培养前的溶解氧质量浓度，mg/L；

ρ_2——接种水样在培养后的溶解氧质量浓度，mg/L；

ρ_3——空白样在培养前的溶解氧质量浓度，mg/L；

ρ_4——空白样在培养后的溶解氧质量浓度，mg/L。

（3）稀释与接种法

稀释法和稀释接种法按下式计算样品 BOD_5 的测定结果：

$$\rho = \frac{(\rho_1 - \rho_2) - (\rho_3 - \rho_4)f_1}{f_2}$$

式中　ρ——五日生化需氧量质量浓度,mg/L;

　　　ρ_1——接种稀释水样在培养前的溶解氧质量浓度,mg/L;

　　　ρ_2——接种稀释水样在培养后的溶解氧质量浓度,mg/L;

　　　ρ_3——空白样在培养前的溶解氧质量浓度,mg/L;

　　　ρ_4——空白样在培养后的溶解氧质量浓度,mg/L;

　　　f_1——接种稀释水或稀释水在培养液中所占的比例;

　　　f_2——原样品在培养液中所占的比例。

BOD_5 测定结果以氧的质量浓度(mg/L)报出。对稀释与接种法,如果有几个稀释倍数的结果满足要求,结果取这些稀释倍数结果的平均值。结果小于 100 mg/L,保留一位小数;100～1 000 mg/L,取整数位;大于 1 000 mg/L 以科学计数法报出。结果报告中应注明样品是否经过过滤、冷冻或均质化处理。

六、实验注意事项

①每一批样品做两个分析空白试样,稀释法空白试样的测定结果不能超过 0.5 mg/L,非稀释接种法和稀释接种法空白试样的测定结果不能超过 1.5 mg/L,否则应检查可能的污染来源。

②每一批样品要求做一个标准样品,样品的配制方法如下:取 20 mL 葡萄糖-谷氨酸标准溶液于稀释容器中,用接种稀释水稀释至 1 000 mL,测定 BOD_5,测定结果 BOD_5 应在 180～230 mg/L 范围内,否则应检查接种液、稀释水的质量。

③每一批样品至少做一组平行样。

④若样品中含有硝化细菌,有可能发生硝化反应,需在每升试样培养液中加入 2 mL 丙烯基硫脲硝化抑制剂。

七、思考题

①水中有机物的生物氧化过程可分为几个阶段,氧化过程如何?

②BOD_5 测定中如何合理确定稀释倍数?

③怎样制备合格的接种稀释水?

实验十　高锰酸盐指数的测定

一、实验目的

①了解测定高锰酸盐指数的含义。

②掌握高锰酸盐指数测定的原理和方法。

二、实验原理

本方法主要依据《水质 高锰酸盐指数的测定》(GB 11892—89),适用于饮用水、水源水和地面水的测定,测定范围为 0.5 ~ 4.5 mg/L,对污染严重的水,可少取水样,经适当稀释后测定;不适用于测定工业废水中有机污染物的负荷量,如需测定,可用重铬酸钾法测定化学需氧量。样品中无机还原性物质如 N、S^{2-} 和 Fe^{2+} 等可被测定。氯离子浓度高于 300 mg/L,采用在碱性介质中氧化的测定方法。

(1)酸性法

水样中加入硫酸使溶液呈酸性后,加入一定量的高锰酸钾溶液,并在沸水浴中加热 30 min,高锰酸钾将水样中某些有机物和还原性无机物氧化,反应后加入过量的草酸钠溶液还原剩余的高锰酸钾,再用高锰酸钾标准溶液滴定过量的草酸钠,通过计算得到样品中高锰酸盐指数。

(2)碱性法

当水样中氯离子浓度高于 300 mg/L 时,应采用碱性法。

水样中加入一定量的高锰酸钾溶液,加热前将溶液用氢氧化钠调至碱性,加热一定时间以氧化水中的还原性无机物和部分有机物。在加热反应之后加酸酸化,用草酸钠溶液还原剩余的高锰酸钾并加入过量,再用高锰酸钾溶液滴定过量的草酸钠至微红色,通过计算得到样品中高锰酸盐指数。

三、实验仪器、实验试剂和材料

(1)实验仪器

①水浴锅或相当的加热装置:有足够的容积和功率。

②酸式滴定管:25 mL。

(2)实验试剂和材料

①不含还原性物质的水:将 1 L 蒸馏水置于全玻璃蒸馏器中,加入 10 mL 硫酸和少量高锰酸钾溶液,蒸馏。弃去 100 mL 初馏液,余下馏出液贮于具玻璃塞的细口瓶中。

②硫酸(H_2SO_4):密度(ρ_{20})为 1.84 g/mL。

③硫酸(1 + 3):在不断搅拌下,将 100 mL 硫酸(ρ = 1.84 g/mL)慢慢加入 300 mL 水中。趁热加入数滴高锰酸钾溶液直至溶液出现粉红色。

④氢氧化钠,500 g/L 溶液:称取 50 g 氢氧化钠溶于水并稀释至 100 mL。

⑤草酸钠标准贮备液,浓度 $c(1/2\ Na_2C_2O_4)$ 为 0.100 0 mol/L:称取 0.670 5 g 经 120 ℃ 烘干 2 h 并放冷的优级纯草酸钠($Na_2C_2O_4$)溶解于水中。移入 100 mL 容量瓶中,用水稀释至标线,混匀,置于 4 ℃ 保存。

⑥草酸钠标准溶液,浓度 $c_1(1/2\ Na_2C_2O_4)$ 为 0.010 0 mol/L:吸取 10.00 mL 草酸钠标准贮备液(0.100 0 mol/L)于 100 mL 容量瓶中,用水稀释至标线,混匀。

⑦高锰酸钾贮备液,浓度 $c_2(1/5\ KMnO_4)$ 约为 0.1 mol/L:称取 3.2 g 高锰酸钾溶解于水中并稀释至 1 000 mL。于 90 ~ 95 ℃ 水浴中加热此溶液 2 h,冷却。存放 2 d 后,倾出上清液,贮于棕色瓶中。

⑧高锰酸钾使用液,浓度 $c_3(1/5\ KMnO_4)$ 约为 0.01 mol/L:吸取 100 mL 高锰酸钾贮备液(0.1 mol/L)于 1 000 mL 容量瓶中,用水稀释至标线,混匀。此溶液在暗处可保存几个月,使用当天标定其浓度。

四、实验步骤

（1）样品的采集和保存

采集不少于 500 mL 的水样于洁净的玻璃瓶中，采样后加入硫酸(1＋3)，使样品 pH＝1 ~ 2，并尽快分析。

（2）酸性法测定高锰酸盐指数

①吸取 100 mL 经充分摇动、混合均匀的样品（或分取适量，用水稀释至 100 mL），置于 250 mL 锥形瓶中，加入(5 ± 0.5)mL 硫酸(1＋3)，用滴定管加入 10.00 mL 高锰酸钾溶液 (0.01 mol/L)，摇匀。将锥形瓶置于沸水浴内(30 ±2)min（水浴沸腾，开始计时）。

②取出后，用滴定管加入 10.00 mL 草酸钠溶液(0.010 0 mol/L)至溶液变为无色。趁热用高锰酸钾溶液(0.01 mol/L)滴定至刚出现粉红色，并保持 30 s 不褪色。记录消耗的高锰酸钾溶液体积 V_1。

③空白实验：用 100 mL 水代替样品，按上述步骤测定，记录滴定的高锰酸钾溶液 (0.01 mol/L)体积 V_0。

④向上述空白实验滴定后的溶液中加入 10.00 mL 草酸钠溶液(0.010 0 mol/L)。如果需要，将溶液加热至 80 ℃，用高锰酸钾溶液(0.01 mol/L)继续滴定至刚出现粉红色，并保持 30 s 不褪色。记录消耗的高锰酸钾溶液(0.01 mol/L)体积 V_2。

（3）碱性法测定高锰酸盐指数

①吸取 100 mL 样品（或分取适量，用水稀释至 100 mL），置于 250 mL 锥形瓶中，加入 0.5 mL 氢氧化钠溶液(500 g/L)，摇匀。

②用滴定管加入 10.00 mL 高锰酸钾溶液，将锥形瓶置于沸水浴中(30 ±2)min（水浴沸腾，开始计时）。

③样品取出后，加入(10 ±0.5)mL 硫酸(1＋3)，摇匀，其他步骤同酸性法。

五、数据处理

高锰酸盐指数(I_{Mn})以每升样品消耗氧质量来表示(O_2, mg/L)。

（1）水样不经稀释

$$I_{Mn} = \frac{\left[(10 + V_1)\dfrac{10}{V_2} - 10\right] \times c \times 8 \times 1\,000}{100}$$

式中　V_1——样品滴定时，消耗的高锰酸钾溶液体积，mL；

　　　V_2——标定时，消耗的高锰酸钾溶液体积，mL；

　　　c——草酸钠溶液浓度，0.010 0 mol/L。

（2）水样经稀释

$$I_{Mn} = \frac{\left\{\left[(10 + V_1)\dfrac{10}{V_2} - 10\right] - \left[(10 + V_0)\dfrac{10}{V_2} - 10\right] \times f\right\} \times c \times 8 \times 1\,000}{V_3}$$

式中　V_0——空白实验时，消耗的高锰酸钾溶液体积，mL；

　　　V_3——测定时，所取样品体积，mL；

f——稀释样品时,蒸馏水在 100 mL 测定用体积内所占比例(例如,10 mL 样品用水稀释至 100 mL,则 $f = \dfrac{100-10}{100} = 0.90$)。

六、实验注意事项

①新的玻璃器皿必须用酸性高锰酸钾溶液清洗干净。

②沸水浴的水面要高于锥形瓶内的液面。

③样品量以加热氧化后残留的高锰酸钾(0.01 mol/L)为加入量的 1/2～1/3 为宜。加热时,如溶液红色褪去,则说明高锰酸钾量不够,须重新取样,经稀释后测定。

④滴定时,温度如低于 60 ℃,则反应速度缓慢,因此应加热至 80 ℃左右。

⑤沸水浴温度为 98 ℃。如在高原地区,报出数据时,需注明水的沸点。

七、思考题

①在描述有机物含量时,高锰酸盐指数和 COD_{Cr} 有什么区别?

②如何准确判断滴定的终点?

实验十一　总氮的测定

总氮是水中各种形态无机氮和有机氮的总量,包括 NO_3^-、NO_2^- 和 NH_4^+ 等无机氮和蛋白质、氨基酸和有机胺等有机氮,以每升水含氮毫克数计算。总氮用来表示水体受营养物质污染的程度。

一、实验目的

掌握碱性过硫酸钾消解紫外分光光度法测定总氮的原理和方法。

二、实验原理

本方法主要依据《水质　总氮的测定　碱性过硫酸钾消解紫外分光光度法》(HJ 636—2012),采用碱性过硫酸钾消解紫外分光光度法测定水中总氮。本方法适用于地表水、地下水、工业废水和生活污水中总氮的测定。当样品量为 10 mL 时,本方法的检出限为 0.05 mg/L,测定范围为 0.20～7.00 mg/L。

在 120～124 ℃下,碱性过硫酸钾溶液使样品中含氮化合物的氮转化为硝酸盐,采用紫外分光光度法于波长 220 nm 和 275 nm 处,分别测定吸光度 A_{220} 和 A_{275},按下式计算校正吸光度 A,总氮(以 N 计)含量与校正吸光度 A 成正比。$A = A_{220} - 2A_{275}$。

当碘离子含量相当于总氮含量的 2.2 倍以上,溴离子含量相当于总氮含量的 3.4 倍以上时,对测定产生干扰。水样中的六价铬离子和三价铁离子对测定产生干扰,可加入 5% 盐酸羟胺溶液 1～2 mL 消除干扰。

三、实验仪器、实验试剂和材料

（1）实验仪器

①紫外分光光度计：具 10 mm 石英比色皿。

②高压蒸汽灭菌器：最高工作压力不低于 $1.1 \sim 1.4$ kg/cm²；最高工作温度不低于 $120 \sim 124$ ℃。

③具塞磨口玻璃比色管，25 mL。

（2）实验试剂和材料

①无氨水：每升水中加入 0.10 mL 浓硫酸蒸馏，收集馏出液于具塞玻璃容器中；也可使用新制备的去离子水。

②氢氧化钠（NaOH）：含氮量应小于 0.000 5%。

③过硫酸钾（$K_2S_2O_8$）：含氮量应小于 0.000 5%。

④硝酸钾（KNO_3）：基准试剂或优级纯，在 $105 \sim 110$ ℃下烘干 2 h，在干燥器中冷却至室温。

⑤浓盐酸，$\rho(HCl) = 1.19$ g/mL。

⑥浓硫酸，$\rho(H_2SO_4) = 1.84$ g/mL。

⑦盐酸溶液（1 + 9）。

⑧硫酸溶液（1 + 35）。

⑨氢氧化钠溶液，$\rho(NaOH) = 200$ g/L：称取 20.0 g 氢氧化钠溶于少量水中，稀释至 100 mL。

⑩氢氧化钠溶液，$\rho(NaOH) = 20$ g/L：量取氢氧化钠溶液（200 g/L）10.0 mL，用水稀释至 100 mL。

⑪碱性过硫酸钾溶液：称取 40.0 g 过硫酸钾溶于 600 mL 水中（可置于 50 ℃ 水浴中加热至全部溶解）；另称取 15.0 g 氢氧化钠溶于 300 mL 水中；待氢氧化钠溶液温度冷却至室温后，混合两种溶液定容至 1 000 mL，存放于聚乙烯瓶中，可保存一周。

⑫硝酸钾标准贮备液，$\rho(N) = 100$ mg/L：称取 0.721 8 g 硝酸钾溶于适量水，移至 1 000 mL 容量瓶中，用水稀释至标线，混匀；加入 $1 \sim 2$ mL 三氯甲烷作为保护剂，在 $0 \sim 10$ ℃ 暗处保存，可稳定 6 个月；也可直接购买市售有证标准溶液。

⑬硝酸钾标准使用液，$\rho(N) = 10.0$ mg/L：量取 10.00 mL 硝酸钾标准贮备液[$\rho(N) = 100$ mg/L]至 100 mL 容量瓶中，用水稀释至标线，混匀，临用现配。

四、实验步骤

（1）样品的采集和保存

将采集好的样品贮存在聚乙烯瓶或硬质玻璃瓶中，用浓硫酸[$\rho(H_2SO_4) = 1.84$ g/mL]调节 pH 值至 $1 \sim 2$，常温下可保存 7 d。贮存在聚乙烯瓶中，-20 ℃冷冻，可保存 1 个月。

（2）试样的制备

取适量样品用氢氧化钠溶液[$\rho(NaOH)$]20 g/L =或硫酸溶液（1 + 35）调节 pH 值至 $5 \sim 9$，待测。

（3）校准曲线的绘制

分别量取 0.00 mL、0.20 mL、0.50 mL、1.00 mL、3.00 mL、7.00 mL 硝酸钾标准使用液 [$\rho(N) = 10.0$ mg/L] 于 25 mL 具塞磨口玻璃比色管中，其对应的总氮（以 N 计）含量分别为 0.00 μg、2.00 μg、5.00 μg、10.0 μg、30.0 μg、70.0 μg。加水稀释至 10.00 mL，再加入 5.00 mL 碱性过硫酸钾溶液，塞紧管塞，用纱布和线绳扎紧管塞，以防弹出。将比色管置于高压蒸汽灭菌器中，加热至顶压阀吹气，关阀，继续加热至 120 ℃ 开始计时，保持温度在 120 ~ 124 ℃ 30 min。自然冷却、开阀放气，移去外盖，取出比色管冷却至室温，按住管塞将比色管中的液体颠倒混匀 2 ~ 3 次。

每个比色管分别加入 1.0 mL 盐酸溶液（1 + 9），用水稀释至 25 mL 标线，盖塞混匀。使用 10 mm 石英比色皿，在紫外分光光度计上，以水作参比，分别于波长 220 nm 和 275 nm 处测定吸光度。零浓度的校正吸光度 A_b、其他标准系列的校正吸光度 A_s 及其差值 A_r 按下式进行计算。以总氮（以 N 计）含量（μg）为横坐标，对应的 A_r 值为纵坐标，绘制校准曲线。

$$A_b = A_{b220} - 2A_{b275}$$
$$A_s = A_{s220} - 2A_{s275}$$
$$A_r = A_s - A_b$$

式中　A_b——零浓度（空白）溶液的校正吸光度；

　　　A_{b220}——零浓度（空白）溶液于波长 220 nm 处的吸光度；

　　　A_{b275}——零浓度（空白）溶液于波长 275 nm 处的吸光度；

　　　A_s——标准溶液的校正吸光度；

　　　A_{s220}——标准溶液于波长 220 nm 处的吸光度；

　　　A_{s275}——标准溶液于波长 275 nm 处的吸光度；

　　　A_r——标准溶液校正吸光度与零浓度（空白）溶液校正吸光度的差。

（4）样品的测定

量取 10.00 mL 试样于 25 mL 具塞磨口玻璃比色管中，进行测定。若试样中的含氮量超过 70 μg 时，可减少取样量并加水稀释至 10.00 mL。

（5）空白实验

用 10.00 mL 水代替试样，进行测定。

五、实验结果

（1）结果计算

参照前述过程计算试样校正吸光度和空白实验校正吸光度差值 A_r，样品中总氮的质量浓度 ρ（mg/L）按下式进行计算。

$$\rho = (A_r - a)f/bV$$

式中　ρ——样品中总氮（以 N 计）的质量浓度，mg/L；

　　　A_r——试样的校正吸光度与空白实验校正吸光度的差值；

　　　a——校准曲线的截距；

　　　b——校准曲线的斜率；

　　　V——试样体积，mL；

　　　f——稀释倍数。

（2）结果表示

当测定结果小于 1.00 mg/L 时,保留到小数点后两位;大于等于 1.00 mg/L 时,保留三位有效数字。

六、实验注意事项

①测定应在无氨的实验室环境中进行,避免环境交叉污染对测定结果产生影响。

②实验所用的器皿和高压蒸汽灭菌器等均应无氨污染。实验器皿应用盐酸溶液或硫酸溶液浸泡,用自来水冲洗后再用无氨水冲洗数次,洗净后立即使用。高压蒸汽灭菌器应每周清洗。

③在碱性过硫酸钾溶液配制过程中,温度过高会导致过硫酸钾分解失效,因此要控制水浴温度在 60 ℃ 以下,而且应待氢氧化钠溶液温度冷却至室温后,再将其与过硫酸钾溶液混合、定容。

④使用高压蒸汽灭菌器时,应定期检定压力表,并检查橡胶密封圈密封情况,避免因漏气而减压。

七、思考题

①某些含氮有机物在本标准规定的测定条件下不能完全转化为硝酸盐,对测试结果有何影响?

②实验过程中发现空白样吸光度值大于1.0,分析可能是什么原因造成的。

实验十二　氟化物的测定

一、实验目的

掌握离子选择电极法测定水中氟化物的原理和方法。

二、实验原理

本方法主要依据《水质 氟化物的测定 离子选择电极法》(GB 7484—87),适用于测定地面水、地下水和工业废水中的氟化物。最低检测限为含氟化物(以 F 计)0.05 mg/L,测定上限可达 1 900 mg/L。

当氟电极与含氟的试液接触时,电池的电动势 E 随溶液中氟离子活度变化而改变(遵守 Nernst 方程)。当溶液的总离子强度为定值且足够时,服从关系式:

$$E = E_0 - \frac{2.303RT}{F}\lg C_{F-}$$

E 与 $\lg C_{F-}$ 呈直接关系,$\frac{2.303RT}{F}$ 为该直线的斜率,也为电极的斜率。

工作电池可表示如下:

$Ag \mid AgCl \mid Cl^- (0.3 \text{ mol/L}), F^- (0.001 \text{ mol/L}) \mid LaF_3 \mid$ 试液 $\mid \parallel$ 外参比电极。

三、实验仪器、实验试剂和材料

（1）实验仪器

①氟离子选择电极。

②饱和甘汞电极或氯化银电极。

③离子活度计、毫伏计或 pH 计，精确到 0.1 mV。

④磁力搅拌器：具备覆盖聚乙烯或者聚四氟乙烯等的搅拌棒。

⑤聚乙烯杯：100 mL；150 mL。

⑥氟化物的水蒸气蒸馏装置，如图 4.4 所示。

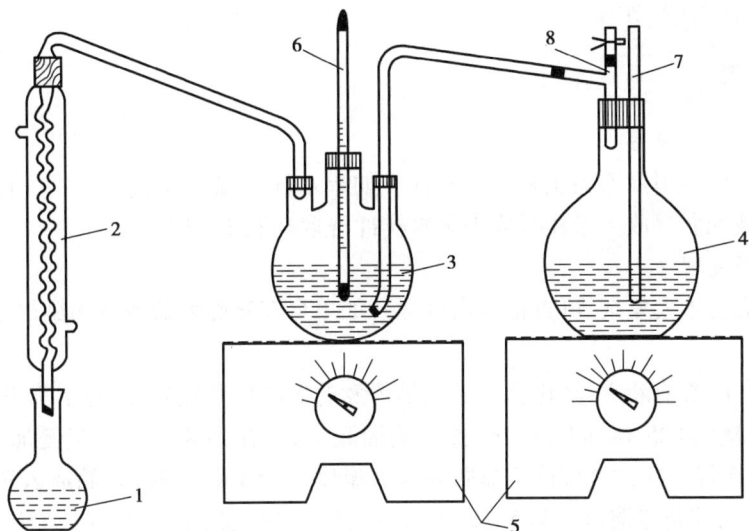

图 4.4　氟化物水蒸气蒸馏装置

1—接收瓶（200 mL 容量瓶）；2—蛇形冷凝管；3—250 mL 直口三角烧瓶；
4—水蒸气发生瓶；5—可调电炉；6—温度计；7—安全管；8—三通管（排气用）

（2）实验试剂和材料

①盐酸（HCl），2 mol/L。

②硫酸（H_2SO_4），$\rho = 1.84$ g/mL。

③总离子强度调节缓冲溶液（TISAB）。

a. 0.2 mol/L 柠檬酸钠-1 mol/L 硝酸钠（TISAB Ⅰ）。

称取 58.8 g 二水合柠檬酸钠和 85 g 硝酸钠，加水溶解，用盐酸调节 pH 值至 5～6，转入 1 000 mL 容量瓶中，稀释至标线，摇匀。

b. 总离子强度调节缓冲溶液（TISAB Ⅱ）。

量取约 500 mL 水于 1 L 烧杯内，加入 57 mL 冰乙酸、58 g 氯化钠和 4.0 g 环己二胺四乙酸（CDTA），或者 1,2-环己二胺四乙酸（1,2-diaminocyclohexane N,N,N-tetraacetic acid），搅拌溶解。置烧杯于冷水浴中，慢慢地在不断搅拌下加入 6 mol/L NaOH（约 125 mL）使 pH 值达到 5.0～5.5，转移溶液至 1 000 mL 容量瓶中，稀释至标线，摇匀。

c. 1 mol/L 六次甲基四胺-1 mol/L 硝酸钾- 0.03 mol/L 钛铁试剂（TISAB Ⅲ）。

称取 142 g 六次甲基四胺[(CH$_2$)$_6$N$_4$]和 85 g 硝酸钾(KNO$_3$)、9.97 g 钛铁试剂(C$_6$H$_4$Na$_2$O$_8$S$_2$·H$_2$O),加水溶解。调节 pH 值至 5~6,转移到 1 000 mL 容量瓶中,用水稀释至标线,摇匀。

④氯化物标准贮备液:称取 0.221 0 g 基准氟化钠(NaF)(预先于 105~110 ℃干燥 2 h,或者于 500~650 ℃干燥约 40 min,干燥器内冷却),用水溶解后转入 1 000 mL 容量瓶中,稀释至标线,摇匀。贮存在聚乙烯瓶中,此溶液每毫升含氟 100 μg。

⑤氟化物标准溶液:用无分度吸管取氟化钠标准贮备液 10.00 mL,注入 100 mL 容量瓶中,稀释至标线,摇匀。此溶液每毫升含氟(F⁻)10.0 μg。

⑥乙酸钠(CH$_3$COONa):称取 15 g 乙酸钠溶于水,并稀释至 100 mL。

⑦高氯酸(HClO$_4$),70%~72%。

四、实验步骤

1. 样品的采集和保存

实验室样品应该用聚乙烯瓶采集和贮存。如果水样中氟化物含量不高,pH 值在 7 以上,也可以用硬质玻璃瓶存放。采样时应先用水样冲洗取样瓶 3~4 次。

2. 样品的预处理

试样如果成分不太复杂,可直接取出试样。如果含有氟硼酸盐或者污染严重,则应先进行蒸馏。

在沸点较高的酸溶液中,氟化物可形成易挥发的氢氟酸和氟硅酸,与干扰组分按以下步骤分离:准确取适量(如 25.00 mL)水样,置于蒸馏瓶中,并在不断摇动下缓慢加入 15 mL 高氯酸,按图 4.5 连接好装置,加热,待蒸馏瓶内溶液温度约为 130 ℃时,开始通入蒸汽,并维持温度在(140±5)℃,控制蒸馏速度为 5~6 mL/min,待接收瓶馏出液体积约为 150 mL 时,停止蒸馏,并用水稀释至 200 mL,供测定用。

3. 仪器和试样的准备

仪器按测定仪器和电极的使用说明书进行准备。

在测定前应使试样达到室温,并使试样和标准溶液的温度相同(温差不得超过±1 ℃)。

4. 样品测定

用移液管吸取适量试样,置于 50 mL 容量瓶中,用乙酸钠或盐酸调节至近中性,加入 10 mL 总离子强度调节缓冲溶液,用水稀释至标线,摇匀,将其注入 100 mL 聚乙烯杯中,放入一只塑料搅拌棒,插入电极,连续搅拌溶液,待电位稳定后,在继续搅拌时读取电位值 E_x。在每一次测量之前,都要用水充分冲洗电极,并用滤纸吸干。根据测得的电压(mV),由校准曲线查找氟化物的含量。

5. 空白实验

用水代替试样,按上述的条件和步骤进行空白实验。

6. 校准

(1)校准曲线法

用移液管分别吸取 1.00、3.00、5.00、10.0、20.0 mL 氟化物标准溶液,置于 50 mL 容量瓶中,加入 10 mL 总离子强度调节缓冲溶液,用水稀释至标线,摇匀,分别注入 100 mL 聚乙烯杯中,各放入一只塑料搅拌棒,以浓度由低到高为顺序,依次插入电极,连续搅拌溶液,待电位稳定后,在继续搅拌时读取电位值 E。在每一次测量之前,都要用水冲洗电极,并用滤纸吸干。在半对数坐标纸上绘制 $E(mV) - lg\ C_F$_浓度(mg/L)校准曲线,浓度标示在对数分格上,最低浓度标示在横坐标的起点线上。

(2)一次标准加入法

当样品组成复杂或成分不明时,宜采用一次标准加入法,以便减小基体的影响。

先测定出试样的电位值 E_1,然后向试样中加入一定量(与试样中氟含量相近)的氟化物标准溶液,在不断搅拌下读取平衡电位值 E_2。E_2 与 E_1 的电压值以相差 $30 \sim 40\ mV$ 为宜。

结果的计算如下式

$$c_x = c_s Q\Delta E$$

$$Q\Delta E = \frac{\dfrac{V_s}{V_s + V_x}}{10^{\Delta E/S} - \dfrac{V_x}{V_x + V_s}}$$

$$\Delta E = E_2 - E_1$$

式中　c_x——待测试样的浓度,mg/L;

　　　c_s——加入标准溶液的浓度,mg/L;

　　　V_s——加入标准溶液的体积,mL;

　　　V_x——测定时所取试样的体积,mL;

　　　E_1——测得试样的电位值,mV;

　　　E_2——试样加入标准溶液后测得的电位值,mV;

　　　S——电极实测斜率。

固定 V_s 与 V_x 的比值,可事先将 $Q\Delta E$ 计算出,并制成表供查用,实际分析时,按测得的 ΔE 值由表中查出相应的 $Q\Delta E$。

7. 电极的存放

电极用后应用水充分冲洗干净,并用滤纸吸去水分,放在空气中,或者放在稀的氟化物标准溶液中,如果短时间不再使用,应洗净,吸去水分,套上保护电极敏感部位的保护帽,电极使用前应充分冲洗,并去掉水分。

五、实验结果

(1)计算方法(氟含量,以 mg/L 表示)

根据测定所得的电压值,从校准曲线上,查得相应的以 mg/L 表示的氟离子含量。

测定结果可以用氟离子的质量浓度(mg/L)表示,也可以用其他方便的方式表示。

如果试样中氟化物含量低,则应从测定值中扣除空白实验值。

(2)精密度和精确度

①含氟 $1.0\ \mu g/mL$、10 倍量的铝(Ⅲ)、200 倍的铁(Ⅲ)和硅(Ⅳ)的合成水样,9 次平行测定的相对标准偏差为 0.3%,加标回收率为 99.4%。

②化工厂、玻璃厂、磷肥厂等的十几种工业废水、23 个实验的分析,回收率在 90% ~ 108%。

六、实验注意事项

①在每次测量前,都需用蒸馏水将电极组清洗干净,并用滤纸吸去水分。

②斜率标准溶液应相对接近被测溶液浓度,且满足被测溶液浓度介于定位标准溶液和斜率标准溶液之间。

实验十三　游离氯和总氯的测定

一、实验目的

掌握 N,N-二乙基-1,4-苯二胺滴定法测定游离氯和总氯的方法。

二、实验原理

本方法主要依据《水质　游离氯和总氯的测定　N,N-二乙基-1,4-苯二胺滴定法》(HJ 585—2010),适用于工业废水、医疗废水、生活污水、中水和污水再生的景观用水中游离氯和总氯的测定,检出限(以 Cl_2 计)为 0.02 mg/L,测定范围(以 Cl_2 计)为 0.08 ~ 5.00 mg/L。对于游离氯和总氯浓度超过方法测定上限的样品,可适当稀释后进行测定。

余氯系指用氯消毒,当加氯接触一定时间后,水中剩余的氯量。水中余氯有游离余氯和化合余氯两种存在形式。游离余氯是指氯族消毒剂与水接触一定时间后除了与水中细菌、微生物、有机物等作用后消耗掉一部分外,还有余留在水中的次氯酸($HClO$)、次氯酸根离子(ClO^-)或溶解的单质氯(Cl_2),既可以用来保证持续的杀菌能力,也可以用来防备供水管网受到外来污染。但如果余氯量超标,则可能会加重水中酚和其他有机物产生的异味,还有可能生成氯仿等有致突变、致畸及致癌作用的有机氯代物。

(1)游离氯测定

在 pH 为 6.2 ~ 6.5 的条件下,游离氯与 N,N-二乙基-1,4-苯二胺(DPD)生成红色化合物,用硫酸亚铁铵标准溶液滴定至红色消失。

(2)总氯测定

在 pH 值为 6.2 ~ 6.5 的条件下,存在过量碘化钾时,单质氯、次氯酸、次氯酸盐和氯胺与DPD 反应生成红色化合物,用硫酸亚铁铵标准溶液滴定至红色消失。

三、实验仪器、实验试剂和材料

(1)实验仪器

①微量滴定管:5 mL,0.02 mL 分度。

②一般实验室常用仪器和设备。

(2)实验试剂和材料

①实验用水:为不含氯和还原性物质的去离子水或二次蒸馏水。

②浓硫酸,$\rho = 1.84$ g/mL。

③正磷酸,$\rho = 1.71$ g/mL。

④碘化钾:晶体。

⑤氢氧化钠溶液,$c(NaOH) = 2.0$ mol/L:称取 80.0 g 氢氧化钠,溶解于 500 mL 水中,待溶液冷却后移入 1 000 mL 容量瓶中,加水至标线,混匀。

⑥次氯酸钠溶液,$\rho(Cl_2) \approx 0.1$ g/L:由次氯酸钠浓溶液(商品名:安替福民)稀释而成。

⑦重铬酸钾标准溶液,$c(1/6K_2Cr_2O_7) = 100.0$ mmol/L:准确称取 4.904 g 研细的重铬酸钾(105 ℃烘干 2 h 以上),溶解于 1 000 mL 容量瓶中,加水至标线,混匀。

⑧硫酸亚铁铵贮备液,$c[(NH_4)2Fe(SO_4)2 \cdot 6H_2O] \approx 56$ mmol/L。

称取 22.0 g 六水合硫酸亚铁铵,溶解于含 5.0 mL 浓硫酸的水中,移入 1 000 mL 棕色容量瓶中,加水至标线,混匀。测定前进行标定。

标定方法:向 250 mL 锥形瓶中,依次加入 50.0 mL 硫酸亚铁铵贮备液、5.0mL 正磷酸和 4 滴二苯胺磺酸钡指示液。用重铬酸钾标准溶液滴定至出现墨绿色,溶液颜色保持不变即为终点。此溶液的浓度 c_1(mmol/L)以每升含氯(Cl_2)毫摩尔数表示,按下式计算:

$$c_1 = \frac{c_2 V_2}{2V_1}$$

式中 c_1——硫酸亚铁铵贮备液的浓度,mmol/L;

$\quad\quad c_2$——重铬酸钾标准溶液的浓度,mmol/L;

$\quad\quad V_2$——滴定消耗重铬酸钾标准溶液的体积,mL;

$\quad\quad V_1$——硫酸亚铁铵贮备液的体积,mL;

$\quad\quad 2$——每摩尔硫酸亚铁铵相当于氯(Cl_2)的物质的量。

⑨硫酸亚铁铵标准滴定液,$c[(NH_4)_2Fe(SO_4)_2 \cdot 6H_2O] \approx 2.8$ mmol/L。

取 50.0 mL 硫酸亚铁铵贮备液于 1 000 mL 容量瓶中,加水至标线,混匀,存放于棕色试剂瓶中,临用现配。

以每升含氯(Cl_2)毫摩尔数表示此溶液的浓度 c_3(mmol/L),按下式计算:

$$c_3 = \frac{c_1}{20}$$

⑩二苯胺磺酸钡指示液,$\rho[(C_6H_5—NH—C_6H_4—SO_3)_2Ba] = 3.0$ g/L:称取 0.30 g 二苯胺磺酸钡溶解于 100 mL 容量瓶中,加水至标线,混匀。

⑪磷酸盐缓冲溶液。

pH = 6.5,称取 24.0 g 无水磷酸氢二钠(Na_2HPO_4)或 60.5 g 十二水合磷酸氢二钠($Na_2HPO_4 \cdot 12H_2O$),以及 46.0 g 磷酸二氢钾(KH_2PO_4),依次溶于水中,加入 100 mL 浓度为 8.0 g/L 的二水合 EDTA 二钠($C_{10}H_{14}N_2O_8Na_2 \cdot 2H_2O$)溶液或 0.8 g EDTA 二钠固体,转移至 1 000 mL 容量瓶中,加水至标线,混匀。必要时,可加入 0.020 g 氯化汞,以防止霉菌繁殖及试剂内痕量碘化物对游离氯检验的干扰。

⑫N,N-二乙基-1,4-苯二胺硫酸盐(DPD)溶液,$\rho[NH_2—C_6H_4—N(C_2H_5)_2 \cdot H_2SO_4] = 1.1$ g/L。

将 2.0 mL 浓硫酸和 25 mL 浓度为 8.0 g/L 的二水合 EDTA 二钠溶液或 0.2 g EDTA 二钠固体,加入 250 mL 水中配制成混合溶液。将 1.1 g 无水 DPD 硫酸盐或 1.5 g 五水合物,加入上述混合液中,转移至 1 000 mL 棕色容量瓶中,加水至标线,混匀。溶液装在棕色试剂瓶内,4 ℃保存。若溶液长时间放置后变色,应重新配制。

⑬亚砷酸钠溶液,$\rho(NaAsO_2) = 2.0$ g/L;或硫代乙酰胺溶液,$\rho(CH_3CSNH_2) = 2.5$ g/L。

四、实验步骤

(1)样品的采集与保存

游离氯和总氯不稳定,样品应尽量现场测定。如样品不能现场测定,则需对样品加入固定剂保存。预先加入采样体积1%的NaOH溶液到棕色玻璃瓶中,采集水样使其充满采样瓶,立即加盖塞紧并密封,避免水样接触空气。若样品呈酸性,应加大NaOH溶液的加入量,确保水样pH > 12。

水样用冷藏箱运送,在实验室内4 ℃、避光条件下保存,5 d内测定。

(2)样品的制备

取100 mL样品作为试样V_0。如总氯(Cl_2)超过5 mg/L,需取较小体积样品,用水稀释至100 mL。

(3)游离氯测定

在250 mL锥形瓶中,依次加入15.0 mL磷酸盐缓冲溶液、5.0 mL DPD溶液和试样,混匀。立即用硫酸亚铁铵标准滴定液滴定至无色即为终点,记录滴定消耗溶液体积V_3(mL)。

对于含有氧化锰和六价铬的试样可通过测定两者含量消除其干扰。取100 mL试样于250 mL锥形瓶中,加入1.0 mL亚砷酸钠溶液或硫代乙酰胺溶液,混匀。再加入15.0 mL磷酸盐缓冲液和5.0 mL DPD溶液,立即用硫酸亚铁铵标准滴定液滴定,溶液由粉红色滴定至无色为终点,测定氧化锰的干扰。若有六价铬存在,30 min后,溶液颜色变成粉红色,继续滴定六价铬的干扰,使溶液由粉红色滴定至无色即为终点。记录滴定消耗溶液体积V_5,相当于氧化锰和六价铬的干扰。若水样需稀释,应测定稀释后样品的氧化锰和六价铬的干扰。

(4)总氯测定

在250 mL锥形瓶中,依次加入15.0 mL磷酸盐缓冲溶液、5.0 mL DPD溶液和试样,加入1 g碘化钾,混匀。2 min后,用硫酸亚铁铵标准滴定液滴定至无色即为终点。如在2 min内观察到粉红色再现,继续滴定至无色作为终点,记录滴定消耗溶液体积V_4。

对于含有氧化锰和六价铬的试样可通过测定其含量消除干扰。

五、实验结果

(1)游离氯的计算

水样中游离氯的质量浓度ρ(以Cl_2计),按照下式进行计算:

$$\rho(Cl_2) = \frac{c_3(V_3 - V_5)}{V_0} \times 70.91$$

式中　c_3——硫酸亚铁铵标准滴定液的浓度(以Cl_2计),mmol/L;

　　　V_3——测定中消耗硫酸亚铁铵标准滴定液的体积,mL;

　　　V_5——校正氧化锰和六价铬干扰时消耗硫酸亚铁铵标准滴定液的体积,mL,若不存在氧化锰和六价铬,则$V_5 = 0$ mL;

　　　V_0——试样体积,mL;

　　　70.91——Cl_2的相对分子质量,g/mol。

（2）总氯的计算

水样中总氯的质量浓度 ρ（以 Cl_2 计），按照下式进行计算：

$$\rho(Cl_2) = \frac{c_3(V_4 - V_5)}{V_0} \times 70.91$$

式中　V_4——测定中消耗硫酸亚铁铵标准滴定液的体积，mL。

六、实验注意事项

①实验中的玻璃器皿需在次氯酸钠溶液中浸泡 1 h，然后用水充分漂洗。

②测定游离氯和总氯的玻璃器皿应分开使用，以防止交叉污染。

③当样品在现场测定时，若样品过酸、过碱或盐浓度较高，应增加磷酸盐缓冲溶液的加入量，以确保试样的 pH 值在 6.2～6.5。测定时，样品应避免强光、振摇和温热。

④若样品需运回实验室分析，对于酸性很强的样品，应增加固定剂 NaOH 溶液的加入量，使样品 pH > 12；若样品 NaOH 溶液加入体积大于样品体积的 1%，样品体积 V_0 应进行校正；对于碱性很强的样品（pH > 12），则不需加入固定剂，测定时应增加磷酸盐缓冲溶液的加入量，使试样的 pH 值在 6.2～6.5；对于加入固定剂的高盐样品，测定时也需调整磷酸盐缓冲溶液的加入量，使试样的 pH 值在 6.2～6.5。

⑤二氧化氯对游离氯和总氯的测定产生干扰，亚氯酸盐对总氯的测定产生干扰。二氧化氯和亚氯酸盐可通过测定其浓度加以校正。高浓度的一氯胺对游离氯的测定产生干扰。可以通过加亚砷酸钠溶液或硫代乙酰胺溶液消除一氯胺的干扰。氧化锰和六价铬会对测定产生干扰。通过测定氧化锰和六价铬的浓度可消除干扰。

⑥本方法在以下氧化剂存在的情况下有干扰：溴、碘、溴胺、碘胺、臭氧、过氧化氢、铬酸盐、氧化锰、六价铬、亚硝酸根、铜离子（Cu^{2+}）和铁离子（Fe^{3+}）。其中 Cu^{2+}（< 8 mg/L）和 Fe^{3+}（< 20 mg/L）的干扰可通过缓冲溶液和 DPD 溶液中的 Na_2-EDTA 掩蔽，氧化锰和六价铬的干扰可通过滴定测定进行校正，其他氧化物的干扰可通过滴加亚砷酸钠溶液或硫代乙酰胺溶液消除。铬酸盐的干扰可通过加入氯化钡消除。

实验十四　水中总硬度的测定

一、实验目的

①掌握 EDTA 标准溶液的配制和标定方法。

②学会配位滴定的终点判断，掌握配位滴定的基本原理、方法和计算。

二、实验原理

本方法主要依据《水质　钙和镁总量的测定　EDTA 滴定法》（GB 7477—87）。本方法规定用 EDTA 滴定法测定地下水和地面水中钙和镁的总量。本方法不适用于含盐量高的水，诸如海水。本方法测定的最低浓度为 0.05 mmol/L。

硬度，不同国家有不同的定义概念，如总硬度、碳酸盐硬度、非碳酸盐硬度。总硬度是指钙和镁的总浓度。碳酸盐硬度是总硬度的一部分,相当于跟水中碳酸盐及重碳酸盐结合的钙和镁所形成的硬度。非碳酸盐硬度为总硬度的另一部分,当水中钙和镁含量超出与它们结合的碳酸盐和重碳酸盐含量时,多余的钙和镁就跟水中氯化物、硫酸盐、硝酸盐结合形成非碳酸盐硬度。

在 pH = 10 的条件下,用 EDTA 溶液络合滴定钙和镁离子。铬黑 T 作指示剂,与钙和镁生成紫红或紫色溶液。滴定中,游离的钙和镁离子首先与 EDTA 反应,跟指示剂络合的钙和镁离子随后与 EDTA 反应,到达终点时溶液的颜色由紫色变为天蓝色。

三、实验试剂和材料

本方法所用试剂均应为符合国家标准的分析纯试剂。所用水均为蒸馏水,或纯度与之相当的水。

①缓冲溶液(pH = 10)。

称取 1.25 g EDTA 二钠镁($C_{10}H_{12}N_2O_8Na_2Mg$)和 16.9 g 氯化铵(NH_4Cl)溶于 143 mL 浓氨水($NH_3 \cdot H_2O$)中,用水稀释至 250 mL。如无 EDTA 二钠镁,可先将 16.9 g 氯化铵溶于 143 mL 氨水;另取 0.78 g 硫酸镁($MgSO_4 \cdot 7H_2O$)和 1.179 g EDTA 二钠二水合物($C_{10}H_{14}N_2O_8Na_2 \cdot 2H_2O$)溶于 50 mL 水,加入 2 mL 配好的氯化铵、氨水溶液和 0.2 g 铬黑 T 指示剂干粉。

此时溶液应显紫红色,如出现天蓝色,应再加入极少量硫酸镁使溶液变为紫红色。逐滴加入 EDTA 二钠标准溶液,直至溶液由紫红色转变为天蓝色为止(切勿过量)。将两溶液合并,加蒸馏水定容至 250 mL。如果合并后,溶液又转为紫色,在计算结果时应减去试剂空白。

②EDTA 二钠标准溶液:$c \approx 10$ mmol/L

a. 制备。

将一份 EDTA 二钠二水合物在 80 ℃干燥 2 h,放入干燥器中冷至室温,称取 3.725 g 溶于水,在容量瓶中定容至 1 000 mL,盛放在聚乙烯瓶中,定期校对其浓度。

b. 标定。

用钙标准溶液标定 EDTA 二钠溶液。取 20.0 mL 钙标准溶液稀释至 50 mL。

c. 浓度计算。

EDTA 二钠溶液的浓度 c_1(mmol/L)用下式计算:

$$c_1 = \frac{c_2 V_2}{V_1}$$

式中　c_2——钙标准溶液 $c = 10$ mmol/L 的浓度,mmol/L;

$\qquad V_2$——钙标准溶液的体积,mL;

$\qquad V_1$——标定中消耗的 EDTA 二钠溶液的体积,mL。

③钙标准溶液:$c = 10$ mmol/L。

将一份碳酸钙($CaCO_3$)在 150 ℃干燥 2 h 取出放在干燥器中冷至室温,称取 1.001 g 于 500 mL 锥形瓶中,用水润湿。逐滴加入 4 mol/L 盐酸至碳酸钙全部溶解,避免滴入过量。加 200 mL 水煮沸数分钟消除二氧化碳,冷却至室温,加入数滴甲基红指示剂溶液(0.1 g 溶于 100 mL 60% 乙醇),逐滴加入 3 mol/L 氨水变为橙色,在容量瓶中定容至 1000 mL。此溶液 1.00 mL 含 0.400 8 mg(0.01 mmol)钙。

④铬黑 T 指示剂。

将0.5 g铬黑T溶于100 mL三乙醇胺,可最多用25 mL乙醇代替三乙醇胺以减少溶液的黏性,盛放在棕色瓶中。或者,配成铬黑T指示剂干粉,称取0.5 g铬黑T与100 g氯化钠充分混合,研磨后过40~50目筛,盛放在棕色瓶中,塞紧。

⑤氢氧化钠溶液:$c(NaOH) = 2$ mol/L。

将8 g氢氧化钠(NaOH)溶于100 mL新鲜蒸馏水中,盛放在聚乙烯瓶中,避免空气中二氧化碳的污染。

⑥氰化钠(NaCN)。

⑦三乙醇胺$[N(CH_2CH_2OH)_3]$。

⑧常用的实验室仪器及50 mL滴定管,分刻度至0.10 mL。

四、实验步骤

(1)采样和样品保存

采集水样可用硬质玻璃瓶(或聚乙烯容器),采样前先将瓶洗净。采样时用水冲洗3次,再采集于瓶中。

采集自来水及有抽水设备的井水时,应先放水数分钟,使积留在水管中的杂质流出,然后将水样收集于瓶中。采集无抽水设备的井水或江、河、湖等地面水时,可将采样设备浸入水中、使采样瓶口位于水面下20~30 cm,然后拉开瓶塞,使水进入瓶中。

水样采集后(尽快送往实验室),应于24 h内完成测定。否则,每升水样中应加2 mL浓硝酸作保存剂(使pH值降至1.5左右)。

(2)试样的制备

一般样品不需预处理。如样品中存在大量微小颗粒物,需在采样后尽快用0.45 μm孔径滤器过滤。样品经过滤,可能有少量钙和镁被滤除。

试样中钙和镁总量超出3.6 mmol/L时,应稀释至低于此浓度,记录稀释因子F。

如试样经过酸化保存,可用计算量的氢氧化钠溶液中和。计算结果时,应把样品或试样由于加酸或碱的稀释考虑在内。

(3)测定

用移液管吸取50.0 mL试样于250 mL锥形瓶中,加4 mL缓冲溶液和3滴铬黑T指示剂溶液或50~100 mg铬黑T指示剂干粉,此时溶液应呈紫红色或紫色,其pH值应为10.0±0.1。为防止产生沉淀,应立即在不断振摇下,自滴定管加入EDTA二钠溶液,开始滴定时速度宜稍快,接近终点时应稍慢,并充分振摇。最好每滴间隔2~3 s,溶液的颜色由紫红色或紫色逐渐转为蓝色,在最后一点紫色调消失,刚出现天蓝色时即为终点,整个滴定过程应在5 min内完成。记录消耗EDTA二钠溶液体积的毫升数。

如试样含铁离子为30 mg/L或以下,在临滴定前加入250 mg氰化钠,或数毫升三乙醇胺掩蔽。氰化物使锌、铜、钴的干扰减至最小。加氰化物前必须保证溶液呈碱性。

试样如含正磷酸盐和碳酸盐,在滴定的pH条件下,可能使钙生成沉淀,一些有机物可能干扰测定。

如上述干扰未能消除,或存在铝、钡、铅、锰等离子干扰时,需改用原子吸收法测定。

五、实验结果表示

（1）实验结果计算

钙和镁总量 $c(\mathrm{mmol/L})$ 用下式计算：

$$c = \frac{c_1 V_1}{V_0}$$

式中　c_1——EDTA 二钠溶液的浓度,mmol/L;

　　　V_1——滴定中消耗 EDTA 二钠溶液的体积,mL;

　　　V_0——试样体积,mL。

如试样经过稀释,采用稀释因子 F 修正计算。硬度的计算为:1 mmol/L 的钙镁总量相当于 100.1 mg/L 以 $CaCO_3$ 表示的硬度。

（2）硬度的表示方法

硬度在不同国家有不同的概念和定义,但各种硬度都是指一定体积水中 CaO 或 $CaCO_3$ 的含量。如:

德国硬度——1 德国硬度相当于 CaO 含量为 10 mg/L 或 0.178 mmol/L。

英国硬度——1 英国硬度相当于 $CaCO_3$ 含量为 1 格令/英加仑或 0.143 mmol/L。

法国硬度——1 法国硬度相当于 $CaCO_3$ 含量为 10 mg/L 或 0.1 mmol/L。

美国硬度——1 美国硬度相当于 $CaCO_3$ 含量为 1 mg/L 或 0.01 mmol/L。

六、实验注意事项

氰化钠是剧毒品,取用和处置时必须十分谨慎小心,采取必要的防护。含氰化钠的溶液不可酸化。

七、思考题

①水中总硬度测定的意义是什么?
②水中总硬度的测定还有哪些其他方法?

实验十五　总有机碳的测定

一、实验目的

①加深对总有机碳、总碳、无机碳的理解。
②学会燃烧氧化-非分散红外吸收法测定水质总有机碳的基本原理和方法。

二、实验原理

本方法主要依据《水质 总有机碳的测定 燃烧氧化-非分散红外吸收法》(HJ 501—2009),适用于地表水、地下水、生活污水和工业废水中总有机碳(TOC)的测定,检出限为0.1 mg/L,测定下限为 0.5 mg/L。

总有机碳(TOC)是指溶解或悬浮在水中有机物的含碳量(以质量浓度表示),是以含碳量表示水体中有机物总量的综合指标。总碳(TC)是指水中存在的有机碳、无机碳和元素碳的总含量。无机碳(IC)是指水中存在的元素碳、二氧化碳、一氧化碳、碳化物、氰酸盐、氰化物和硫氰酸盐的含碳量。可吹扫有机碳(POC)是指在本标准规定条件下,水中可被吹扫出的有机碳。不可吹扫有机碳(NPOC)是指在本标准规定条件下,水中不可被吹扫出的有机碳。

(1)差减法测定总有机碳

将试样连同净化气体分别导入高温燃烧管和低温反应管中,经高温燃烧管的试样被高温催化氧化,其中的有机碳和无机碳均转化为二氧化碳;经低温反应管的试样被酸化后,其中的无机碳分解成二氧化碳,两种反应管中生成的二氧化碳分别被导入非分散红外检测器。在特定波长下,一定质量浓度范围内二氧化碳的红外线吸收强度与其质量浓度成正比,由此可对试样总碳和无机碳进行定量测定。总碳与无机碳的差值,即为总有机碳。

(2)直接法测定总有机碳

试样经酸化曝气,其中的无机碳转化为二氧化碳被去除,再将试样注入高温燃烧管中,可直接测定总有机碳。由于酸化曝气会损失可吹扫有机碳,故测得总有机碳值为不可吹扫有机碳。

三、实验仪器、实验试剂和材料

(1)实验仪器

本方法除非另有说明,分析时均使用符合国家 A 级标准的玻璃量器。

①非分散红外吸收 TOC 分析仪。

②一般实验室常用仪器。

(2)实验试剂和材料

本方法所用试剂除另有说明外,均应为符合国家标准的分析纯试剂。所用水均为无二氧化碳水。

①无二氧化碳水:将重蒸馏水在烧杯中煮沸蒸发(蒸发量10%),冷却后备用。也可使用纯水机制备的纯水或超纯水。无二氧化碳水应临用现制,并经检验 TOC 质量浓度不超过 0.5 mg/L。

②硫酸(H_2SO_4):$\rho(H_2SO_4) = 1.84$ g/mL。

③邻苯二甲酸氢钾($KHC_8H_4O_4$):优级纯。

④无水碳酸钠(Na_2CO_3):优级纯。

⑤碳酸氢钠($NaHCO_3$):优级纯。

⑥氢氧化钠溶液:$\rho(NaOH) = 10$ g/L。

⑦有机碳标准贮备液:ρ(有机碳,C) = 400 mg/L。准确称取邻苯二甲酸氢钾(预先在 110 ~ 120 ℃下干燥至恒重)0.850 2 g,置于烧杯中,加水溶解后,转移此溶液于 1 000 mL 容量瓶中,用水稀释至标线,混匀。在 4 ℃条件下可保存两个月。

⑧无机碳标准贮备液:ρ(无机碳,C) = 400 mg/L。准确称取无水碳酸钠(预先在 105 ℃下干燥至恒重)1.763 4 g 和碳酸氢钠(预先在干燥器内干燥)1.400 0 g,置于烧杯中,加水溶解后,转移此溶液于 100 0 mL 容量瓶中,用水稀释至标线,混匀。在 4 ℃条件下可保存两周。

⑨差减法标准使用液:ρ(总碳,C) = 200 mg/L,ρ(无机碳,C) = 100 mg/L。用单标线吸量管分别吸取 50.00 mL 有机碳标准贮备液和无机碳标准贮备液于 200 mL 容量瓶中,用水稀释至标线,混匀。在 4 ℃条件下贮存可稳定保存一周。

⑩直接法标准使用液:ρ(有机碳,C) = 100 mg/L。用单标线吸量管吸取 50.00 mL 有机碳标准贮备液于 200 mL 容量瓶中,用水稀释至标线,混匀。在 4 ℃条件下贮存可稳定保存一周。

⑪载气:氮气或氧气,纯度大于 99.99%。

四、实验步骤

1. 样品的采集

水样应采集在棕色玻璃瓶中并应充满采样瓶,不留顶空。水样采集后应在 24 h 内测定。否则应加入硫酸将水样酸化至 pH≤2.0,在 4 ℃条件下可保存 7 d。

2. 仪器的调试

按 TOC 分析仪说明书设定条件参数,进行调试。

3. 校准曲线的绘制

(1)差减法校准曲线的绘制

在一组 7 个 100 mL 容量瓶中,分别加入 0.00 mL、2.00 mL、5.00 mL、10.00 mL、20.00 mL、40.00 mL、100.00 mL 差减法标准使用液,用水稀释至标线,混匀。配制成总碳质量浓度为 0.0 mg/L、4.0 mg/L、10.0 mg/L、20.0 mg/L、40.0 mg/L、80.0 mg/L、200.0 mg/L 和无机碳质量浓度为 0.0 mg/L、2.0 mg/L、5.0 mg/L、10.0 mg/L、20.0 mg/L、40.0 mg/L、100.0 mg/L 的标准系列溶液,按照样品测定的步骤测定其响应值。以标准系列溶液质量浓度对应仪器响应值,分别绘制总碳和无机碳校准曲线。

(2)直接法校准曲线的绘制

在一组 7 个 100 mL 容量瓶中,分别加入 0.00 mL、2.00 mL、5.00 mL、10.00 mL、20.00 mL、40.00 mL、100.00 mL 直接法标准使用液,用水稀释至标线,混匀。配制成有机碳质量浓度为 0.0 mg/L、2.0 mg/L、5.0 mg/L、10.0 mg/L、20.0 mg/L、40.0 mg/L、100.0 mg/L 的标准系列溶液,按照样品测定的步骤测定其响应值。以标准系列溶液质量浓度对应仪器响应值,绘制有机碳校准曲线。

上述校准曲线浓度范围可根据仪器和测定样品种类的不同进行调整。

4. 空白试验

用无二氧化碳水代替试样,按照样品测定的步骤测定其响应值。每次试验应先检测无二氧化碳水的 TOC 含量,测定值应不超过 0.5 mg/L。

5. 样品测定

(1)差减法

经酸化的试样,在测定前应以氢氧化钠溶液中和至中性,取一定体积注入 TOC 分析仪进行测定,记录相应的响应值。

(2)直接法

取一定体积酸化至 pH≤2.0 的试样注入 TOC 分析仪,经曝气除去无机碳后导入高温氧化炉,记录相应的响应值。

6. 仪器校核

每次试验应带一个曲线中间点进行校核,校核点测定值和校准曲线相应点浓度的相对误差应不超过 10%。

五、实验结果表示

（1）差减法

根据所测试样的响应值，由校准曲线计算出总碳和无机碳质量浓度。试样中总有机碳的质量浓度为：

$$\rho(TOC) = \rho(TC) - \rho(IC)$$

式中　$\rho(TOC)$——试样总有机碳质量浓度，mg/L；

　　　$\rho(TC)$——试样总碳质量浓度，mg/L；

　　　$\rho(IC)$——试样无机碳质量浓度，mg/L。

（2）直接法

根据所测试样的响应值，由校准曲线计算出总有机碳的质量浓度$\rho(TOC)$。

（3）结果表示

当测定结果小于100 mg/L时，保留到小数点后一位；大于或等于100 mg/L时，保留3位有效数字。

六、实验注意事项

①当水中的苯、甲苯、环己烷和三氯甲烷等挥发性有机物含量较高时，宜用差减法测定；当水中的挥发性有机物含量较少而无机碳含量相对较高时，宜用直接法测定。

②当水中存在元素碳微粒(煤烟)、碳化物、氰化物、氰酸盐和硫氰酸盐时，可与有机碳同时测出。

③当水中含大颗粒悬浮物时，由于受自动进样器孔径的限制，测定结果不包括全部颗粒态有机碳。

④当水中常见共存离子超过下列质量浓度时：SO_4^{2-}　400 mg/L、Cl^-　400 mg/L、NO_3^-　100 mg/L、PO_4^{3-}　100 mg/L、S^{2-}　100 mg/L，可用无二氧化碳水稀释水样，至上述共存离子质量浓度低于其干扰允许质量浓度后，再进行分析。

七、思考题

①简述水质总有机碳指标测定的意义。

②水质总有机碳的测定时存在哪些干扰？应如何消除？

实验十六　总大肠菌群的测定

一、实验目的

①了解总大肠菌群的数量指标在环境领域的重要性，学会总大肠菌群的检验方法。

②通过检验过程，了解大肠菌群的生化特性。

二、实验原理

本方法主要依据《生活饮用水标准检验方法 微生物指标》（GB/T 5750.12—2006）。

人的肠道中主要存在三大类细菌：

①大肠菌群（G⁻菌）；

②肠球菌（G⁺菌）；

③产气荚膜杆菌（G⁺菌）。

由于大肠菌群的数量大，在体外存活时间与肠道致病菌相近，且检验方法比较简便，故被定为检验肠道致病菌的指示菌。

总大肠菌群包括肠杆菌科中的埃希氏菌属（escherichia，模式种：大肠埃希氏菌）、柠檬酸细菌属（citrobacter）、克雷伯氏菌属（klebsiella）和肠杆菌属（enterobacter）。这4属菌都是兼性厌氧、无芽孢的革兰氏阴性杆菌（G⁻菌）。

我国《生活饮用水卫生标准》（GB 5749—2022）中微生物指标共5项。总大肠菌群［MPN/（100 mL）或 CFU］不应检出；大肠埃希氏菌［MPN/（100 mL）或 CFU］不应检出；菌落总数（MPN/mL 或 CFU/mL）限值100，贾第鞭毛虫（个/10 L）和隐孢子虫（个/10 L）限值小于1。

大肠菌群常用的检测方法主要有多管发酵法和滤膜法。多管发酵法利用大肠菌群是一群在37 ℃培养24 h能发酵乳糖、产酸产气的特性，将一定量的样品接种到乳糖发酵管，根据发酵反应的结果，确证大肠菌群的阳性管数后在检索表中查出大肠菌群的近似值。后者是一种快速的替代方法，能测定大体积的水样，但只局限于饮用水或较洁净的水，目前在一些大城市的水厂常采用此法。

本实验采用多管发酵法。多管发酵法（MPN 法）适用于饮用水、水源水，特别是浑浊度高的水中大肠菌群的测定。

三、实验仪器、实验试剂和材料

（1）实验仪器

①显微镜。

②锥形瓶：500 mL，1 个。

③试管：18 mm×180 mm，6 或 7 支。

④大试管：150 mL，2 支。

⑤移液管：1 mL，2 支，10 mL，1 支。

⑥培养皿：φ90 mm，10 套。

⑦接种杯：1 个。

⑧试管架，1 个。

（2）实验试剂和材料

①革兰氏染色液一套：

草酸铵结晶紫：将1 g结晶紫溶于20 mL体积分数为95%的乙醇，然后与80 mL草酸铵水溶液（10 g/L）混合。

革兰氏碘液：将1 g碘和2 g碘化钾先进行混合，加入蒸馏水少许，充分振荡，待完全溶解后，再加蒸馏水（蒸馏水总量300 mL）。

沙黄复染液:将0.25 g沙黄溶解于10 mL体积分数为95%的乙醇,待完全溶解后加入90 mL蒸馏水。

②自来水(或受粪便污染的河、湖水)400 mL。

③化学药品:蛋白胨、乳糖、磷酸氢二钾、琼脂、无水亚硫酸钠、牛肉膏、氯化钠、质量浓度为16 g/L的溴甲酚紫乙醇溶液、质量浓度为50 g/L的碱性品红乙醇溶液、质量浓度为20 g/L的伊红水溶液、质量浓度为5 g/L的亚甲蓝水溶液。

④其他:质量浓度为100 g/L的NaOH溶液、体积分数为10%的HCl(原液为36%)溶液、精密pH试纸(6.4~8.4)等。

四、实验步骤

1. 培养基制备

(1)乳糖蛋白胨培养基(供多管发酵法的复发酵用)

①配方:蛋白胨10 g、胆盐3 g、乳糖5 g、氯化钠5 g、质量浓度为16 g/L的溴甲酚紫乙醇溶液1 mL、蒸馏水1 000 mL、pH值为7.2~7.4。

②制备:按配方分别称取蛋白胨、胆盐、乳糖和氯化钠加热溶解于1 000 mL蒸馏水中,调整pH值为7.2~7.4,加入质量浓度为16 g/L的溴甲酚紫乙醇溶液1 mL,充分混匀后分装于试管内,每管10 mL,另取一小倒管装满培养基倒放入试管内。塞好棉塞、包装后灭菌,115 ℃(相对蒸汽压力为0.072 MPa)灭菌20 min,取出后置阴冷处备用。

(2)三倍浓缩乳糖蛋白胨培养基(供多管发酵法的初发酵用)

按上述乳糖蛋白胨培养液浓缩3倍配制,分装于试管中,每管5 mL;分装于大试管中,每管50 mL,然后在每管内倒放装满培养基的小倒管。塞好棉塞、包装后灭菌,灭菌条件同上。

现市场上有售配制好的乳糖发酵培养基(脱水培养基),使用比较方便。

(3)品红亚硫酸钠培养基(即远藤氏培养基):该培养基供多管发酵法的平板划线用

①配方:蛋白胨10 g、乳糖10 g、磷酸氢二钾3.5 g、琼脂20 g、蒸馏水1 000 mL、无水亚硫酸钠5 g左右、质量浓度为50 g/L的碱性品红乙醇溶液20 mL。

②制备:先将琼脂加入900 mL蒸馏水中加热溶解,然后加入磷酸氢二钾和蛋白胨,混匀使之溶解,加蒸馏水补足至1 000 mL,调整pH值为7.2~7.4,趁热用脱脂棉或绒布过滤,再加入乳糖,混匀后定量分装于锥形瓶内,包装后灭菌,灭菌条件同上。

(4)伊红-亚甲蓝培养基

①配方:蛋白胨10 g、乳糖10 g、磷酸氢二钾2 g、琼脂20~30 g、蒸馏水1 000 mL、质量浓度为20 g/L的伊红水溶液20 mL、质量浓度为5 g/L的亚甲蓝水溶液13 mL。

②制备:按品红亚硫酸钠的制备过程制备。灭菌条件:0.072 MPa(115 ℃,15~20 min)。

与乳糖蛋白胨培养基一样,市场上也有售配制好的伊红-亚甲蓝培养基(脱水培养基)。

2. 水样的采集和保存

(1)自来水水样的采集

①取样:先将水龙头用火焰灼烧3 min灭菌,然后再放水,5~10 min后用无菌瓶取样,在酒精灯旁打开水样瓶盖(或棉花塞),取所需的水量后盖上瓶盖(或棉塞),速送实验室检测。

②余氯的处理:若经氯处理的水中含余氯,会减少水中细菌的数目,采样瓶在灭菌前须加入硫代硫酸钠,以便取样时消除氯的作用。硫代硫酸钠的用量视采样瓶的大小而定。若是

500 mL 的采样瓶,加入质量浓度为 15 g/L 的硫代硫酸钠溶液 1.5 mL(可消除余氯质量浓度为 2 mg/L 的 450 mL 水样中的全部氯量)。

（2）河、湖、井、海水的采集

河、湖、井、海水的采集要用特制的采样器,水样采集后,将水样瓶取出,若是测定好氧微生物,应立即改换无菌棉花塞。

3.水样的处置

水样采集后,迅速送回实验室,立即检验,若来不及检验,则放在 4 ℃ 冰箱内保存。若缺乏低温保存条件,应在报告中注明水样采集与检验相隔的时间,若是较清洁的水可在 12 h 内检验,污水要在 6 h 内结束检验。

4.样品的测定

①初发酵实验。

在 2 支各装有 50 mL 3 倍浓缩乳糖蛋白胨培养液的大发酵管中,以无菌操作各加入水样 100 mL。在 10 支各装有 5 mL 3 倍浓缩乳糖蛋白胨培养液的发酵管中,以无菌操作各加入 10 mL 水样,混匀后置于 37 ℃ 恒温箱中培养 24 h,观察其产酸产气的情况。根据水样大肠菌群数的情况,可按不同量的培养液和水样量做出不同的梯度进行发酵。

情况分析:

a.若培养基没由红色变为黄色,即不产酸;小倒管没有气体,即不产气,为阴性反应,表明无大肠菌群存在。

b.若培养基由红色变为黄色,小倒管有气体产生,即产酸又产气,为阳性反应,说明有大肠菌群存在。

c.若培养基由红色变为黄色,说明产酸,但不产气,仍为阳性反应,表明有大肠菌群存在。

d.若小倒管有气体,培养基红色不变,也不浑浊,是操作技术上有问题,应重做实验。以上结果为阳性者,说明可能被粪便污染,需进一步检验。

②确定性实验。

用平板划线分离,将培养 24 h 后产酸(培养基呈黄色)、产气或产酸、不产气的发酵管取出,无菌操作,用接种环挑取一环发酵液于品红亚硫酸钠培养基(或伊红-亚甲蓝培养基)平板上划线分离,共 3 个平板。置于 37 ℃ 恒温箱内培养 18 ~ 24 h,观察菌落特征。如果平板上长有如下特征的菌落,并经涂片和进行革兰氏染色,结果为革兰氏阴性的无芽孢杆菌,则表明有大肠菌群存在。

a.品红亚硫酸钠培养基平板上的菌落特征:紫红色,具有金属光泽的菌落;深红色,不带或略带金属光泽的菌落;淡红色,中心色较深的菌落。

b.在伊红-亚甲蓝培养基平板上的菌落特征:深紫黑色,具有金属光泽的菌落;紫黑色,不带或略带金属光泽的菌落;淡紫红色,中心色较深的菌落。

③复发酵实验。

无菌操作,用接种环挑取具有上述菌落特征、革兰氏染色阴性的菌落于装有 10 mL 普通浓度的发酵培养基内,每管可接种同一平板上(即同一初发酵管)的 1 ~ 3 个典型菌落的细菌。于 37 ℃ 恒温箱内培养 24 h,有产酸、产气者证实有大肠菌群存在,该发酵管被判为阳性管。根据阳性管数及实验所用的水样量,即可运用数理统计原理计算出每升(或每 100 mL)水样中总大肠菌群的最大可能数目(MPN),可用下式计算:

$$MPN = \frac{1\,000 \times 阳性管数}{\sqrt{阴性管数水样体积(mL) \times 全部水样体积(mL)}}$$

MPN 的数据并非水中实际大肠菌群的绝对浓度,而是浓度的统计值。为了使用方便,现制成检索表。所以根据证实有大肠菌群存在的阳性管(瓶)数可直接查检索表,即得结果。

五、实验结果

准确记录实验数据并计算得出大肠菌群菌落总数。

六、思考题

1. 测定水中总大肠菌群数有什么实际意义?为什么选用大肠菌群作为水的卫生指标?
2. 对比多管发酵法与滤膜法测定总大肠菌群的特点,两种方法如何选择?

实验十七 细菌菌落总数的测定

一、实验目的

①学会细菌菌落总数的测定方法。
②了解水质与细菌菌落总数之间的相关性。

二、实验原理

本方法主要依据《生活饮用水标准检验方法 微生物指标》(GB/T 5750.12—2006)。

细菌种类很多,有各自的生理特性,必须选用适合它们生长的培养基才能将它们培养出来。然而,在实际工作中不易做到,所以通常用一种适合大多数细菌生长的培养基培养腐生性细菌,以它的菌落总数表明有机物污染程度。水中细菌菌落总数与水体受有机污染的程度呈正相关,因此细菌菌落总数常作为评价水体污染程度的一个重要指标。细菌菌落总数越大,说明水体被污染得越严重。水样在营养琼脂上有氧条件下 37 ℃ 培养 48 h 后,得 1 mL 水样所含菌落的总数。

三、实验仪器、实验试剂和材料

(1)实验仪器
①高压蒸汽灭菌锅。
②干热灭菌箱。
③培养箱:控温(36 ± 1)℃。
④显微镜或菌落计数器。
⑤其他玻璃器皿:锥形瓶、试管、大试管、移液管、培养皿、接种杯等。
(2)实验试剂和材料
将蛋白胨 10 g、牛肉膏 3 g、氯化钠 5 g、琼脂 10 ~ 20 g、蒸馏水 1 000 mL,充分混合后,加热溶解,调整 pH 值为 7.4 ~ 7.6,分装于玻璃容器中(如用含杂质较多的琼脂时,应先过滤),经

103.43 kPa(121 ℃,15 lb)灭菌 20 min,储存于冷暗处备用。

四、实验步骤

1. 生活饮用水

以无菌操作方法,用无菌移液管吸取 1 mL 充分混匀的水样注入无菌培养皿中,注入约 10 mL 已融化并冷却至 50 ℃左右的营养琼脂培养基,平放于桌上迅速旋摇培养皿,使水样与培养基充分混匀,冷凝后成平板。每个水样做 3 个平板。另取一个无菌培养皿倒入培养基作空白对照。将以上所有平板倒置于 37 ℃恒温培养箱内培养 24 h,计菌落数。算出 3 个平板上长的菌落总数的平均值,即为 1 mL 水样中的细菌菌落总数。

2. 水源水

(1)稀释水样

在无菌操作条件下,吸取 1 mL 充分混匀的水样,注入盛有 9 mL 灭菌生理盐水的试管中,混匀成 1∶10 的稀释液。

吸取 1∶10 的稀释液 1 mL 注入盛有 9 mL 灭菌生理盐水的试管中,混匀成 1∶100 的稀释液,按同法依次稀释成 1∶1 000、1∶10 000 的稀释液备用。如此递增稀释一次,必须更换一支 1 mL 灭菌吸管。以 10 倍稀释法稀释水样,视水体污染程度确定稀释倍数。

(2)取水样至培养皿

用无菌移液管吸取 3 个适宜浓度的稀释液 1 mL(或 0.5 mL)加入无菌培养皿内,再倒培养基,冷凝后倒置于 37 ℃恒温培养箱中培养。

(3)计菌落数

将培养 24 h 的平板取出计菌落数。取在平板上有 30~300 个菌落的稀释倍数计数。

五、实验结果

进行平板菌落计数时,可用肉眼观察,也可用放大镜和菌落计数器计数。记下同一浓度的 3 个平板(或 2 个)的菌落总数,计算平均值,再乘以稀释倍数即为 1 mL 水样中的细菌菌落总数。

(1)平板菌落数的选择

计数时应选取菌落数在 30~300/皿的稀释倍数进行计数:若其中一个平板上有较大的片状菌落生长时,则不宜采用,而应以无片状菌落生长的平板作为该稀释度的平均菌落数;若片状菌落约为平板的一半,而另一半平板上菌落分布很均匀,则可按半个平板上的菌落计数,然后乘以 2 作为整个平板的菌落数。

(2)稀释度的选择

①实验中,当只有一个稀释度的平均菌落数符合此范围(30~300/皿)时,则以该平均菌落数乘以稀释倍数报告(表 4.8 例次 1)。

②当有两个稀释度的平均菌落数均在 30~300/皿时,则应视两者菌落数之比来决定,若比值小于 2,应报告两者的平均数;若比值大于 2,则报告其中较小的菌落数(表 4.8 例次 2 及例次 3)。

③当所有稀释度的平均菌落数均大于 300/皿时,则应按稀释度最高的平均菌落数乘以稀释倍数报告(表 4.8 例次 4)。

④当所有稀释度的平均菌落数均小于30/皿时,则应按稀释度最低的平均菌落数乘以稀释倍数报告(表4.8例次5)。

⑤当所有稀释度的平均菌落数均不在30~300/皿时,则以最接近300或30的平均菌落数乘以稀释倍数报告(表4.8例次6)。

表4.8　稀释度选择及菌落总数报告方式

例次	不同稀释度的平均菌落数			两个稀释度菌落数之比	菌落数 CFU/mL	报告方式 CFU/mL
	10^{-1}	10^{-2}	10^{-3}			
1	1 365	164	20	—	16 400	16 000 或 1.6×10^4
2	2 760	295	46	1.6	37 750	38 000 或 3.8×10^4
3	2 890	271	60	2.2	27 100	27 000 或 2.7×10^4
4	150	30	8	2	1 500	1 500 或 1.5×10^3
5	无法计数	1 650	513	—	51 300	510 000 或 5.1×10^5
6	27	11	5	—	270	270 或 2.7×10^2
7	无法计数	305	12	—	30 500	31 000 或 3.1×10^4

(3)菌落数的报告

当菌落数在100以内时,按实有数据报告;当菌落数大于100时,采用两位有效数字,在两位有效数字后面的位数,以四舍五入方法计算。为了缩短数字后面的零的个数,可用10的指数来表示(表4.8报告方式栏)。在报告菌落数为"无法计数"时,应注明水样的稀释倍数。

六、思考题

①测定水中细菌菌落总数有什么实际意义?

②根据我国饮用水水质标准,讨论检验结果。

实验十八　苯系物的测定

一、实验目的

掌握气相色谱法测定苯系物的原理和方法。

二、实验原理

本方法主要依据《水质　苯系物的测定　顶空/气相色谱法》(HJ 1067—2019)。本标准适用于地表水、地下水、生活污水和工业废水中苯、甲苯、乙苯、对二甲苯、间二甲苯、邻二甲苯、异丙苯和苯乙烯等8种苯系物的测定。当取样体积为10.0 mL时,本标准测定水中苯系物的方法检出限为2~3 μg/L,测定下限为8~12 μg/L。

将样品置于密闭的顶空瓶中,在一定的温度和压力下,顶空瓶内样品中挥发性组分向液上空间挥发,产生蒸气压,在气液两相达到热力学动态平衡,在一定的浓度范围内,苯系物在气相中的浓度与水相中的浓度成正比。定量抽取气相部分用气相色谱分离,氢火焰离子化检测器检测。根据保留时间定性,工作曲线外标法定量。

三、实验仪器和设备

①采样瓶:40 mL 棕色螺口玻璃瓶,具硅橡胶-聚四氟乙烯衬垫螺旋盖。

②气相色谱仪:具分流/不分流进样口和氢火焰离子化检测器(FID)。

③色谱柱Ⅰ:规格为 30 m(柱长)×0.32 mm(内径)×0.5 μm(膜厚),100% 聚乙二醇固定相毛细管柱,或其他等效毛细管柱。

④色谱柱Ⅱ:规格为 30 m(柱长)×0.25 mm(内径)×1.4 μm(膜厚),6% 腈丙苯基 + 94% 二甲基聚硅氧烷固定相毛细管柱,或其他等效毛细管柱。

⑤自动顶空进样器:温度控制精度为 ±1 ℃。

⑥顶空瓶:顶空瓶(22 mL)、聚四氟乙烯(PTFE)/硅氧烷密封垫、瓶盖(螺旋盖或一次使用的压盖),也可使用与自动顶空进样器配套的玻璃顶空瓶。

⑦玻璃微量注射器:10 ~ 100 μL。

⑧移液管:1 ~ 10 mL。

⑨一般实验室常用仪器和设备。

四、实验试剂和材料

除非另有说明,分析时均使用符合国家标准的分析纯化学试剂。实验用水为二次蒸馏水或纯水设备制备的水,使用前需经过空白检验,确认不含目标化合物,且在目标化合物的保留时间区间内没有干扰色谱峰出现。

①甲醇(CH_3OH):色谱纯。

②盐酸:$\rho(HCl) = 1.19$ g/mL,优级纯。

③氯化钠(NaCl):优级纯。使用前在 500 ~ 550 ℃灼烧 2 h,冷却至室温,于干燥器中保存备用。

④抗坏血酸($C_6H_8O_6$)。

⑤盐酸溶液:1 + 1。

⑥标准贮备液:$\rho \approx 1.00$ mg/mL,溶剂为甲醇。市售有证标准溶液,于 4 ℃ 以下避光密封冷藏。使用前应恢复至室温,混匀。

⑦标准使用液:$\rho \approx 100$ μg/mL。准确移取 1.00 mL 标准贮备液,用水定容至 10 mL。临用现配。

⑧载气:高纯氮气,纯度≥99.999%。

⑨燃烧气:高纯氢气,纯度≥99.999%。

⑩助燃气:空气,经硅胶脱水、活性炭脱有机物。

五、实验步骤

1. 样品的采集与保存

采样前,测定样品的 pH 值,根据 pH 值测定结果,在采样瓶中加入适量的盐酸溶液,并加入 25 mg 抗坏血酸,使采样后样品的 pH≤2.0。若样品加入盐酸溶液后有气泡产生,须重新采样,重新采集的样品不加盐酸溶液保存,样品标签上须注明未酸化。采集样品时,应使样品在样品瓶中溢流且不留液上空间。取样时,应尽量避免或减少样品在空气中暴露。所有样品均采集平行双样。

采集水样的同时,做全程序空白样品的采集。将实验用水带到采样现场,按与样品采集相同的步骤采集全程序空白样品。

样品采集后,应在 4 ℃以下冷藏运输和保存,14 d 内完成分析。样品存放区域应无挥发性有机物干扰,样品测定前应将样品恢复至室温。

2. 试样的制备

向顶空瓶中预先加入 3 g 氯化钠,加入 10.0 mL 样品,立即加盖密封,摇匀,待测。用实验用水代替样品,按照与试样制备相同的步骤进行实验室空白试样的制备。

3. 建立测试方法

根据仪器参考条件,建立分析测试方法。具体参数如下。

(1)顶空进样器参考条件

加热平衡温度:60 ℃;加热平衡时间:30 min;进样阀温度:100 ℃;传输线温度:100 ℃;进样体积:1.0 mL(定量环)

(2)气相色谱仪参考条件

进样口温度:200 ℃;检测器温度:250 ℃;色谱柱升温程序:40 ℃(保持 5 min),以 5 ℃/min 的速率升温到 80 ℃(保持 5 min);载气流速:2.0 mL/min;燃烧气流速:30 mL/min;助燃气流速:300 mL/min;尾吹气流速:25 mL/min;分流比为 10∶1。

4. 建立工作曲线及校准

分别向 7 个顶空瓶中预先加入 3 g 氯化钠,依次准确加入 10.0 mL、10.0 mL、10.0 mL、9.8 mL、9.6 mL、9.2 mL 和 8.8 mL 水,然后,再用微量注射器和移液管依次加入 5.00 μL、20.0 μL、50.0 μL、0.20 mL、0.40 mL、0.80 mL 和 1.2 mL 标准使用液,配制成目标化合物质量浓度分别为 0.050 mg/L、0.200 mg/L、0.500 mg/L、2.00 mg/L、4.00 mg/L、8.00 mg/L、12.0 mg/L 的标准系列(此为参考浓度,可选取能够覆盖样品浓度范围的至少 5 个非零浓度点),立即密闭顶空瓶,轻振摇匀,按照仪器参考条件,从低浓度到高浓度依次进样分析,记录标准系列目标物的保留时间和响应值。以目标化合物浓度为横坐标,以其对应的响应值为纵坐标,建立工作曲线。

分析样品前应建立能够覆盖样品浓度范围的至少 5 个浓度点的工作曲线,曲线的相关系数应≥0.995。否则,应查找原因,重新绘制工作曲线。连续分析时,每 24 h 分析一次工作曲线的中间浓度点,其测定结果与已知浓度的相对误差应在 ±20%。否则,须重新建立工作曲线。

5. 试样的测定

按照与工作曲线的建立相同的条件进行试样的测定。

每20个样品或每批次样品(<20个/批)应至少做一个全程序空白和一个实验室空白,测定结果中目标物浓度应低于方法检出限。实验室空白试验按照与试样测定相同的步骤进行实验室空白试样的测定。

6.精密度和准确度控制

①每20个样品或每批次样品(<20个/批)应分析一个平行样,平行样测定结果相对偏差应≤20%。

②每20个样品或每批次样品(<20个/批)应分析一个基体加标样,基体加标回收率应控制在70%～130%。

六、实验数据处理

(1)定性分析

根据样品中目标物与标准系列中目标物的保留时间进行定性。样品分析前,建立保留时间窗 $t\pm3\ s$。t 为校准时各浓度级别目标化合物的保留时间均值,s 为初次校准时各浓度级别目标化合物保留时间的标准偏差。样品分析时,目标物应在保留时间窗内出峰。

当在色谱柱Ⅰ上有检出,但不能确认时,可用色谱柱Ⅱ做辅助定性。在本标准规定的测定条件下,苯系物的标准参考色谱图如图4.5所示。使用色谱柱Ⅱ的测定参考条件同仪器参考条件,苯系物的标准色谱图如图4.6所示。

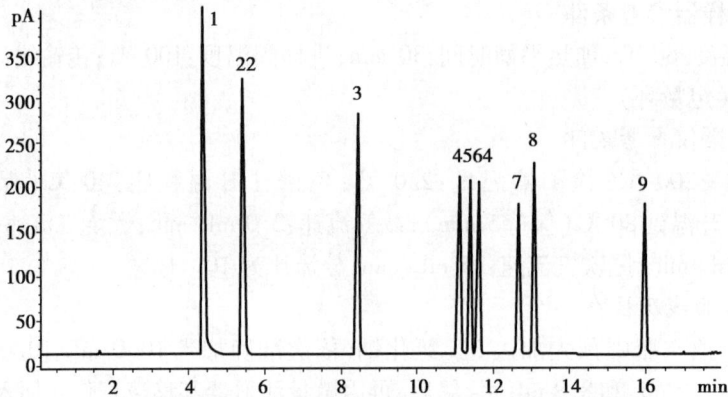

图4.5　苯系物在色谱柱Ⅰ上的标准色谱图(6 000 μg/L)

1—甲醇;2—苯;3—甲苯;4—乙苯;5—对二甲苯;

6—间二甲苯;7—异丙苯;8—邻二甲苯;9—苯乙烯

(2)结果计算

样品中目标化合物的质量浓度(μg/L),按照下式进行计算:

$$\rho_1 = \rho_i \times D$$

式中　ρ_1——样品中目标化合物的质量浓度,μg/L;

　　　ρ_i——从工作曲线上得到的目标化合物的质量浓度,μg/L;

　　　D——样品的稀释倍数。

(3)结果表示

测定结果小数点后位数的保留与方法检出限一致,最多保留3位有效数字。

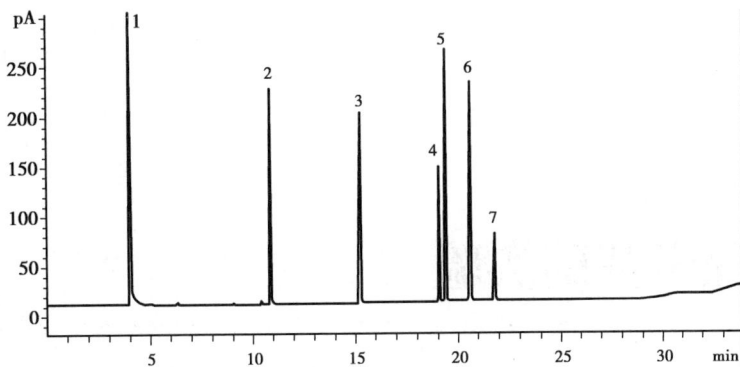

图 4.6　苯系物参考色谱图(色谱柱Ⅱ辅助定性)(6 000 μg/L)
1—甲醇;2—苯;3—甲苯;4—乙苯;
5—对、间二甲苯;6—邻二甲苯、苯乙烯;7—异丙苯

七、实验注意事项

①样品瓶应在采样前用甲醇清洗晾干,采样时不需用样品进行荡洗。

②在采样、样品保存和预处理过程中,应避免接触塑料和其他有机物。

③未酸化的样品应在 24 h 内完成分析。

④若样品浓度超过工作曲线的最高浓度点,需从未开封的样品瓶中重新取样,稀释后重新进行试样的制备。

⑤在测定含盐量较高的样品时,氯化钠的加入量可适量减少,避免样品析出盐而引起顶空样品瓶中气液两相体积变化。样品与标准系列溶液加入的盐量应一致。

八、思考题

①简述气相色谱法测定苯系物的基本工作原理。

②样品制备过程中,在顶空瓶中预先加入 3 g 氯化钠的目的是什么?

第五章
水质工程学基础实验

实验一　混凝实验

一、实验目的

①观察混凝现象及过程,加深对混凝机理的理解。
②掌握混凝剂的最佳投加量、pH 值和水流速度梯度 G 的实验测定方法。
③了解影响混凝过程(或效率)的相关因素。

二、实验原理

混凝工艺处理的对象主要是水中的悬浮物和胶体杂质。通过向水中添加化学药剂使胶体颗粒"脱稳"并聚集成较大的颗粒,在后续的沉淀或过滤过程中被分离去除。胶体颗粒"脱稳"、聚集的效果不仅受混凝剂的类型、添加量的影响,还与胶体颗粒的浓度、水流速度梯度 G、水温和 pH 值有关。其中 pH 值是一个重要的影响因素,pH 值过低,混凝剂的水解受到限制,絮凝效果较差;pH 值过高,混凝剂溶解生成带负电荷的络合离子,影响絮凝效果。水流速度梯度 G 是另一个重要的影响因素。从混凝剂与水混合到形成絮体的全过程,分为混合和反应两个阶段。混合阶段,要使化学药剂快速均匀地分布到水中以便于水解、脱稳和聚合,要求大的水流速度梯度 G,进行快速和剧烈搅拌;反应阶段,以促使颗粒碰撞絮凝为主,要求小的水流速度梯度 G,不宜进行剧烈搅拌。

三、实验设备及试剂

①六联搅拌器。
②浊度仪。
③pH 计。
④温度计。
⑤烧杯:1 000 mL,250 mL。

⑥量筒:1 000 mL。

⑦移液管:1 mL,2 mL,5 mL。

⑧注射针管:50 mL。

⑨硫酸铝[$Al_2(SO_4)_3 \cdot 18H_2O$]:10 g/L。

⑩三氯化铁($FeCl_3 \cdot 6H_2O$):10 g/L。

⑪聚丙烯酰胺(PAM):1 mg/L。

⑫氢氧化钠(NaOH):10%(质量比)。

⑬盐酸(HCl):10%(体积比)。

四、实验内容

实验内容分为确定混凝剂、最佳投药量、最佳 pH 值和最佳速度梯度 G 四个部分。进行混凝剂选择实验时,先选定搅拌速度和 pH 值,通过投加不同的混凝剂,测定剩余浊度确定混凝剂;在选到混凝剂以后,设定相同的搅拌速度、pH 值,通过投加不同投加量梯度的混凝剂,测定剩余浊度确定最佳投加量;在相同混凝剂的投加量、搅拌速度条件下,通过设定不同的 pH 值,测出水浊度确定最佳 pH 值;最后根据选定的混凝剂、投加量、pH 值,设置不同的搅拌速度,根据出水浊度确定最佳水流速度梯度。

(1)混凝剂选择

①测定原水的浊度、pH 值、温度。

②取 3 只 1 L 的搅拌杯,分别加入原水 1 000 mL,置于六联搅拌器上。

③分别向 3 只搅拌杯中加入硫酸铝、三氯化铁和聚丙烯酰胺。每次投加量为 0.5 mL,同时进行搅拌(转速为 150 r/min),直到出现"矾花",这时的混凝剂投加量为混凝剂最小投加量。

④停止搅拌,静置 10 min。用 50 mL 的注射针管分别抽取 3 只搅拌杯中的上清液,测定剩余浊度。

⑤根据剩余浊度及最小混凝剂投加量,选择混凝剂。

(2)确定最佳投加量

①取 6 个 1 L 的搅拌杯,分别加入原水 1 000 mL,置于六联搅拌器上。

②根据实验(1)确定的最佳混凝剂的最小投加量,采用均分法分别投加最小投加量的 25%、50%、100%、125%、150%、200%于 6 个搅拌杯中。

③开始搅拌,快速搅拌 0.5 min(300 r/min),中速搅拌 5 min(150 r/min),慢速搅拌 10 min(70 r/min)。

④搅拌过程中,注意观察"矾花"的形成过程。

⑤停止搅拌,静置 10 min,用 50 mL 的注射针管分别抽取 6 只搅拌杯中的上清液,测定剩余浊度。

⑥根据剩余浊度,确定最佳混凝剂的最佳投加量。

(3)确定最佳 pH 值

①取 6 个 1 L 的搅拌杯,编号为 1#、2#、3#、4#、5#、6#,分别加入 1 000 mL 原水。

②1#、2#、3#搅拌杯中分别加入 10% 的盐酸;4#、5#、6#搅拌杯中分别加入 10% 的氢氧化钠,调节 pH 值分别为 2.0、4.0、6.0、8.0、10.0、12.0。

③将 6 个搅拌杯置于六联搅拌器上,分别加入选定的混凝剂的最佳投加量。

④快速搅拌 0.5 min(300 r/min),中速搅拌 10 min(150 r/min),慢速搅拌 10 min(70 r/min)后停止。

⑤静置 10 min,用 50 mL 的注射针管分别抽取 6 只搅拌杯的上清液,测定剩余浊度。

⑥根据剩余浊度,确定最佳 pH 值。

(4)确定最佳水流速度梯度 G

①根据实验(1)、(2)、(3)的结果,向 6 个装有 1 000 mL 原水的搅拌杯中,调节至最佳 pH 值,投加混凝剂后,置于六联搅拌器上。

②快速搅拌 1 min(300 r/min),设定后续搅拌转速分别为200 r/min、150 r/min、125 r/min、100 r/min、50 r/min、20 r/min,搅拌 20 min。

③停止搅拌,静置 10 min,用 50 mL 的注射针管分别抽取 6 个烧杯中的上清液,测定剩余浊度。

④根据剩余浊度,确定最佳水流速度梯度 G。

注:分析剩余浊度时,每个水样测定 3 次。

五、实验结果

①原水特性及最佳混凝剂选择实验数据记录(表5.1)。

表5.1　原水特性及最佳混凝剂选择实验记录

项目	原水浊度＿＿＿ NTU		原水温度＿＿＿℃		原水 pH 值＿＿＿	
混凝剂	硫酸铝		三氯化铁		聚丙烯酰胺	
"矾花"形成时混凝剂投加量/mL						
剩余浊度/NTU	1		1		1	
	2		2		2	
	3		3		3	
	平均		平均		平均	

②确定最佳投加量实验数据记录(表5.2)。

表5.2　确定最佳投加量实验记录

搅拌杯编号		1#	2#	3#	4#	5#	6#
混凝剂加入量/mL							
剩余浊度/NTU	1						
	2						
	3						
	平均						

③确定最佳 pH 值实验数据记录(表5.3)。

表 5.3　确定最佳 pH 值实验记录

搅拌杯编号		1#	2#	3#	4#	5#	6#
pH 值		2.0	4.0	6.0	8.0	10.0	12.0
HCl 加入量/mL					—	—	—
NaOH 加入量/mL		—	—	—			
混凝剂加入量/mL							
剩余浊度/NTU	1						
	2						
	3						
	平均						

④确定最佳水流速度梯度实验数据记录(表5.4)。

表 5.4　确定最佳水流速度梯度实验记录

搅拌杯编号			1#	2#	3#	4#	5#	6#
混凝剂加入量/mL								
pH 值								
"矾花"形成时间/min								
运行参数	转速/(r·min^{-1})		300	300	300	300	300	300
	时间/min		1	1	1	1	1	1
	转速/(r·min^{-1})		200	150	125	100	50	20
	时间/min		20	20	20	20	20	20
上清液浊度/NTU	1							
	2							
	3							
	平均							

六、思考题

①根据混凝实验结果及实验中观察到的现象,简述影响混凝效果的主要因素。

②试分析混凝剂投加量对混凝效果的影响,在最大投加量时,混凝效果不一定最好的原因。

③pH 值对混凝效果有何影响?

④水流速度梯度 G 对混凝效果有何影响?

实验二　自由沉淀

一、实验目的

①了解污水中颗粒的沉降特性,加深对污水中非絮凝性颗粒的沉降机理、特点及规律的认识。

②通过沉降实验,求出沉降曲线,即悬浮颗粒的去除率(η)-沉淀时间(t)和去除率(η)-沉降速度(u)的关系曲线,以此获得沉淀池的设计参数。

二、实验原理

沉淀是指借助重力作用从液体中去除固体颗粒物的一种分离过程。根据液体中悬浮物的密度、浓度及凝聚性,沉淀可分为自由沉淀、絮凝沉淀、成层沉淀和压缩沉淀。本实验的目的是探讨非絮凝性固体颗粒物的自由沉淀规律。

自由沉淀实验装置如图 5.1 所示,有效水深为 H,某一颗粒在 t 时间内从水面沉到池底,颗粒的沉淀速度为 $u = H/t$,对于某给定的沉淀时间 t_0,可求得颗粒的最小沉淀速度 u_0。对于沉速等于或大于 $u_0(u \geqslant u_0)$ 的颗粒,在 t_0 时可全部去除。在悬浮物的总量中,这部分颗粒所占的比例为 $(1 - p_0)$。p_0 代表沉速 $u < u_0$ 的颗粒物占全部悬浮颗粒物的百分数。

对于沉速 $u < u_0$ 的颗粒,如果从沉淀区顶端进入则不能沉淀到池底,会随水流排出;当其从位于水面以下某一位置进入沉淀区时,有可能沉淀到池底而被去除。

因此,沉淀池去除的颗粒中,包括了 $u \geqslant u_0$ 和 $u < u_0$ 的一部分颗粒。所以沉淀池对悬浮颗粒的去除率(E)为:

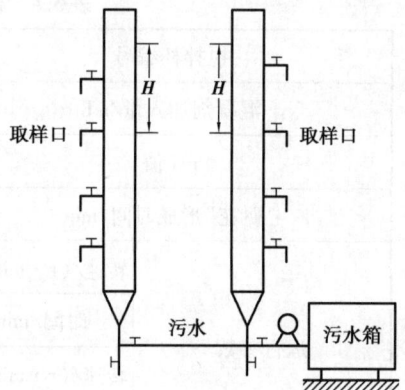

图 5.1　自由沉淀实验装置

$$E = (1 - p_0) + \frac{1}{u_0}\int_0^{x_0} u \, \mathrm{d}x$$

设原水中悬浮物浓度为 $C_0(\mathrm{mg/L})$,经过 t 时间沉淀后,总沉淀率(η)为:

$$\eta = \frac{C_t - C_0}{C_t} \times 100\%$$

在时间 t 时能沉淀到 H 深度的颗粒沉淀速度(u)为:

$$u = \frac{H_i}{t_i}$$

式中　C_0——原水中悬浮物浓度,mg/L;

C_t——经 t 时间后污水中残存的悬浮物浓度,mg/L;

H_i——取样口高度,cm;

t_i——取样时间,min。

三、实验设备及材料

①自由沉淀实验装置(图5.1)。
②卷尺。
③玻璃漏斗。
④滤纸(中速定量)。
⑤称量瓶(或表面皿)。
⑥分析天平。
⑦恒温干燥箱。
⑧烧杯(100 mL)。

四、实验步骤

①将原水加到储水箱中,搅拌,使水中悬浮物分布均匀。
②将原水泵入沉降管中,泵入过程从沉淀管中取样3次,测定悬浮物浓度,作为实验水样的原始浊度C_0。
③当原水上升到沉降管的溢流口处后,关闭进水阀,停泵,记录沉淀开始时间。
④在1 min、3 min、5 min、10 min、15 min、20 min、40 min、60 min、90 min,在同一取样口处分别取出50 mL水样,分析悬浮物浊度(C_t),结果记入表5.8中。
⑤实验完毕,放掉污水,然后用清水冲洗沉降柱及原水箱。

五、实验结果

(1)实验数据记录
自由沉淀实验数据记录见表5.5。

表5.5　自由沉淀实验记录表

沉淀时间/min	$C_0/(\mathrm{mg \cdot L^{-1}})$	$C_t/(\mathrm{mg \cdot L^{-1}})$	沉淀高度H_i/cm
0			
1			
3			
5			
10			
15			
20			
40			
60			
90			

（2）实验数据处理

①计算悬浮物总去除率（η）、悬浮物剩余率（P）以及沉淀速度（u），记入表5.6中。

表5.6　悬浮物总去除率、悬浮物剩余率及沉淀速度数据

沉淀时间 t/min	悬浮物总去除率 η/%	悬浮物剩余率 P/%	沉淀速度 u/(mm·s^{-1})
0			
1			
3			
5			
10			
15			
20			
40			
60			
90			

②制 E-t、E-u、P-u 关系曲线。

六、注意事项

①实验过程中，每次取样应先排出取样口中的积水，以减少误差。

②取样前和取样后皆需测量沉淀管中液面至取样口的高度，计算时取二者的平均值。

七、思考题

①自由沉淀中颗粒沉速与混凝沉淀中颗粒的沉降速度有何区别？

②自由沉淀的实验方法及意义。

实验三　双向流斜板沉淀实验

一、实验目的

①加深理解斜板沉淀池的结构和工作原理。

②观察水和泥的运动情况，加深对浅层沉淀原理和特点的理解。

③了解影响斜板沉淀效率的因素。

二、实验原理

根据浅层理论，在沉淀池有效容积一定的条件下，增加沉淀面积，可以提高沉淀效率。斜板

沉淀池实际上就是将多层沉淀池底板做成一定的坡度,以利于排泥。斜板通常与水平成60°,放置于沉淀池中,水在斜板上流动的过程中,颗粒沉降于斜板上。当颗粒积累到一定程度时,便自动滑下。根据斜板间水流与污泥的相对运动分为异向流(双向流)、同向流和侧向流。

本实验采用双向流斜板沉淀池模型,实验装置如图5.2所示。首先开启水泵,原水流入进水管,进入在斜板沉淀池顶部中间的穿孔配水管,然后向下流穿过一组斜板到达沉淀池底部的连通空间,随后向上流流经中间的斜板沉淀区,污泥在斜板上沉积,最后滑下池底,定期排出。清水在沉淀池顶部的穿孔集水槽汇集,由出水管排出。

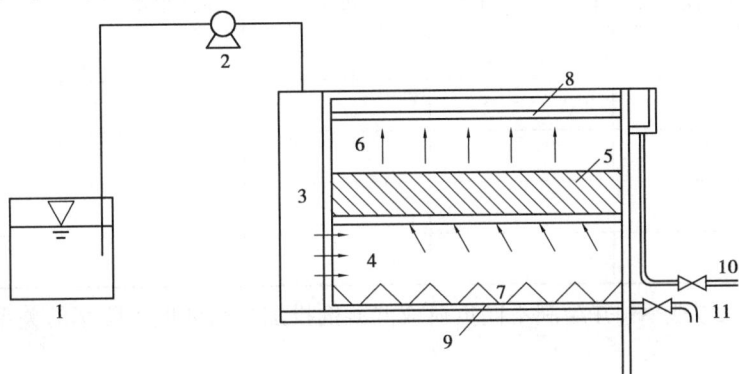

1—原水箱;2—进水泵;3—絮凝池;4—配水区;5—斜管区;6—清水区;
7—积泥区;8—穿孔集水管;9—穿孔排泥管;10—出水口;11—排泥口

图5.2 双向流斜板沉淀实验装置

三、实验设备及试剂

①双向流斜板沉淀池模型。
②水泵。
③光电浊度仪。
④温度计。
⑤烧杯(200 mL)。
⑥硫酸铝[$Al_2(SO_4)_3 \cdot 18H_2O$]。

四、实验步骤

①用清水注满双向流斜板沉淀池,检查是否漏水,阀门等是否正常。
②分析原水的温度、浊度。
③原水中加入混凝剂硫酸铝后,搅拌,使之出现"矾花"。
④将混凝后的原水泵入双向流斜板沉淀池中,先将流速控制在400 L/h左右,分析出水的浊度。
⑤根据400 L/h的出水浊度,增加或减少进水的流速,考察不同负荷下,出水浊度的变化情况,并计算去除率。
⑥改变混凝剂或混凝剂的投加量,考察浊度的去除情况。

五、实验数据及结果整理

（1）实验数据

双向流斜板沉淀实验数据记录见表5.7。

表5.7　双向流斜板沉淀实验数据记录表

序号	原水（水温____℃）		浊度/NTU		
	混凝剂投加量	流量/(L·h⁻¹)	进水	出水	去除率/%

（2）计算浊度去除率，并绘制不同负荷或混凝剂投加量与浊度去除率的关系曲线。

六、思考题

①斜板沉淀池与其他沉淀池相比有什么优点？
②双向流斜板沉淀池的运行方式有什么特点？

实验四　过滤与反冲洗实验

一、实验目的

①掌握反冲洗强度与滤层膨胀度之间的关系。
②了解清洁砂层过滤时水头损失的变化规律、水头损失增长对过滤周期的影响。
③观察过滤与反冲洗现象，加深对过滤及反冲洗原理的理解。

二、实验原理

（1）过滤原理

过滤是指以石英砂等颗粒状滤料层截留水中悬浮杂质的工艺过程，是水中悬浮颗粒与滤料颗粒间黏附作用的结果。黏附作用的强弱主要取决于滤料和水中颗粒表面的物理化学性质。当水中颗粒迁移到滤料表面时，在范德华引力、静电引力、化学吸附以及某些化学键的作用下，颗粒从水中去除。另外，某些絮凝颗粒的架桥作用也影响过滤效果。

（2）影响过滤的因素

过滤过程中，随着过滤时间的增加，滤料层中截留的杂质量也不断增加，必然导致过滤过程水力条件的改变。当滤料粒径、级配和厚度及水位已确定时，如果孔隙率减小，在水头损失不变的情况下，滤速将减小；在滤速保持不变时，水头损失将增加。从滤料层整体看，上层滤料截留杂质的量越多,越往下层截留量越小,水头损失也由上而下逐渐减小。影响过滤的因素有很多,如水质、水温、滤速、滤料尺寸、滤料形状、滤料级配,以及悬浮物的表面性质、尺寸和强度等。

（3）反冲洗

过滤时随着滤料层截留杂质的增加,水头损失也不断增大,达到一定程度时,会出现过滤出水量急剧减少或过滤出水水质恶化的现象。这时过滤装置需停止工作,进行反冲洗,以去除滤料层中的杂质,恢复过滤装置的过滤性能。反冲洗时,滤料层会膨胀起来,在水流剪切力以及滤料颗粒相互碰撞摩擦的作用下,截留在滤料层中的杂质,会从滤料表面脱落下来,被反冲洗水带出过滤装置。反冲洗效果主要受滤料层中的水流剪切力影响。剪切力的大小与反冲洗水的流速、滤料层的膨胀率有关。反冲洗水流速小,水流剪切力也小;增大反冲洗水流速时,滤料层膨胀度也增大,水流剪切力会降低。因此,反冲洗流速应控制在一定范围内。反冲洗效果通常由滤床的膨胀率 e 来控制,即

$$e = \frac{L - L_0}{L} \times 100\%$$

式中　L——滤料层膨胀后的厚度,cm;

L_0——滤料层膨胀前的厚度,cm。

三、实验设备及试剂

①过滤及反冲洗实验装置,如图5.3所示。

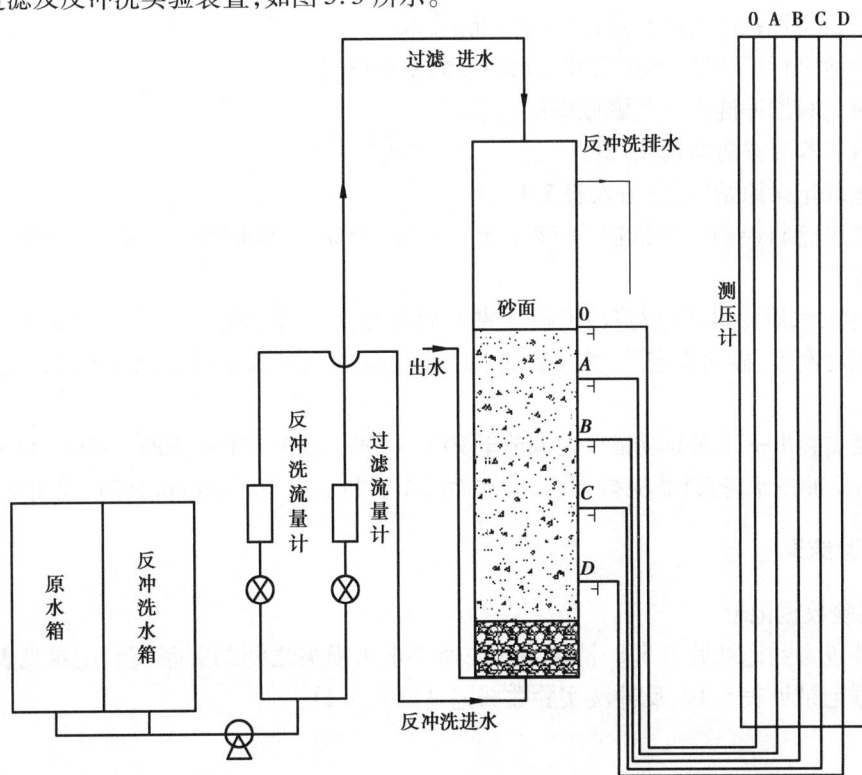

图5.3　过滤及反冲洗实验装置

②光电浊度仪。

③秒表、卷尺。

④量筒:1 000 mL。

⑤烧杯:200 mL。

⑥硫酸铝[$Al_2(SO_4)_3 \cdot 18H_2O$]:10 g/L。

四、实验内容

①清洁滤床下滤速与水头损失之间的关系。

a.原水箱中装入清水。

b.开启原水进水阀,原水由上而下流经滤料层。当水位达到一定的高度时,分别调节进水阀使流量计读数分别为对应滤速 8 m/h、10 m/h、15 m/h 的流量。

c.开启调节滤池出水阀大小,使水面以及测压管读数稳定 2~3 min 后,记录测压管水位高度,填入表 5.9 中。

②过滤时滤料层水头损失。

a.用黄泥配制原水,将硫酸铝投加到原水箱中,搅拌,使其浊度在 40~50 NTU。

b.开启原水进水阀,原水由上而下流经滤料层。当水位达到溢流高度时,记录测压管水位高度,开启滤池排水阀,用秒表、量筒测量滤柱底部出水口的流量,计算滤速。

c.分别在 5 min、10 min、20 min、30 min、45 min、60 min、75 min、90 min 时取样分析进、出水的浊度、温度,并记录各测压管的水位。高度填入表 5.10 中。

③观察杂质颗粒进入滤料层深度的情况。

④对滤池进行反冲洗,观察反冲洗水浊度的变化情况。

⑤探讨滤料层冲洗强度与膨胀率的关系。

a.了解实验装置的结构及操作方法。

b.测量并记录原始数据,填入表 5.11 中。

c.计算出滤料层膨胀度依次为 5%、15%、25%、35%、45% 时对应的高度,并在滤柱上相应高度作标记。

d.用自来水对滤料层进行反冲洗:缓慢开启反冲洗水进水阀门,将滤料层膨胀度调节至设定的膨胀度高度,砂面稳定后,测量膨胀后滤料层高度 L;从流量计读取反冲洗水流量,重复 3 次。

e.重复实验步骤 d,分别将膨胀度调节至 10%~20%、20%~30%、30%~40%、40%~50%。

f.关闭反冲洗水,打开滤池排水阀,当水面降至滤料层上 10~20 cm 处时,关闭排水阀。

五、实验结果

(1)实验数据记录

实验装置参数记录见表 5.8;清洁滤床滤速与水头损失之间的关系实验记录见表 5.9;过滤实验数据记录见表 5.10;反冲洗实验数据记录见表 5.11。

表5.8　实验装置参数记录表

以砂面为起点，A、B、C、D 点距离砂面之间的距离记为 H_A、H_B、H_C 和 H_D。

$H_A =$ _____ mm；$H_B =$ _____ mm；$H_C =$ _____ mm；$H_D =$ _____ mm

滤柱直径 D/mm	滤柱截面积 F/m²	滤柱高度 H/m	滤料名称	滤料厚度 h/cm

表5.9　清洁滤床滤速与水头损失之间的关系实验记录表

流速/(m·h⁻¹)		8	10	15
流量/(L·h⁻¹)				
水位/cm	滤池水面			
	滤层 A 点			
	滤层 B 点			
	滤层 C 点			
	滤层 D 点			

表5.10　过滤实验数据记录表

工作时间/min		5	10	20	30	45	60	75	90
流量/(L·h⁻¹)									
流速(m·h⁻¹)									
浊度/NTU	进水								
	出水								
水位/cm	滤池水面								
	滤层 A 点								
	滤层 B 点								
	滤层 C 点								
	滤层 D 点								

（2）实验数据处理

①以 H_A、H_B、H_C、H_D 为纵坐标，以滤料层水头损失为横坐标，比较清洁滤床在不同滤速下的水头损失的变化曲线。

②以 H_A、H_B、H_C、H_D 为纵坐标，以滤料层水头损失为横坐标，绘制过滤时不同滤速、不同时间下的水头损失的变化曲线，理解滤速、时间与水头损失之间的关系。

③以反冲洗强度（q）为横坐标，膨胀率（e）为纵坐标，绘制反冲洗强度与膨胀率的关系曲线，比较不同反冲洗强度下，膨胀率的变化。

表5.11　反冲洗实验数据记录表

序号	L/cm	$(L-L_0)$/cm	e/%	Q/(L·min^{-1})	$q=(Q/F)$/(L·min^{-1})	T/℃	e平均	q平均

④绘制出水剩余浊度与工作时间的关系曲线。

六、注意事项

①在过滤实验开始前,滤层上面要保持一定的水位,防止过滤实验时测压管中积有气泡。
②反冲洗时,应缓慢开启进水阀,防止滤料冲出。
③反冲洗测量滤料层厚度时,要在滤料面稳定后再测量,要连续测量3次,取其平均值。

实验五　活性炭吸附实验

一、实验目的

①加深理解吸附的基本原理。
②通过实验取得必要的数据,绘制和拟合吸附等温线。
③利用绘制的吸附等温线确定吸附等温线参数。
④掌握连续流法,确定活性炭动态吸附处理污水设计参数的方法。

二、实验原理

活性炭吸附是利用活性炭固体表面对物质的吸附作用,达到净化水质的目的。由于活性炭对水中大部分污染物都有较好的吸附作用,用于水处理时往往具有出水水质稳定,适用于多种污水的优点,是目前国内外应用较多的一种水处理方法。活性炭吸附包括物理吸附和化学吸附。由活性炭与被吸附物质间的分子作用力而引起的吸附,称为物理吸附;由活性炭与被吸附物质间的化学作用而发生的吸附,称为化学吸附。

吸附过程一般是可逆的,一方面吸附质被吸附剂吸附;另一方面,一部分已被吸附的吸附质,由于分子的热运动,能够脱离吸附剂表面又回到液相中去。前者为吸附过程,后者为解吸过程。当吸附速度和解吸速度相等时,吸附达到了动态平衡,此时的动态平衡称为吸附平衡,吸附质在溶液中的浓度称为平衡浓度 c_e。活性炭的吸附能力用吸附量 q 表示。

$$q = \frac{V(c_0 - c_e)}{m} = \frac{X}{m}$$

式中 q——活性炭吸附量,即单位质量的活性炭所吸附的物质量,g/g;

V——溶液体积,L;

c_0,c_e——吸附前和达到吸附平衡时溶液中被吸附物质的浓度,mg/L;

m——活性炭投加量,g;

X——吸附质的量,g。

在一定温度下,活性炭吸附量 q 与吸附平衡浓度 c_e 之间的关系曲线,称为吸附等温线。常用的吸附等温线有 Freundlich 吸附等温线和 Langmuir 吸附等温线等。

(1)Freundlich 吸附等温线

$$q = K_F c^{\frac{1}{n}}$$

$$\lg q = \lg K_F + \frac{1}{n}\lg c$$

式中 k_F——与吸附剂比表面积、温度和吸附质等有关的系数;

n——与温度、pH 值、吸附剂及被吸附物质性质有关的常数;

q,c——同前。

k_F、n 可以通过间歇式活性炭吸附实验求出。

(2)Langmuir 吸附等温线

$$q = \frac{K_L c\, q_{max}}{1 + K_L c}$$

$$\frac{1}{q} = \frac{1}{K_L\, q_{max}\, c} + \frac{1}{q_{max}}$$

式中 k_L——Langmuir 平衡常数,与吸附剂和吸附质的性质及温度有关,其值越大,吸附剂的吸附能力越强;

q_{max}——最大吸附量,g/g;

q,c——同前。

k_L、q_{max} 可以通过间歇式活性炭吸附实验求出。

活性炭作为吸附剂的吸附操作分为间歇式吸附和连续式吸附。由于间歇式静态吸附法处理能力低,故工程上多采用连续式吸附,即活性炭动态吸附法。

连续流活性炭性能可用博哈特(Bohart)和亚当斯(Adams)关系式表达,即

$$\ln\left(\frac{c_0}{c_B} - 1\right) = \ln\left[\exp\left(\frac{k\, q_e H}{v}\right) - 1\right] - k\, c_0 t$$

因为 $\exp\left(\dfrac{k\, q_e H}{v}\right)$ 远远大于1,所以上式变为

$$\ln\left(\frac{c_0}{c_B} - 1\right) = \ln\left[\exp\left(\frac{k\, q_e H}{v}\right)\right] - k\, c_0 t$$

工作时间 t 为

$$t = \frac{q_e}{c_0 v}\left[H - \frac{v\,\ln(c_0 / c_B - 1)}{k\, q_e}\right] \tag{5.1}$$

式中　t——工作时间,h;

　　　v——流速,即空塔速度,m/h;

　　　H——活性炭层高,m;

　　　k——速度常数,$m^3/(mg \cdot h)$ 或 $L/(mg \cdot h)$;

　　　q_e——吸附量,即达到饱和时的吸附量,g/g;

　　　c_0——入流溶质浓度,mg/L;

　　　c_B——允许流出溶质浓度,mg/L。

在工作时间为零时,能够保持流出溶质浓度不超过 c_B 的活性炭层理论高度称为临界高度 H_0。其值可根据式(5.1)在 $t=0$ 的条件下求出。

$$H_0 = \frac{v}{k\, q_e}\ln\left(\frac{c_0}{c_B} - 1\right) \tag{5.2}$$

实验时,如果工作时间为 t,原水中吸附质浓度为 c_{01},3 个活性炭柱串联,第 1 个柱出水中吸附质的浓度为 c_{B1},即为第 2 个柱的进水浓度 c_{02},第 2 个柱出水浓度 c_{B2},即为第 3 个柱进水浓度 c_{03},由各柱不同的进出水浓度可求得流速常数 k 和吸附容量 q。

三、实验设备及材料

(1)间歇式活性炭吸附实验

①粉末状活性炭。

②具塞锥形瓶(250 mL)。

③恒温振荡器。

④分光光度计(带 1 cm 比色皿)。

⑤玻璃漏斗。

⑥0.45 μm 的滤膜。

⑦pH 计。

⑧分析天平。

⑨温度计。

⑩100 mL 容量瓶。

⑪100 mg/L 的亚甲基蓝溶液。

(2)连续式活性炭吸附实验

①3 根 φ40 mm×1 000 mm 的有机玻璃柱串联,如图 5.4 所示。

②配水与投配系统。

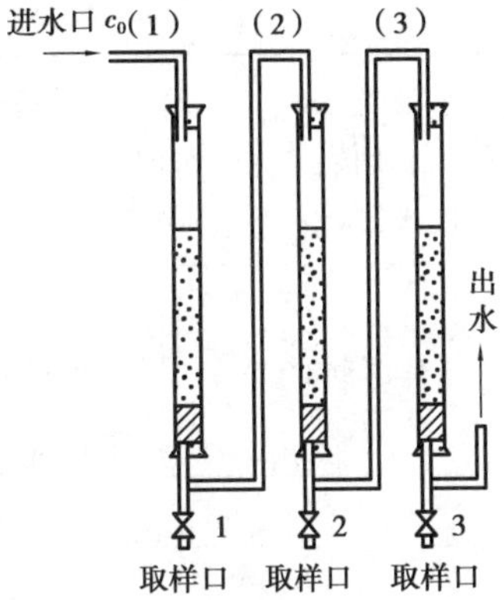

四、实验内容

(1)间歇式活性炭吸附实验

①取一定体积的 100 mg/L 的亚甲基蓝溶液于 100 mL 容量瓶中,加入去离子水,配制成 15 mg/L 的亚甲基蓝溶液,全波长扫描,确定最大吸收波长。

②分别取一定体积的 100 mg/L 的亚甲基蓝溶液于 100 mL 容量瓶中,加入去离子水,配制 0.00、5.00、10.00、15.00、20.00、25.00、30.00 mg/L 的标准系列,以水为参比,用 1 cm 比色皿测其吸光度,绘制标准曲线。

③在 6 个 250 mL 的具塞锥形瓶中分别加入 0、20、40、60、80、100 mg 的活性炭。

④向每个具塞锥形瓶中加入 60 mL 的亚甲基蓝溶液(100 mg/L),搅拌。

⑤将具塞锥形瓶放进振荡器中进行振荡,达到吸附平衡时停止振荡(振荡时间一般为 30 min 以上)。

⑥过滤各具塞锥形瓶中的溶液,测定吸光度,根据标准曲线求取浓度值,记入表 5.12 中。

(2)连续式活性炭吸附实验

①配制 100 mg/L 的亚甲基蓝溶液,测定其吸光度。

②在有机玻璃柱中装入水洗烘干后的活性炭。

③打开进水阀,使 100 mg/L 的亚甲基蓝溶液进入活性炭柱,调节流量计流量进行实验(流量建议取 5、10、15、20 L/h)。

④在每个流量运行稳定 5 min 后,分析各活性炭柱出水的亚甲基蓝浓度。实验数据记入表 5.13。

⑤连续运行,每 30 min 取样,分析亚甲基蓝浓度,直至出水吸光度为进水吸光度的 0.9 ~ 0.95 为止。

五、实验数据及结果整理

(1)实验数据

间歇式活性炭吸附实验数据记录见表 5.12,连续式活性炭吸附实验数据记录见表 5.13。

图 5.4　连续式活性炭吸附装置

表 5.12　间歇式活性炭吸附实验记录表

| 编号 | 原水 | | | | | 出水 | | | 活性炭量 m/g | 吸附量 q/(g·g^{-1}) |
	水样体积 /mL	吸光度	c_0 /(mg·L^{-1})	水温/℃	pH 值	吸光度	c_i /(mg·L^{-1})	pH 值		

表 5.13　连续式活性炭吸附实验记录表

原水吸光度：＿＿＿　原水亚甲基蓝浓度/(mg·L⁻¹)：＿＿＿　允许出水亚甲基蓝浓度/(mg·L⁻¹)：＿＿＿

原水 pH 值：＿＿＿　水温 T/℃：＿＿＿

活性炭柱 H_1：＿＿＿ cm；　H_2：＿＿＿ cm；　H_3：＿＿＿ cm

工作时间 t/min	出水 c_B/(mg·L⁻¹)								
	流量 Q_1 ＿＿＿ L/h			流量 Q_2 ＿＿＿ L/h			流量 Q_3 ＿＿＿ L/h		
	柱 1	柱 2	柱 3	柱 1	柱 2	柱 3	柱 1	柱 2	柱 3

（2）实验数据处理

①根据表 5.12 的实验数据，分别绘制并拟合 Freundlich 吸附等温线和 Langmuir 吸附等温线，写出 Freundlich 吸附等温线和 Langmuir 吸附等温线的表达式，根据 R^2 值判断吸附过程符合的等温线。

②根据表 5.13 中的 $t-c$ 关系，确定当出水中吸附质浓度等于 c_B 时，各柱的工作时间 t_1、t_2、t_3。

③根据式（5.1），绘制 $t-H$ 的关系图（t 为纵坐标，H 为横坐标），直线截距为 1 斜率为 $\dfrac{q_e}{c_0 v}$，求出 k、q 值。

④根据式（5.2），求出每个流量下活性炭层的临界高度 H_0。

六、注意事项

连续流实验中，如果第一个活性炭柱出水的亚甲基蓝浓度小于 10 mg/L，可增大流量或停止吸附柱进水。反之，如果第一个吸附柱出水的浓度与原水相差较小，要减小进水流量。

七、思考题

①吸附等温线有什么现实意义？

②求吸附等温线为什么要用粉状活性炭？

③间歇式吸附与连续式吸附的吸附容量是否一样？为什么？

实验六　曝气设备充氧能力测定实验

一、实验目的

①掌握曝气设备的充氧机理。
②学会测定曝气装置的氧总转移数 K_{La}。
③进一步了解曝气设备的充氧机理和影响因素。

二、实验原理

氧向水中转移,通常用双膜理论来描述。当气水两相作相对运动时,气水两相接触面(界面)的两侧分别存在气膜和水膜。氧在气相主体内以对流扩散方式到达气膜,以分子扩散方式通过气膜,最后以对流扩散方式转移到水相主体中。氧的转移速率受溶解氧的饱和浓度、温度、水的性质和紊乱程度等因素影响。

单位体积内氧转移速率为:

$$\frac{\mathrm{d}c}{\mathrm{d}t} = K_{La}(c_s - c)$$

式中　$\mathrm{d}c/\mathrm{d}t$——氧转移速率,$\mathrm{mg/(L \cdot h)}$;

　　　K_{La}——氧的总传递系数,$\mathrm{h^{-1}}$;

　　　c_s——实验室的温度和压力下,自来水溶解氧的饱和浓度,$\mathrm{mg/L}$;

　　　c——某一时刻 t 的溶解氧浓度,$\mathrm{mg/L}$。

对上式积分:

$$\ln \frac{c_s - c_0}{c_s - c_t} = -K_{La}t \tag{5.3}$$

曝气是人为通过设备加速向水中传递氧的过程,常用的曝气设备分为机械曝气与鼓风曝气两大类。本实验分别采用鼓风曝气和机械曝气两种方式。向曝气筒中注满所需水量后,以亚硫酸钠为脱氧剂、氧化钴为催化剂将待曝气水脱氧至零后开始曝气,水中溶解氧逐渐增加,溶解氧是时间 t 的函数,曝气后取样测定溶解氧浓度,计算两种曝气方式的 K_{La} 值。

根据式(5.3),以 $\ln[(c_s - c_0)/(c_s - c_t)] - t$ 作图,所得直线的斜率即为 K_{La}。

三、实验设备及试剂

①圆形曝气设备(图5.5)。
②溶解氧测定仪。
③充氧泵或表曝机。
④分析天平。
⑤烧杯。
⑥秒表。
⑦亚硫酸钠($Na_2SO_3 \cdot 7H_2O$)。

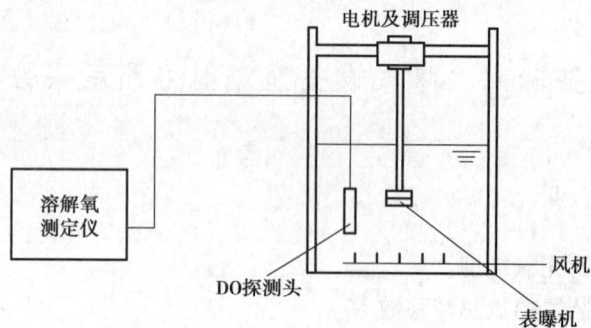

图 5.5 圆形曝气设备

⑧氯化钴($CoCl_2 \cdot 6H_2O$)。

四、实验步骤

①向曝气筒中注入自来水,测定水的体积、温度及初始溶解氧。

②测定水中溶解氧量,计算公式如下:

$$G = cV$$

式中 G——水中含氧量,mg;

c——水中溶解氧浓度,mg/L;

V——曝气筒中水的体积,L。

③计算脱氧剂无水亚硫酸钠用量。

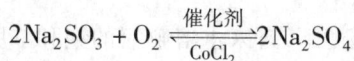

$$2Na_2SO_3 + O_2 \xrightarrow[CoCl_2]{催化剂} 2Na_2SO_4$$

由反应方程式得亚硫酸钠用量为:

$$g = (1.1 \sim 1.5)G \times 8$$

式中 $1.1 \sim 1.5$——安全系数,通常取1.5;

G——水中氧含量,mg。

④计算催化剂用量,催化剂投加浓度为 0.1 mg/L,催化剂投加量为 0.1 V(mg)。

⑤按照计算量称取所需的脱氧剂和催化剂,溶解后投加到曝气筒中,充分混合后,反应10 min 左右,测定溶解氧。

⑥当水样脱氧至零后,接通调压器电源,从零开始渐渐增加到 100 ~ 120 V 后稳定功率至稳定值,开始计时,按照 20、40、60、80、100、120、140、160、180、200、220、240 s…分别取样测定溶解氧,直至溶解氧达到饱和为止,并确定饱和溶解氧浓度 c_s。

⑦重复实验步骤⑤—⑥,将表面曝气改为鼓风曝气,记录曝气强度和风量。

五、实验结果

(1)实验数据记录

表面曝气设备充氧能力测定实验数据记录见表5.14,鼓风曝气设备充氧能力测定实验数据记录见表5.15。

表5.14　表面曝气设备充氧能力测定实验数据记录表

扩散器形式：		亚硫酸钠：____ g		氯化钴：____ g		有效水深：____ mm
曝气筒直径：____ mm		水温：____℃		c_s(实测)：____ mg/L		c_s(理论)：____ mg/L
编号		时间/min		溶解氧浓度 c_t/(mg·L^{-1})		

表5.15　鼓风曝气设备充氧能力测定实验数据记录表

亚硫酸钠：____ g		氯化钴：____ g	有效水深：____ mm	曝气筒直径：____ mm	水温：____℃
c_s(实测)：____ mg/L	c_s(理论)：____ mg/L		风量：____ m^3/h	曝气强度/[m^3·(m^{-2}·h^{-1})]：	
编号		时间/min		溶解氧浓度 c_t/(mg·L^{-1})	

（2）实验数据处理

计算不同时间的 $\ln[(c_s-c_0)/(c_s-c_t)]$，其中，对已经脱氧的清水 $c_0=0$ mg/L。以 $\ln[(c_s-c_0)/(c_s-c_t)]-t$ 作图，通过图解法求直线的斜率来确定 K_{La}。

六、思考题

①简述曝气充氧原理及影响氧转移的因素。

②氧总转移系数 K_{La} 的意义是什么？如何计算？

③曝气设备充氧性能指标为什么均是清水？

实验七 活性污泥性能测定

活性污泥的评价指标一般有混合液悬浮固体浓度(MLSS)、混合液挥发性悬浮固体浓度(MLVSS)、污泥沉降比(SV)、污泥体积指数(SVI)、生物相和污泥龄(θ_c)等。

一、实验目的

①掌握污泥特性指标 MLSS、MLVSS、SV 及 SVI 的测试方法。
②明确 SV、SVI、MLSS 及 MLVSS 几个指标之间的相关关系。
③理解污泥特性指标对污水处理过程控制的意义。

二、实验原理

混合液悬浮固体浓度(MLSS)又称混合液污泥浓度。它表示曝气池单位容积混合液内所含活性污泥固体物的总质量,由活性细胞(Ma)、内源代谢残留的不可生物降解的有机物(Me)、入流水中不可生物降解的有机物(Mi)和入流水中的无机物(Mii)四部分组成。混合液挥发性悬浮固体浓度(MLVSS)表示混合液活性污泥中有机性固体物质部分的浓度,即由 MLSS 中的前三项组成。活性污泥净化废水靠的是活性细胞(Ma),当 MLSS 一定时,Ma 越高,表明污泥的活性越好,反之越差。MLVSS 不包括无机部分(Mii),所以用其来表示活性污泥的活性数量上比 MLSS 好,但它并不真正代表活性污泥微生物(Ma)的量。这两项指标虽然在代表混合液生物量方面不够精确,但测定方法简单易行,能够在一定程度上表示相对的生物量,MLVSS/MLSS 可以作为 B/C 的一个参考值同时也是表征污泥特性和熟化度的一个参数,因此广泛用于活性污泥处理系统的设计、运行中。

性能良好的活性污泥,除具有去除有机物的能力外,还应有好的絮凝沉降性能。这是发育正常的活性污泥所应具有的特性之一,也是二沉池正常工作的前提和出水达标的保证。活性污泥的絮凝沉降性能,可用污泥沉降比(SV)和污泥体积指数(SVI)两项指标来加以评价。污泥沉降比是指曝气池混合液在 100 mL 量筒中沉淀 30 min,沉降下来的污泥体积与混合液体积之比,用体积百分数(%)表示。活性污泥混合液经 30 min 沉淀后,沉淀污泥可接近最大密度,因此可用 30 min 作为测定污泥沉降性能的依据。城市污水的 SV 值一般为 15% ~ 30%。污泥体积指数是指曝气池混合液经 30 min 沉淀后,每克干污泥所形成的沉淀污泥所占有的容积,以 mL 计,即 mL/g,但习惯上把单位舍去。SVI 的计算式为:

$$SVI = \frac{SV\left(\dfrac{mL}{L}\right)}{MLSS\left(\dfrac{g}{L}\right)}$$

在一定的污泥量下,SVI 反映了活性污泥的凝聚沉淀性能。如 SVI 较高,则表示 SV 较大,污泥沉降性能较差;如 SVI 较低,则污泥颗粒密实,沉降性能好。但如 SVI 过低,则污泥矿化程度高,活性及吸附性都较差。一般来说,当 SVI < 100 时,污泥沉降性能良好;当 SVI = 100 ~ 200 时,沉降性能一般;而当 SVI > 200 时,沉降性能较差,污泥易膨胀。对于一般城市污水,在正常情况下,污泥指数控制在 50 ~ 150 为宜。

三、实验材料

①100 mL 量筒。

②洗耳球。

③虹吸管。

④电子计时器。

⑤万分之一电子天平。

⑥烘箱。

⑦马弗炉。

⑧漏斗。

⑨三角瓶。

⑩瓷坩埚。

⑪带盖称量瓶。

⑫定量滤纸。

⑬干燥器。

⑭显微镜。

四、实验步骤

MLSS、MLVSS 的测定采用重量法,MLSS、MLVSS、SV、SVI 指标的测定步骤如下。

①将 ϕ12.5 cm 的定量中速滤纸折好并放入已编号的称量瓶中,在 103 ~ 105 ℃的烘箱中烘 2 h,取出称量瓶,放入干燥器中冷却 30 min,在电子天平上称重,记下称量瓶编号和质量 m_1(g)。

②将已编号的瓷坩埚放入马弗炉中,在 600 ℃温度下灼烧 30 min,取出瓷坩埚,放入干燥器中冷却 30 min,在电子天平上称量,记下坩埚编号和质量 m_2(g)。

③用 100 mL 量筒量取曝气池混合液 100 mL(V_1),静止沉淀 30 min,观察活性污泥在量筒中的沉降现象,到时记录下沉淀污泥的体积 V_2(mL)。

④从已知编号和称重的称量瓶中取出滤纸,放置到已插在 250 mL 三角烧瓶上的玻璃漏斗中,取 100 mL 曝气池混合液慢慢倒入漏斗过滤。

⑤将过滤后的污泥连滤纸放入原称量瓶中,在 103 ~ 105 ℃的烘箱中烘 2 h,取出称量瓶,放入干燥器中冷却 30 min,在电子天平上称重,记下称量瓶编号和质量 m_3(g)。

⑥取出称量瓶中已烘干的污泥和滤纸,放入已编号和称重的瓷坩埚中,在 600 ℃温度下灼烧 30 min,取出瓷坩埚,放入干燥器中冷却 30 min,在电子天平上称重,记下瓷坩埚编号和质量 m_4(g)。

⑦生物相观察。将浓缩后的污泥滴到载玻片上,盖上盖玻片(注意先放一边,慢慢压出气泡),做好的压片在显微镜下观察生物相。

五、实验结果

①实验数据记录。

污泥特性指标测试记录见表5.16。

表 5.16 污泥特性指标测试记录表

静沉时间/min	1	3	5	10	15	20	30
污泥体积/mL							
称量瓶编号							
滤纸 + 称量瓶质量 m_1/g							
滤纸 + 称量瓶 + 污泥质量 m_3/g							
活性污泥干重/g							
瓷坩埚编号							
瓷坩埚质量 m_2/g							
瓷坩埚与残渣重 m_4/g							

②实验结果计算。

根据以上测定结果,可分别计算出 SV、MLSS、SVI、MLVSS 指标的值。污泥沉降比计算:

$$SV_{30} = \frac{V_2}{V_1} \times 100\%$$

混合液悬浮固体浓度计算:

$$MLSS\left(\frac{g}{L}\right) = \frac{(m_3 - m_1) \times 1\ 000}{V_1}$$

污泥体积指数计算:

$$SVI = \frac{SV\left(\dfrac{mL}{L}\right)}{MLSS\left(\dfrac{g}{L}\right)}$$

混合液挥发性悬浮固体浓度计算:

$$MLVSS\left(\frac{g}{L}\right) = \frac{(m_3 - m_1) - (m_4 - m_2)}{V_1 \times 10^{-3}}$$

③绘出 100 mL 量筒中污泥容积随沉淀时间的变化曲线。

④根据污泥沉降比与污泥容积指数及生物相,评价活性污泥处理系统中活性污泥的沉降性能,是否有污泥膨胀倾向或已发生污泥膨胀。

六、思考题

①对城市污水来说,SVI > 200 或 SV < 50,各反映了什么问题? 如何解决?
②测定污泥沉降比为何要静置 30 min? 5 min 可以吗?

③污泥沉降比与污泥容积指数二者有何区别与联系？

实验八　微生物计数及活性污泥观察

一、实验目的

①学习使用血球计数板进行微生物计数的方法。
②认识活性污泥中常见的微生物,后生动物的形态及菌胶团的外形色泽。
③认识水中常见的藻类。

二、实验原理

测定微生物数目的方法有显微镜直接计数法、平板菌落计数法、光电比浊法等,本实验介绍显微镜直接计数法。

显微镜直接计数法就是利用血球计数板在显微镜下直接计数,其原理是:将经过适当稀释的菌悬液放在血球计数板载玻片与盖玻片之间的计数室中,在显微镜下进行计数。由于计数室的容积是一定的($0.1~mm^3$),所以可以根据在显微镜下观察到的微生物数目来换算成单位体积内的微生物总数目。血球计数板通常是一块特制的载玻片(图5.6),其上由4条槽构成3个平台,中间的平台又被一短横槽隔成两半,每一边的平台上各刻有一个方格网(图5.7),方格网中间是边长为1 mm 的计数室,当盖上盖玻片后,载玻片与盖玻片之间的高度为0.1 mm,这样就形成一个体积为 $0.1~mm^3$ 的计数室。

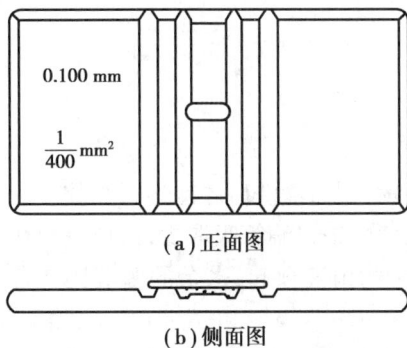

（a）正面图

（b）侧面图

图 5.6　血球计数板

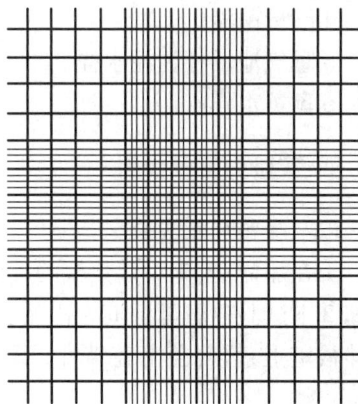

图 5.7　计数网的分区和分格

计数室的刻度一般有两种规格:一种是一个大方格分成 25 个中方格,而每个中方格又分成 16 个小方格[图 5.8(a)],另一种是一个大方格分成 16 个中方格,而每个中方格又分成 25 个小方格[图 5.8(b)]。但无论是哪种规格的计数板,每一个大方格中的小方格数是相同的,即 $16 \times 25 = 400$ 小方格。

计数时如采用 16 中方格 ×25 小方格的计数板时,就按对角线方位数取左上、左下、右上、

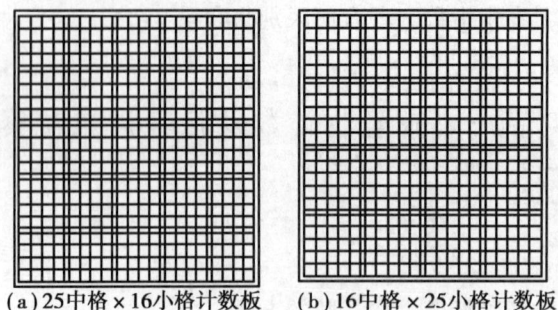

(a)25中格×16小格计数板　　(b)16中格×25小格计数板

图 5.8　计数室刻度

右下的 4 个中方格内的菌数。如果是 25 中方格 ×16 小方格的计数板,除数取上述 4 个中方格外,还需数取其中央的一中方格的菌数。位于中方格线上的菌体,一般只计此中格的上方及右方格线上的菌体。

16 中方格 ×25 小方格计数板:

菌数(个/毫升) = 4 个中方格中总菌数 ×16×10×1 000× 稀释倍数 ÷4

25 中方格 ×16 小方格计数板:

菌数(个/毫升) = 5 个中方格内总菌数 ×25×10×1 000× 稀释倍数 ÷5

三、实验仪器和材料

①显微镜。
②血球计数板。
③载玻片和盖玻片。
④酵母菌液。
⑤曝气池活性污泥水样。
⑥藻类水样。

四、实验内容及步骤

1. 微生物计数实验
①在加样前,先对计数板的计数室进行镜检。若有污物,则需清洗后才能进行计数。
②本试验以酵母菌液为样品。将酵母菌液摇匀,用无菌的细口滴管吸取少许,放一滴在血球计数室上,轻轻盖上盖玻片,不能有气泡,也不能让多余的菌液顶起,多余的菌液让其自然溢出。
③将血球计数板置于显微镜载物台上,先用低倍镜观察全貌,找到计数室所在位置,然后换成高倍镜进行计数。如果酵母出芽,芽体大小达到母细胞的一半时,即作两个菌体计数。
④计数时若发现菌液太浓或太稀,需重新调节稀释度后再计数,一般样品稀释度要求每个中方格内有 20 个左右菌体为好,记下稀释倍数,以供计算。
⑤计数完毕,血球计数板要立即清洗干净,并用吸水纸吸干,最后用擦镜纸擦干净并放回盒内。

2. 活性污泥观察实验
在生物法处理废水中,对曝气池活性污泥的观察是废水处理过程中最常用的检验手段之一。通过对活性污泥中微形动物(原生动物、后生动物)及菌胶团的观察,能及时了解处理情况,以利于及时采取补救措施。

①压片标本的制备。

取曝气池活性污泥混合液一小滴,放在洁净的载玻片中央(如混合液中污泥较少可待其沉淀后,取沉淀的活性污泥一小滴加到载破片上,如混合液中污泥较多,则应稀释后进行观察);盖上盖玻片,即制成活性污泥压片标本。在加盖玻片时,要先使盖玻片的一边接触水滴,然后轻轻盖上,否则易形成气泡,影响观察。

②低倍显微镜观察。

观察生物相的全貌时,要注意污泥絮粒的大小、污泥结构的松紧程度、菌胶团和丝状菌的比例及其生长状况,并加以记录和做出必要的描述。观察微型动物的种类、活动状况。

污泥絮粒大小对污泥初始沉阵速率影响较大,絮粒大,污泥沉降快。污泥絮粒大小按平均直径可分成 3 等:大粒污泥絮粒平均直径 >500 μm;中粒污泥絮粒平均直径在 150～500 μm;细小污泥絮粒平均直径 <150 μm。污泥絮粒性状是指污泥絮粒的形状、结构、紧密度及污泥中丝状菌的数量。镜检时可把近似圆形的絮粒称为圆形絮粒,与圆形截然不同的称为不规则形状絮粒。絮粒中网状空隙与絮粒外面悬液相连的称为开放结构;无开放空隙的称为封闭结构。絮粒中菌胶团细菌排列致密。絮粒边缘与外部悬液界限清晰的称为紧密的絮粒;边缘界线不清的称为疏松的絮粒。实践证明,圆形、封闭、紧密的絮粒相互间易于凝聚、浓缩,沉降性能良好,反之则沉降性能差。

活性污泥中丝状细菌数量是影响污泥沉降性能最重要的因索,当污泥中丝状菌占优势时,可以从絮粒中向外伸展,阻碍了絮粒间的凝聚,使污泥 SV 值和 SVI 值升高,造成活性污泥膨胀。根据活性污泥中丝状菌与菌胶团细菌的比例,可将丝状菌分成五个等级:

0 级:污泥中几乎无丝状菌存在;

± 级:污泥中存在少量丝状菌;

+ 级:存在中等数量的丝状菌,总量少于菌胶团细菌;

＋＋级:存在大量的丝状菌,总量与菌胶团细菌大致相等;

＋＋＋级:污泥絮粒以丝状菌为骨架,数量超过菌胶团细菌而占优势。

③高倍镜观察。

用高倍镜观察,可进一步看清微型动物的结构特征,观察时应注意微型动物的外形和内部结构,例如钟虫体内是否存在食物泡、纤毛环的摆动情况等。观察菌胶团时,应注意胶质的厚薄和色泽,新生菌胶团出现的比例;观察丝状菌时,注意菌体内是否有类脂物质和硫粒积累,以及丝状菌生长,丝体内细胞的排列、形态和运动特征,以便判断丝状菌的种类,并进行记录。

3. 藻类观察实验

藻类常出现在废水处理的氧化塘中,在给水水源中也常常大量出现。

①用吸管吸少许含有藻类的水样,放一滴在载玻片中央,盖上盖玻片(片内不能有气泡形成)即成。

②将制备好的标本片放在载物台上,用低倍镜或高倍镜观察各种藻类的色泽、形态、构造,并绘出形态草图。

五、实验结果

①做好实验过程和数据记录,物生物计数实验中根据计算公式,计算菌数。

②绘制观察到的活性污泥中的微生物形态草图,辨别种类,并根据观察结果初步判断水质情况。

③绘制藻类草图,辨别种类,简要分析藻类出现的原因。

六、思考题

①微生物相观察在给水和排水工程中有何实际意义?

②活性污泥中丝状菌过多的成因有哪些?

实验九 污泥吸附性能的测定

一、实验目的

①掌握污泥吸附性能的测定方法。

②加深对活性污泥处理有机污染物的过程和规律的认识。

二、实验原理

活性污泥是活性污泥法污水处理系统的主体作用物质,活性污泥的性能决定了活性污泥法处理系统的效能。通常活性好的活性污泥外观呈黄褐色絮绒颗粒状,又称为生物絮体。活性污泥主要由大量微生物及其吸附的有机物构成,性能良好的活性污泥具有很强的吸附能力和絮凝沉降能力。

由于活性污泥具有较大的比表面积,当活性较好的活性污泥与污水接触时,短时间内活性污泥会将污水中呈悬浮和胶体状的有机污染物吸附在自身的表面,废水的 COD 急剧降低,然后又会略微升高,这是由于吸附在活性污泥表面的部分非溶解性有机污染物在水解酶的作用下,水解成溶解性的小分子,重新回到水中而导致的。随着活性污泥生化反应的不断进行,有机污染物不断被降解,COD 又缓缓下降,活性污泥吸附性能曲线如图 5.9 所示。

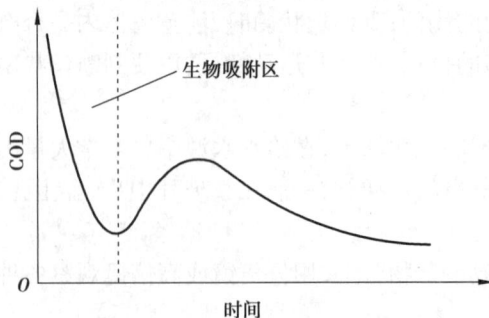

图 5.9 活性污泥吸附性能曲线

三、实验设备及仪器

①活性污泥法处理实验装置(图 5.10)。

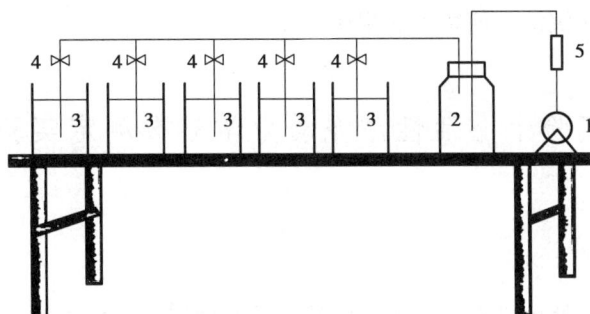

图 5.10　活性污泥法处理实验装置

1—空压机;2—油水分离器;3—生化反应器;4—开关;5—气体流量计

②COD_{Cr} 分析装置。

③定性滤纸。

④100 mL 烧杯。

⑤普通漏斗。

⑥漏斗架。

⑦秒表。

四、实验步骤

①取一定量生化池中的活性污泥,静置 60 min,去掉上清液后,加入生化反应器,然后加入人工废水或实际废水,使混合液悬浮物浓度(MLSS)保持在 2 000 ~ 3 000 mg/L,曝气 24 h。

②停止曝气,静置 30 min,去掉上清液。

③打开气泵,调节气量,进行曝气。加入一定量的原水后,取样分析混合液的 MLSS,同时开始计时。在 1 min、5 min、10 min、20 min、25 min、30 min、35 min、40 min、45 min、50 min、60 min、90 min、120 min 分别取混合液 50 mL,过滤,分析滤液的 COD_{Cr}。

五、实验结果

(1)实验数据

间歇式活性污泥法处理废水的实验数据记录见表 5.17。

表 5.17　间歇式活性污泥法处理废水的实验数据记录表

时间/min	0	1.0	5.0	10	20	25	30	35	40	45	50	60	90	120
$COD_{Cr}/(mg \cdot L^{-1})$														

(2)实验数据处理

绘制活性污泥吸附曲线($COD_{Cr} - t$)。

六、思考题

①影响活性污泥吸附性能的主要因素有哪些?
②活性污泥的絮凝沉淀有何特点和规律?

实验十　活性污泥动力学参数测定实验

一、实验目的

①加深对污水生物处理机理及生化反应动力学的理解。
②了解活性污泥动力学参数的测定意义。
③掌握利用 SBR 反应器求活性污泥反应动力学参数的方法。

二、实验原理

活性污泥动力学反应方程以米氏(Michaelis-Menton)方程和莫诺特(Monod)方程为基础,包括底物降解动力学和微生物增长动力学,用数学表达式定量或半定量地揭示活性污泥法处理系统内有机污染物降解、污泥增长、溶解氧消耗等与各项设计参数及环境因素之间的关系,对工程设计及运行管理的优化有一定的指导意义。

活性污泥法处理系统中包括多种基质和微生物群体,是不同类型生化反应综合的结果,因此反应速率和反应过程受到系统中各种环境因素的影响。活性污泥法反应动力学参数主要有 K_s、v_{max}、Y、K_d。

建立活性污泥法反应动力学数学模型时,通常有以下假设:
①除特殊说明外,认为反应器内物料是完全混合的。
②活性污泥系统运行条件稳定。
③二沉池内没有微生物活动,也没有污泥累积且固液分离好。
④进水基质均为可溶性的,且浓度稳定,不含微生物。
⑤系统中不含有毒物质和抑制性物质。
(1)K_s、v_{max}的确定
莫诺特方程

$$v = v_{max}\left(\frac{S}{K_s + S}\right) \tag{5.4}$$

式中　v——底物的比利用速率,h^{-1} 或 d^{-1};
　　　v_{max}——底物最大比利用速率,h^{-1} 或 d^{-1};
　　　K_s——饱和常数,又称半速率常数,mg/L;
　　　S——反应器中微生物周围的底物浓度,mg/L。
　　式(5.4)还可以表示为

$$v = v_{max}\left(\frac{S_e}{K_s + S_e}\right) \tag{5.5}$$

式中 S_e——出水中限制微生物生长的底物浓度。

有机基质降解速率等于其被微生物利用速率,即

$$v = \frac{\mathrm{d}(S_0 - S)}{X \cdot \mathrm{d}t} = \frac{1}{X}\frac{\mathrm{d}S}{\mathrm{d}t} \tag{5.6}$$

式中 X——微生物比增殖速率,kg MLVSS/(kg MLVSS·h);

$\dfrac{\mathrm{d}S}{\mathrm{d}t}$——底物利用速率,mg/(L·h);

t——反应时间,h。

将式(5.5)取倒数得

$$\frac{1}{v} = \frac{K_s}{v_{max}} \times \frac{1}{S_e} + \frac{1}{v_{max}} \tag{5.7}$$

将式(5.6)取倒数得

$$\frac{1}{v} = \frac{X}{\mathrm{d}S/\mathrm{d}t} = \frac{X}{S_i - S_e} = \frac{VX}{Q(S_i - S_e)} \tag{5.8}$$

式中 S_i——进水中限制微生物生长的底物浓度,mg/L;

X——反应器中活性污泥浓度(MLVSS),mg/L;

Q——废水流量,L/d。

取不同的 Q 值,由式(5.8)计算出不同的 $1/v$。根据式(5.7),以 $(1/v) - (1/S_e)$ 作图,直线的截距为 $1/v_{max}$,斜率为 K_s/v_{max},可以求出 v_{max}、K_s。

(2)Y、K_d 值的确定

活性污泥的净增长速率为

$$\frac{\mathrm{d}x}{\mathrm{d}t} = -Y\frac{\mathrm{d}S}{\mathrm{d}t} - K_d X \tag{5.9}$$

式中 Y——微生物增长常数;

K_d——微生物自身氧化率。

污泥龄(θ_c)

$$\theta_c = \frac{X}{\mathrm{d}x/\mathrm{d}t} \tag{5.10}$$

整理式(5.9)、式(5.10)得到

$$1/\theta_c = Yv - K_d \tag{5.11}$$

不同污泥龄(θ_c)条件下可测得不同的出水 COD_{Cr}(S_e)。由式(5.8)计算出 v 值。以 $1/\theta_c - v$ 作图,直线的截距为 $-K_d$,斜率为 Y。

三、实验设备与试剂

①SBR 反应器。
②COD_{Cr}分析装置。
③烘箱。
④分析天平。
⑤定量滤纸。
⑥称量瓶。

⑦马弗炉。

⑧瓷坩埚。

⑨玻璃漏斗、漏斗架。

⑩100 mL 量筒、250 mL 烧杯等。

⑪葡萄糖、K_2HPO_4、KH_2PO_4、NH_4Cl、$MgSO_4 \cdot 7H_2O$、$FeSO_4 \cdot 7H_2O$、$ZnSO_4 \cdot 7H_2O$、$CaCl_2$、$MnSO_4 \cdot 3H_2O$。

四、实验步骤

①配制人工废水,配制方法见表5.18。

表 5.18　人工废水的配制方法

名称	化学式	剂量浓度/$(mg \cdot L^{-1})$
葡萄糖	$C_6H_{12}O_6$	656
氮和磷	尿素	21.4
	KH_2PO_4	35
	$(NH_4)_2SO_4$	117
微量元素	$MgSO_4$	20
	$CaCl_2$	6
	$MnSO_4$	5
	$FeSO_4$	5
	$ZnSO_4$	5

②活性污泥的培养与驯化。取一定量的生化池中的活性污泥加入反应器中,保持反应器中的活性污泥浓度在 2 500 mg/L。

③加入一定量的人工废水,曝气充氧。

④每天曝气23 h 左右,按照污泥龄为 3 d、4 d、5 d、6 d、7 d,用虹吸法排出反应器内的混合液。

⑤将反应器内剩余的混合液静置 30 min,排出上清液,重复步骤③—⑤。

⑥取样分析原水的 $COD_{Cr}(S_i)$ 值、反应器中活性污泥浓度(X)以及上清液的 COD_{Cr}(S_e)值。

五、实验结果

(1)实验数据

间歇式生化反应动力学参数测定实验数据记录见表5.19。

(2)实验数据处理

①以 $1/v - 1/S_e$ 作图,求出 v_{max}、K_s。

②以 $1/\theta_c - v$ 作图,求出 K_d、Y。

表 5.19　间歇式生化反应动力学参数测定实验数据记录表

反应器容积 $V=$ ＿＿ L,水温＿＿℃					
$Q/(\text{L}\cdot\text{d}^{-1})$	$S_i/(\text{mg}\cdot\text{L}^{-1})$	$S_e/(\text{mg}\cdot\text{L}^{-1})$	$X/(\text{mg}\cdot\text{L}^{-1})$	θ_c/d	$\dfrac{1}{v}=\dfrac{VX}{Q(S_i-S_e)}$

六、思考题

①生化反应动力学参数的测定对实际工程有何意义?
②本实验测定的参数是否适用于推流式活性污泥法?

实验十一　污泥比阻测定实验

一、实验目的

①通过实验掌握污泥比阻的测定方法。
②掌握确定污泥的最佳混凝剂投加量。

二、实验原理

污泥比阻是表示污泥过滤特性的综合性指标,是指单位质量的污泥在一定压力下过滤时在单位过滤面积上的阻力。污泥比阻的作用是比较不同的污泥(或同一污泥加入不同量的混合剂后)的过滤性能。污泥比阻越大,过滤性能越差。

过滤时滤液体积 $V(\text{mL})$ 与推动力 p(压强降,g/cm^2)、过滤面积 $F(\text{cm}^2)$、过滤时间 $t(\text{s})$ 成正比;与过滤阻力 $R[(\text{cm}\cdot\text{s}^2)/\text{mL}]$、滤液黏度 $\mu[\text{g}/(\text{cm}\cdot\text{s})]$ 成反比。

$$V=\frac{pFt}{\mu R} \tag{5.12}$$

过滤阻力包括滤渣阻力 R_z 和过滤介质阻力 R_g。过滤阻力随滤渣层厚度的增加而增大,过滤速度则减少。式(5.12)的微分形式为

$$\frac{\mathrm{d}V}{\mathrm{d}t}=\frac{pF}{\mu(R_z+R_g)} \tag{5.13}$$

由于 R_g 相对 R_z 来说较小,为简化计算,忽略不计。

$$\frac{\mathrm{d}V}{\mathrm{d}t}=\frac{pF}{\mu R_z}=\frac{pF}{\mu\alpha\delta}=\frac{pF}{\mu\dfrac{CV}{F}} \tag{5.14}$$

式中 α——单位体积污泥的比阻;

  δ——滤渣厚度;

  C——获得单位体积滤液所得的滤渣体积。

如以滤渣干重代替滤渣体积,单位质量污泥的比阻代替单位体积污泥的比阻,则式(5.14)可改写为

$$\frac{\mathrm{d}V}{\mathrm{d}t} = \frac{pF^2}{\mu\alpha CV} \tag{5.15}$$

式中,α 为污泥比阻,在 CGS 制中,其量纲为 s^2/g,在工程单位制中其量纲为 cm/g。在定压下,对式(5.15)积分,可得

$$\frac{t}{V} = \frac{\mu\alpha C}{2pF^2}V \tag{5.16}$$

式(5.16)说明在定压下过滤,t/V 与 V 成直线关系,其斜率为

$$b = \frac{\mu\alpha C}{2pF^2}$$

$$\alpha = \frac{2pF^2}{\mu} \times \frac{b}{C} = K\frac{b}{C}$$

需要在实验条件下求出 b 及 C。b 的求法:可在定压下(真空度保持不变)通过测定一系列的 $t \sim V$ 数据,用图解法求斜率。C 的求法:用测滤饼含水比的方法求 C 值。

$$C = \frac{1}{\dfrac{100 - C_i}{C_i} - \dfrac{100 - C_f}{C_f}}(\text{g 滤饼干重}/\text{mL 滤液})$$

式中 C_i——100 g 污泥中的干污泥量;

  C_f——100 g 滤饼中的干污泥量。

例如污泥含水率97.7%,滤饼含水率为80%。

$$C = \frac{1}{\dfrac{100 - 2.3}{2.3} - \dfrac{100 - 20}{20}} = \frac{1}{38.48} = 0.026\ 0(\text{g/mL})$$

一般认为比阻在 $10^9 \sim 10^{10}\ s^2/g$ 的污泥为难过滤污泥,比阻小于 $0.4 \times 10^9 s^2/g$ 的污泥容易过滤。

投加混凝剂可以改善污泥的脱水性能,使污泥的比阻减小。无机混凝剂如 $FeCl_3$、$Al_2(SO_4)_3$ 等投加量,一般为污泥干质量的 5%～20%。高分子混凝剂如聚丙烯酰胺、碱式氯化铝等,投加量一般为干污泥质量的 0.1%～0.5%。

三、实验设备及试剂

①污泥比阻实验装置(图 5.11)。

②秒表。

③滤纸。

④烘箱。

⑤PAM 和硫酸铝。

⑥布氏漏斗。

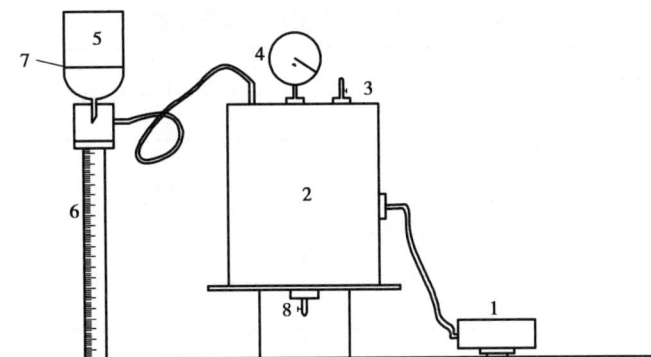

图 5.11　污泥比阻实验装置

1—真空泵;2—真空室;3—真空调节阀;4—真空表;5—布氏漏斗;6—
计量管;7—过滤介质(滤纸);8—放空阀

⑦100 mL 量筒。

⑧瓷蒸发皿。

四、实验步骤

①测定污泥的固体浓度 C_0(MLSS)。

②取一定量(100 mL)污泥,用 PAM(1 g/L)或 $Al_2(SO_4)_3 \cdot 18H_2O$(10 g/L)混凝剂调理污泥(每组加一种混凝剂)。PAM 投加量分别为干污泥质量的 0.2%、0.4%、0.6%;$Al_2(SO_4) \cdot 18H_2O$ 投加量为干污泥质量的 5%、10%、15%。

③在布氏漏斗上放置已称重的定量滤纸,用水润湿,贴紧周底。

④开动真空泵,调节真空压力,大约为实验压力的 2/3,关掉真空泵。

⑤加入 100 mL 污泥于漏斗中,依靠重力过滤 1 min,记录滤液体积。开动真空泵,调节真空压力至实验压力(0.03 ~ 0.05 Mpa);达到此压力后,开始启动秒表,并记下开动时计量管内的滤液 V_0。

⑥每隔一定时间(开始过滤时可每隔 10 s 或 15 s,滤速减慢后可隔 30 s 或 60 s)记下计量管内相应的滤液量。

⑦一直过滤至真空破坏,如真空长时间不破坏,则过滤 20 min 后即可停止。

⑧关闭阀门取下滤饼放入瓷蒸发皿中称量。称量后的滤饼于 105 ℃的烘箱内烘干至恒重称量。

⑨计算出滤饼的含水比,求出单位体积滤液的固体量 C_0。

⑩再加入调理后污泥,重复步骤③—⑨。

五、实验结果

①测定并记录实验基本参数。

原污泥的含水率及固体浓度 C_0;实验真空度/mmHg。

②将布氏漏斗实验所得数据按表 5.20 记录并计算。

表 5.20 布氏漏斗实验数据记录表

时间/s	计量管滤液量(后)V_1/mL	计量管滤液量(前)V_0/mL	滤液量 $V = V_1 - V_0$/mL	t/V /(s·mL^{-1})	备注

③以 t/V 为纵坐标，V 为横坐标作图，求 b。

④根据原污泥的含水率及滤饼的含水率求出 C。

⑤列表计算比阻值 α（表 5.21）。

表 5.21 比阻值计算表

污泥含水比/%	污泥固体浓度/(g·cm^{-3})	混凝剂用量/%	斜率b/(s·cm^{-6})	$K = \dfrac{2pF^2}{\mu}$					K值/(s·cm^3)	皿+滤纸重量/g	皿+滤纸滤饼湿重/g	皿+滤纸滤饼干重/g	滤饼含水比/%	单位体积滤液的固体量C/(g·mL^{-1})	比阻值α/(s^2·g^{-1})
				布氏漏斗d/cm	过滤面积F/cm^2	面积平方F^2/cm^4	滤液黏度μ/[g·(cm·s)$^{-1}$]	真空压力p/(g·cm^{-2})							

⑥以比阻为纵坐标，混凝剂投加量为横坐标，作图求出最佳投加量。

六、注意事项

①检查计量管与布氏漏斗之间是否漏气。

②滤纸称量烘干，放到布氏漏斗内，要先用蒸馏水湿润，而后再用真空泵抽吸一下，滤纸要贴紧不能漏气。

③污泥倒入布氏漏斗内时，有部分滤液流入计量筒，所以正常开始实验后记录量筒内滤液体积。

④污泥中加混凝剂后应充分混合。

⑤在整个过滤过程中,真空度确定后始终保持一致。

七、思考题

①判断生污泥、消化污泥脱水性能好坏并分析其原因。

②测定污泥比阻在工程上有何实际意义?

实验十二　加压溶气气浮实验

一、实验目的

①掌握压力溶气气浮装置的工作原理及其构造特征。

②了解压力溶气气浮工艺在污水处理中的操作方法。

二、实验原理

气浮法常用于密度接近或小于水的细小颗粒的分离。以向水中释放的高度分散的微小气泡作为载体,黏附废水中的污染物质,使其密度小于水而上浮到水面,实现固-液或液-液分离。按微细气泡的产生方法,气浮法分为电解气浮法、分散空气气浮法、溶解气浮法。

加压溶气法是目前常用的气浮法,即在一定压力下使空气溶解于水,然后将压力降至常压,使过饱和的空气以细微气泡释放到水中。疏水性强的物质(如植物纤维、油珠等),不投加化学药剂即可获得满意的固-液分离效果。一般的疏水性或亲水性物质,需投加化学试剂,以改变颗粒的表面性质,增加气泡与颗粒的黏附。

影响加压溶气气浮效果的因素有很多,如空气在水中的溶解量、气泡的直径、气浮时间的长短、原水水质、混凝剂的种类及投加量等。采用加压溶气气浮法进行水处理时,常需要通过加压溶气气浮实验确定有关的设计参数。

三、实验设备及试剂

①加压溶气气浮实验装置(图5.12)。

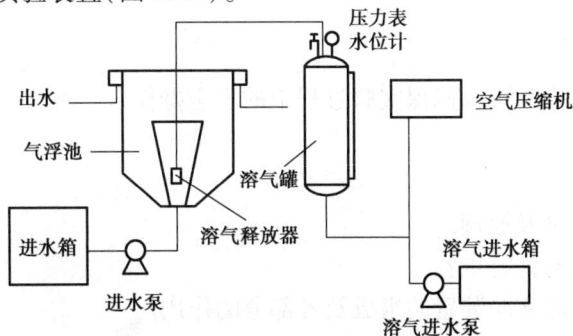

图5.12　加压溶气气浮实验装置

②硫酸铝$[Al_2(SO_4)_3 \cdot 18H_2O]$。

③人工配制废水或工业废水。

④SS 分析仪器设备。

⑤COD_{Cr}分析仪器设备。

四、实验步骤

①检查气浮实验装置是否正常。

②分析废水的 SS、COD_{Cr}。

③将废水投加到废水箱中,并加入混凝剂硫酸铝,投加量为 50～60 mg/L,进行搅拌。

④将清水和废水加入加压水水箱及气浮池中。

⑤启动空压机,将压缩空气输入到溶气罐中。

⑥当溶气罐的压力达到 2～3 kg/cm² 时,启动水泵,缓缓打开进水阀,将清水输入溶气罐中进行溶气,同时注意观察液面计;调节进水量和压力使之保持恒定。

⑦当溶气罐液面计的水位达到 1/3 时,打开溶气释放阀,将溶气水输入气浮池中;观察气浮过程、气泡释放及气浮效果。

⑧浮渣经排渣管排出,处理水回流至加压水水箱。

⑨分析处理水的 SS、COD_{Cr}。

五、实验结果

(1)实验数据

加压溶气气浮实验数据记录见表 5.22。

表 5.22　加压溶气气浮实验数据记录表

项目	SS/(mg·L⁻¹)	COD_{Cr}/(mg·L⁻¹)
进水		
出水		

(2)实验数据处理

计算 COD_{Cr}、SS 去除率。

六、注意事项

在实验前先做好安全检查及确保实验过程中的安全操作。

七、思考题

①简述气浮法的含义及原理。

②加压溶气气浮法有何特点?

③简述加压溶气气浮实验装置的组成及各部分的作用。

实验十三　工业废水厌氧消化实验

一、实验目的

①加深对厌氧消化机理、特点的认识和理解。

②掌握厌氧消化实验的方法和数据处理。

二、实验原理

厌氧消化是高浓度有机废水、污泥处理处置中常用的一种方法。有机物在厌氧条件下的降解过程可分为3个阶段:第一阶段为水解酸化阶段,复杂的大分子、不溶性有机物在胞外酶的作用下水解为小分子、溶解性有机物;第二阶段为产氢产乙酸阶段,在产氢产乙酸菌的作用下,将第一阶段产生的各种有机酸分解转化为乙酸、乙酸盐、氢气、二氧化碳等;第三阶段为产甲烷阶段,产甲烷菌将乙酸、乙酸盐、氢气、二氧化碳等转化为甲烷。

厌氧污泥活性是指单位质量的厌氧污泥(以 VSS 计)在单位时间内产生的甲烷量,或是指单位质量的厌氧污泥(以 VSS 计)在单位时间内能去除的有机物(以 COD 计)。标准状态下,1 mol甲烷体积为22.4 L,按照甲烷的 COD 当量为64 g O_2/mol(甲烷),则等于0.35 L甲烷/g COD。可通过监测厌氧废水处理系统的进水和出水 COD 值、进水流量,求出甲烷的产量。在消化反应器中,消化温度、pH 值等对处理效率有很大的影响,工程设计中往往通过实验获得必要的设计参数。

三、实验设备及仪器

①厌氧反应器。

②加热器及温控仪(±1 ℃)。

③搅拌器。

④原水箱。

⑤湿式气体流量计。

⑥驯化的厌氧污泥。

⑦模拟工业废水。

⑧pH 计。

⑨分析天平。

⑩COD_{Cr}分析装置。

⑪马弗炉。

⑫恒温干燥箱。

四、实验步骤

①配制高浓度模拟工业废水,COD_{Cr}约为5 000 mg/L,分析 COD_{Cr}值。

②取驯化的消化污泥混合液10 L于消化瓶中(控制污泥浓度为10 g/L左右),分析混合

液的 MLVSS。

③密闭厌氧反应系统,放置 1 d,以便兼性细菌消耗掉厌氧反应器内的氧气。

④将厌氧反应器内的混合液搅匀,按确定的水力停留时间排出厌氧反应器内的混合液。例如,水力停留时间为 5 d,应排出混合液 2 L,加入相应的模拟工业废水,使厌氧反应器内混合液体积仍然是 10 L。

⑤启动搅拌器搅拌厌氧反应器内混合液。

⑥4 h 后记录湿式气体流量计的读数,计算 1 d 的产气量。

⑦每天重复实验步骤④—⑥。通常情况下,运行 2~3 周可以得到稳定的厌氧反应系统。

⑧实验系统稳定后,连续 3 d 测定流量、混合液 pH 值、产气量、混合液碱度、进水 COD_{Cr}、出水 COD_{Cr}、MLVSS,填入表 5.23、表 5.24 中。

表 5.23 产气量数据

时间/d	湿式气体流量计读数	产气量/$(mL \cdot d^{-1})$

表 5.24 厌氧反应实验记录

时间/d	流量(Q) /$(L \cdot d^{-1})$	进水 COD_{Cr} /$(mg \cdot L^{-1})$	出水 COD_{Cr} /$(mg \cdot L^{-1})$	反应器内 MLVSS /$(mg \cdot L^{-1})$	混合液 pH 值	混合液 碱度

五、实验结果

(1)实验数据记录

将产气量数据记录于表 5.23 中,厌氧反应实验数据记录于表 5.24 中。

（2）实验数据处理

①计算挥发固体含量（或 COD_{Cr}）去除率（η）。

②计算产气率（g）：$g =$ 产气量/每天投加的有机物量。

③计算容积负荷（N_s）：$N_s =$ 每天投加的有机物量/反应器有效容积。

④绘制在一定温度下，投配比（或容积负荷）与有机物去除率、产气率的关系图。

六、思考题

①运行温度对投加物的去除率、产气率有何影响？

②投配比（或容积负荷）对投加物的去除率、产气率有何影响？

③pH 值对投加物的去除率、产气率有何影响？

实验十四　酸性污水过滤中和实验

一、实验目的

过滤中和法适用于处理含酸量较低（3% ~4% 以下）的酸性废水，废水在滤池中进行中和作用的时间、滤速与废水中酸的种类、浓度有关。通过实验可以确定滤速、滤料消耗量等参数，为工艺设计和运行管理提供依据。

本实验希望达到下述目的：①测定石灰石（碳酸钙）滤料的中和效果；②测定膨胀式中和过滤的工艺参数。

二、实验原理

钢铁、电镀、化工、机械等工业部门都排出含有酸性物质的工艺废水。酸性废水可以分为 3 类：

①含有强酸（如 HCl、HNO_3），其钙盐易溶解于水；

②含有强酸（如 H_2SO_4），其钙盐难溶解于水；

③含有弱酸（如 CO_2、CH_3COOH）。

目前采用的滤料有石灰石、大理石和白云石，最常用的是石灰石。中和第一类酸性废水，各种滤料都可以采用，反应后生成的盐类溶解于水而不沉淀。例如石灰石与 HCl 的反应为：

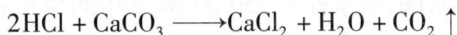

$$2HCl + CaCO_3 \longrightarrow CaCl_2 + H_2O + CO_2 \uparrow$$

第二类酸性废水中和反应和反应后生成的钙盐难溶于水，会附着于滤料表面，减慢中和反应速度。其反应式如下：

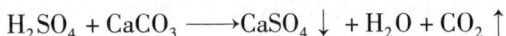

$$H_2SO_4 + CaCO_3 \longrightarrow CaSO_4 \downarrow + H_2O + CO_2 \uparrow$$

弱酸与碳酸盐中和反应速度很慢，采用过滤中和法时滤速应小些。

三、实验设备和仪器

①膨胀式过滤中和柱 1 支，$\phi = 100$ mm，$H = 2\ 000$ mm。

②石灰石滤料 $d = 0.3 \sim 2.0$ mm。

③秒表 1 只。

④酸水箱 1 个。

⑤泵 1 台。

⑥pH 计 1 台。

⑦500 mL 量筒 1 个。

⑧250 mL 烧杯 2 个。

实验装置如图 5.13 所示。

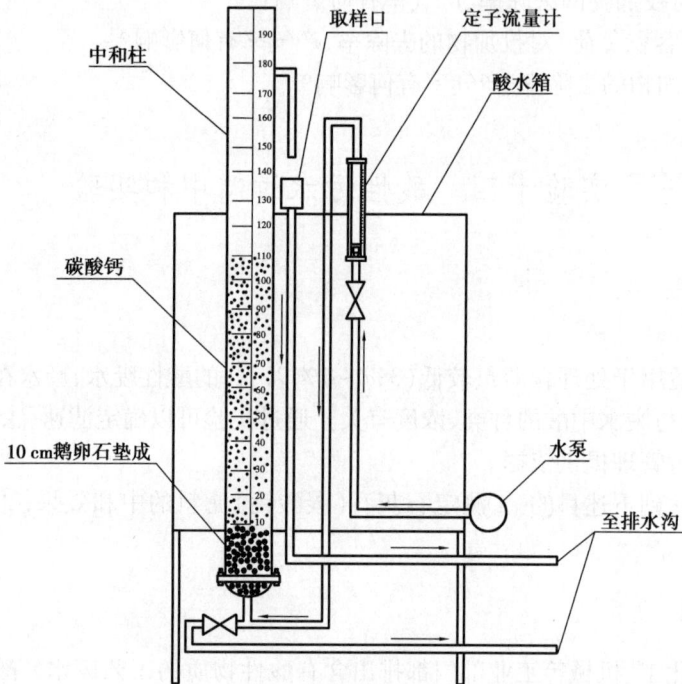

图 5.13　实验装置

四、实验步骤

①测定出石灰石中滤料高度 1 m,垫层 0.1 m。

②关闭模型上的进、出水阀。

③适度开启酸水箱的排水阀,取水样于 250 mL 烧杯中测原水 pH 值。

④开启水泵电源并打开进水阀,使水缓慢进入过滤中和柱。

⑤建议调节进水阀使滤料层高度分别为 1.10 m,1.20 m,1.30 m,1.40 m,1.50 m,1.60 m。每调整一次,待滤料层的高度稳定后,记录下膨胀高度,同时在出流管处用体积法测定流量。观察中和出现的现象。

⑥稳定几分钟后,取样 200 mL,搅拌后静置测定出水 pH 值。

五、实验结果(表 5.25)

表 5.25　中和实验记录表

室温____℃				滤料名称_____		
水温____℃				起始滤料高度_____		
滤柱直径_____mm				滤料粒径_____mm		
观察次数	流量/(L·s⁻¹)	流速/(m·h⁻¹)	pH 值		膨胀后滤料层高度/mm	
			出水	进水		

（表头中"pH 值"下分"出水""进水"两栏，"膨胀后滤料层高度/mm"为单独一列）

实验十五　工业给水离子交换软化实验

一、实验目的

①加深对水的硬度、软化等概念的理解。

②熟悉水的硬度的测定方法。

③加深对强酸性阳离子交换树脂(全)交换容量和工作(交换)容量的理解,掌握测定强酸性阳离子交换树脂交换容量的方法。

④熟悉顺流再生固定床运行操作过程,加深对钠离子交换基本理论的理解。

二、实验原理

1.强酸性阳离子交换树脂交换容量测定实验

交换容量是交换树脂最重要的性能,它定量地表示树脂交换能力的大小。树脂交换容量在理论上可以从树脂单元结构式粗略地计算出来。以强酸性苯乙烯阳离子交换树脂为例,其单元结构如图 5.14 所示。

单元结构式中共有 8 个 C 原子、8 个 H 原子、3 个 O 原子、1 个 S 原子,其分子量等于 $8 \times 12.011 + 8 \times 1.008 + 3 \times 15.999\ 4 + 1 \times 32.06 = 184.2$,只有强酸基团—$SO_3H$ 中的 H 遇水电离形成

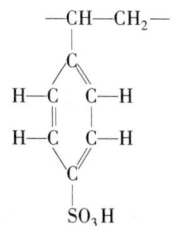

图 5.14　强酸性苯乙烯阳离子交换树脂单元结构图

H^+ 离子可以交换,即每 184.2 g 干树脂只有 1 g 可交换离子,亦相当于 1 mol H^+ 的质量。那么,扣去交联剂所占分量(按 8% 质量计),则强酸干树脂全交换容量应为 1 × 1 000/184.2 × 92% = 4.99 mmol/g(干树脂)。此值与实际测定值差别不大。强酸性苯乙烯系阳离子交换树脂交换容量规定为 ≥4.2 mmol/g(干树脂)。

强酸性阳离子交换树脂交换容量测定前需经过预处理,即经过酸、碱轮流浸泡,以去除树脂表面的可溶性杂质。测定阳离子交换树脂容量常采用碱滴定法,用酚酞作指示剂,按下式计算交换容量:

$$E = \frac{N \times V}{W \times 固体含量 \%} mmol/g(干氢树脂) \tag{5.17}$$

式中　　N——NaOH 标准溶液的摩尔浓度,mol/L;

　　　　V——NaOH 标准溶液的用量,mL;

　　　　W——样品湿树脂质量,g。

2. 离子交换软化实验

当含有钙盐及镁盐的水通过装有阳离子交换树脂的交换系统时,水中的 Ca^{2+} 及 Mg^{2+} 便与树脂中的可交换离子(Na^+ 或 H^+)交换,使水中 Ca^{2+}、Mg^{2+} 含量降低或基本上全部去除,这个过程叫水的软化。树脂失效后要进行再生,即把树脂上吸附的钙、镁离子置换出来,代之以新的可交换离子。钠离子型交换树脂用食盐(NaCl)再生,氢离子型交换树脂用盐酸(HCl)或硫酸(H_2SO_4)再生。基本反应式如下:

(1)钠离子型交换树脂

交换:

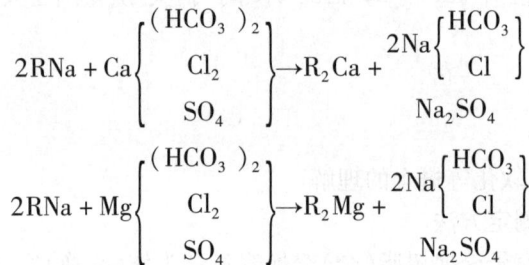

再生:

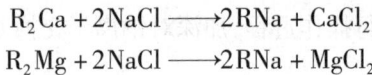

(2)氢离子型交换树脂

交换:

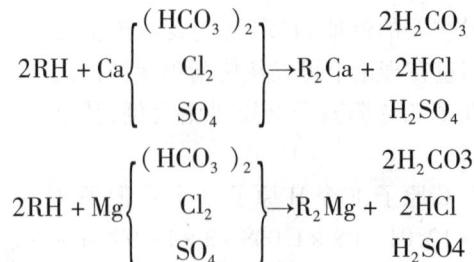

再生:

$$R_2Ca + \left.\begin{cases} 2HCl \\ H_2SO_4 \end{cases}\right\} \longrightarrow 2RH + CaCl_2$$

$$R_2Mg + \left.\begin{cases} 2HCl \\ H_2SO_4 \end{cases}\right\} \longrightarrow 2RH + MgCl_2$$

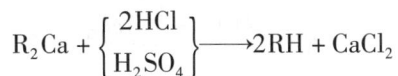

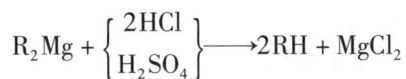

钠离子型交换树脂的最大优点是不出酸性水,但不能脱碱(HCO_3^-);氢离子型交换树脂的最大优点是能去除碱度,但出酸性水。本实验采用钠离子型交换树脂。

三、实验仪器及试剂

①天平(万分之一精度)1 台。

②烘箱 1 台。

③干燥器 1 个。

④250 mL 具塞三角烧瓶 2 个。

⑤10 mL 移液管 2 支。

⑥测硬度所需设备、仪器及试剂。

⑦离子交换软化(除盐)装置 1 套。

四、实验内容

(1)强酸性阳离子交换树脂交换容量的测定

①强酸性阳离子交换树脂的预处理。

树脂的预处理:取树脂约 10 g,以 1 mol/L HCl 和 1 mol/L NaOH 轮流浸泡,即按酸—碱—酸—碱—酸顺序浸泡 5 次,每次 2 h,互换时用纯水洗涤,5 次浸泡结束后用纯水洗涤至中性。用无离子水洗涤至溶液呈中性。

②称取 1.500 0 g 树脂,放入具塞三角烧瓶中。

③用移液管加入 0.1 mol/L NaOH 100 mL 于三角烧瓶中,摇匀,加塞,常温下浸泡 2 h。

④用移液管从具塞三角烧瓶中取出 25 mL 浸泡液置于三角烧瓶中,加入 50 mL 纯水和数滴混合指示液。

⑤用 0.1 mol/L 盐酸滴定至微红色,记录体积 V_1。

⑥取 25 mL 0.1 mol/L NaOH 于三角烧瓶中,加入 50 mL 纯水及数滴混合指示液,用 0.1 mol/L 盐酸滴定至微红色,记录体积 V_2(空白)。

(2)离子交换软化实验

①熟悉实验装置,清楚每条管路、每个阀门的作用。

②测原水硬度。

a. 开启实验装置,稳定 10 min 后,取出水 300 mL 左右,分别测定出水硬度与自来水硬度。

b. 吸取 50 mL 水样,置于三角烧瓶中,在三角烧瓶中加入 2 mL 缓冲液,滴加数滴铬黑 T 指示剂。

c. 用 EDTA-2Na 溶液滴定到溶液由紫红色变成蓝色,记录消耗的 EDTA-2Na 的体积。

五、实验结果

①根据实验测定数据计算交换树脂全交换容量 E_t:

$$E_t = \frac{4(V_2 - V_1)c_{HCl}}{M} \tag{5.18}$$

式中　E_t——全交换容量,mmol/g;

　　　c_{HCl}——盐酸浓度,值为 0.1 mol/L;

　　　M——交换树脂质量;

　　　V_2——空白的盐酸滴定量,mL。

②硬度。

$$H = \frac{V \times c \times 1\,000}{V_{水}} \tag{5.19}$$

式中　H——硬度,mmol/L;

　　　V——EDTA-2Na 用量,mL;

　　　c——EDTA-2Na 浓度,mol/L;

　　　$V_{水}$——水样体积,mL。

③去除率。

$$\eta = \frac{H_{自来水} - H_{水样}}{H_{自来水}} \times 100\% \tag{5.20}$$

实验十六　工业废水的化学沉淀

一、实验目的

①加深对金属离子化学沉淀原理的认识,培养理论联系实际的能力。

②学会常用的物理化学实验方法和测试技术,提高学生的实验操作能力和独立工作能力。

③培养学生查阅手册、处理实验数据和撰写实验报告的能力,使学生掌握初步实验研究方法。

二、实验原理

向废水中投加某种化学物质,使它和水中某些溶解物质产生反应,生成难溶于水的盐类沉淀下来,从而降低水中这些溶解物质的含量,这种方法称为水处理中的化学沉淀法。化学沉淀法常用于处理含汞、铅、铜、锌、六价铬、三价铬、硫、氰、氟、砷等有毒化合物的废水。

采用氢氧化物作为沉淀剂使工业废水中的许多金属离子生成氢氧化物沉淀而得以去除的方法一般称作氢氧化物沉淀法。

氢氧化物的沉淀与 pH 值有很大关系。如以 $M(OH)_n$ 表示金属氢氧化物,则有:

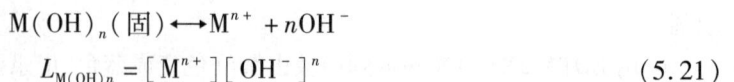

$$M(OH)_n(固) \longleftrightarrow M^{n+} + nOH^-$$

$$L_{M(OH)n} = [M^{n+}][OH^-]^n \tag{5.21}$$

同时发生水的离解:

$$H_2O \longleftrightarrow H^+ + OH^-$$

水的离子积为:

$$K_{水} = [H^+][OH^-] = 1 \times 10^{-14}(25\ ℃) \tag{5.22}$$

将式(5.22)代入式(5.21),取对数整理后得:

$$\lg[M^{n+}] = 14n - npH - pL_{M(OH)n} \tag{5.23}$$

由式(5.23)可知,金属氢氧化物的生成条件和存在状态与溶液的 pH 值有直接关系。此外,有些金属如 Zn、Pb、Cr、Al 等的氢氧化物为两性化合物,如 pH 值过高,它们会重新溶解。如:

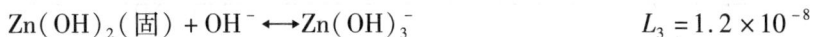

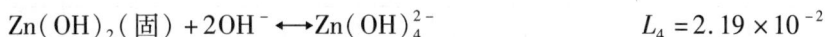

$$Zn(OH)_2(固) \longleftrightarrow Zn^{2+} + 2OH^- \qquad\qquad L_0 = 7.1 \times 10^{-18}$$

$$Zn(OH)_2(固) + OH^- \longleftrightarrow Zn(OH)_3^- \qquad\qquad L_3 = 1.2 \times 10^{-8}$$

$$Zn(OH)_2(固) + 2OH^- \longleftrightarrow Zn(OH)_4^{2-} \qquad\qquad L_4 = 2.19 \times 10^{-2}$$

当 pH 值升高时,因络合阴离子的增多而使氢氧化锌的溶解度上升。因此采用氢氧化物沉淀法处理废水中的金属离子时,调节好 pH 值是操作的重要条件,pH 值过高或过低都会使处理失败。

本实验的主要目的就是探索出各种金属离子沉淀的最佳 pH 值,以指导工业废水的实际处理。

三、实验设备与试剂

①pH 计。

②分析天平。

③干燥器。

④100 mL 烧杯、漏斗、称量瓶、三角瓶各若干。

⑤碱式滴定管 1 支。

⑥定性滤纸。

⑦500 mL 容量瓶 2 个。

⑧0.5 mol/L NaOH 溶液。

⑨0.2 mol/L AlCl$_3$、CrCl$_3$、FeCl$_3$、CuCl$_2$、ZnCl$_2$、MnCl$_2$ 溶液。

四、实验内容

(1)实验设计

进行 NaOH 与 AlCl$_3$、CrCl$_3$、FeCl$_3$、CuCl$_2$、ZnCl$_2$、MnCl$_2$ 化学沉淀反应设计。实验为小组实验,每 6 人一组,每人各选一种金属化合物进行实验,最后汇总,统一绘制溶液 pH 值-化学沉淀质量曲线。

(2)沉淀量的测定

实际操作 NaOH 与 AlCl$_3$、CrCl$_3$、FeCl$_3$、CuCl$_2$、ZnCl$_2$、MnCl$_2$ 的化学沉淀实验,记录下不同 pH 值下产生的化学沉淀物的质量。

①将滤纸折叠后放入编号为 1~9 的 9 个称量瓶中,加盖,在 105 ℃烘箱中烘 0.5 h 后取出,放入干燥器中冷却至室温后称重、记录。

②在编号为 1~9 的 9 个 100 mL 烧杯中分别加入 25 mL AlCl$_3$ 溶液,然后滴入不同体积的 0.5 mol/L NaOH 溶液。溶液中有白色沉淀产生,测定溶液的 pH 值。

③过滤,将滤纸和沉淀放入称量瓶中,放入 105 ℃烘箱中烘 2 h 后取出,放在干燥器中冷

却至室温后称重、记录。

（3）通过作图找出产生沉淀最多的 pH 值

五、实验结果

①实验废水种类及浓度。

②沉淀质量的数据记录（表 5.26）。

表 5.26　沉淀重量记录表

编号	1	2	3	4	5	6	7	8	9
pH 值									
（称量瓶 + 滤纸）质量/g									
（称量瓶 + 滤纸 + 沉淀）质量/g									
沉淀质量/g									

③实验结果图表分析。

绘制溶液 pH 值-沉淀重质量曲线图,讨论 pH 值对工业废水金属离子去除的影响。

六、思考题

工业废水常同时含有多种重金属离子,如何设计反应条件,达到金属离子的最佳去除效果?

实验十七　染料废水光化学氧化实验

一、实验目的

①了解光化学氧化的有关机理。

②了解光化学氧化处理废水的影响因素。

二、实验内容

光化学反应,即在光的作用下进行的化学反应。该反应中分子吸收光能,被激发到高能态,然后和电子激发态分子进行化学反应。光化学反应的活化能源于光子的能量。在自然环境中有一部分近紫外光(290~400 nm)极易被有机污染物吸收,在活性物质存在时就发生强烈的光化学反应,使有机物发生降解。光降解通常是指有机物在光的作用下,逐步氧化成低分子中间产物,最终生成二氧化碳、水及其他的离子。

光化学氧化反应多采用臭氧和过氧化氢等作为氧化剂,在紫外光的照射下产生氧化能力较强的羟基自由基·OH 对有机污染物进行彻底的降解(羟基自由基比其他一些常用的强氧化剂具有更高的氧化能力,因此,·OH 是一种具有强氧化性的活性物质,其氧化还原电位可达 2.8 eV)。根据氧化剂的种类不同,可分为 UV/H_2O_2、UV/O_3 及 $UV/H_2O_2/O_3$ 等系统。

UV/H_2O_2 法主要利用 H_2O_2 的分解来降解染料废水。其反应过程如下：

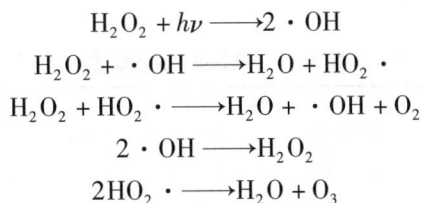

$$H_2O_2 + h\nu \longrightarrow 2\cdot OH$$
$$H_2O_2 + \cdot OH \longrightarrow H_2O + HO_2\cdot$$
$$H_2O_2 + HO_2\cdot \longrightarrow H_2O + \cdot OH + O_2$$
$$2\cdot OH \longrightarrow H_2O_2$$
$$2HO_2\cdot \longrightarrow H_2O + O_3$$

这一进程中所产生的羟基自由基的氧化性很高,能够经过电子转移、亲电加成或脱氢等方式和染料分子相互作用,最终将有机染料分子降解成水和二氧化碳。其反应机制如下：

脱氢反应：

$$RH + \cdot OH \longrightarrow H_2O + \cdot R \longrightarrow 进一步氧化$$

亲电加成反应：

$$PhX(卤代芳烃) + \cdot OH \longrightarrow \cdot OHPhX \longrightarrow 进一步氧化$$

电子转移反应：

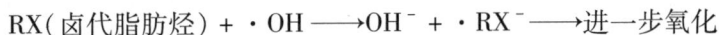

$$RX(卤代脂肪烃) + \cdot OH \longrightarrow OH^- + \cdot RX^- \longrightarrow 进一步氧化$$

三、实验设备与试剂

(1)实验设备
①汞灯反应装置一套。
②分光光度计。
③烧杯(100 mL)。
(2)实验试剂
①染液(活性艳红 X-3B)。
②过氧化氢溶液。

四、实验步骤

①分别取 80 mL 的染液于 6 个 100 mL 烧杯中。

②在 6 个烧杯中分别加入 0 mL、0.2 mL、0.5 mL、1.0 mL、2.0 mL、2.5 mL 配制好的过氧化氢溶液并标记 1#、2#、3#、4#、5#、6#烧杯,搅拌均匀。

③将上述 1#~5#五个烧杯放入汞灯反应装置中,接通电源,打开紫外灯照射。开灯时刻记为 0 min,再分别于 10 min、20 min、30 min、40 min、50 min 取样。6#烧杯于日光下照射,同样分别于 0 min、10 min、20 min、30 min、40 min、50 min 取样。

④将分光光度计预热并调零,测定上述样品的吸光度 A,记入表 5.27 中。

五、实验记录与结果分析

①实验数据记录。
实验数据记录见表 5.27。
②实验结果计算。

$$去除率(\%) = \frac{A_0 - A_x}{A_0} \times 100\% \tag{5.24}$$

式中 A_0——原液的吸光度；

A_x——处理后的吸光度。

表 5.27 实验数据记录表

烧杯编号	1#	2#	3#	4#	5#	6#
0 min 吸光度 A_0						
10 min 吸光度 A_x						
20 min 吸光度 A_x						
30 min 吸光度 A_x						
40 min 吸光度 A_x						
50 min 吸光度 A_x						

③以时间为横坐标,去除率为纵坐标画图,分析并解释实验结果。

六、思考题

①影响紫外光化学氧化反应的因素有哪些？

②光化学氧化反应的优点是什么？

③根据以上原理及实验步骤设计一套可行的实验方法(包括氧化剂用量、染液初始 pH 值及光照强度等因素对处理效果的影响)。

实验十八 工业废水可生化性实验

一、实验目的

对某些工业废水进行生物处理时,由于废水中含有难降解的有机物、抑制或毒害微生物生长的物质,或者缺少微生物所需要的营养物质和环境条件,使得生物处理不能正常进行。因此需要通过实验来考察这些污水生物处理的可能性,研究某些组分可能产生的影响,确定进入生物处理设施的允许浓度。

本实验的目的:

①理解废水可生化性的含义。

②掌握测定废水可生化性实验的方法。

③理解内源呼吸线及生化呼吸线的基本含义。

二、实验原理

微生物降解有机污染物的物质代谢过程中所消耗的氧包括两部分:

①氧化分解有机污染物,使其分解为 CO_2、H_2O、NH_3(存在含氮有机物)等,为合成新细胞提供能量。

②供微生物进行内源呼吸,使细胞物质氧化分解。

下列式子可说明物质代谢过程中的这一关系。

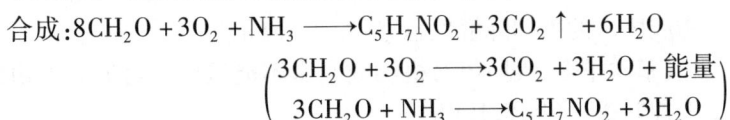

合成：$8CH_2O + 3O_2 + NH_3 \longrightarrow C_5H_7NO_2 + 3CO_2 \uparrow + 6H_2O$

$$\left(\begin{array}{l} 3CH_2O + 3O_2 \longrightarrow 3CO_2 + 3H_2O + 能量 \\ 3CH_2O + NH_3 \longrightarrow C_5H_7NO_2 + 3H_2O \end{array} \right)$$

从如上反应式可以看到约 1/3 的 CH_2O（酪蛋白）被微生物氧化分解为 CO_2、H_2O，同时产生能量供微生物合成新细胞，这一过程要耗氧。

内源呼吸：$C_5H_7NO_2 + 5O_2 \longrightarrow 5CO_2 \uparrow + 2H_2O + NH_3$

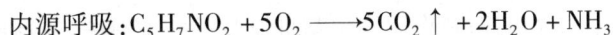

微生物进行物质代谢过程的需氧速率可以用下式表示，总的需氧速率 = 合成新细胞的耗氧速率 + 内源呼吸的需氧速率，即

$$\left(\frac{dO}{dt} \right)_T = \left(\frac{dO}{dt} \right)_F + \left(\frac{dO}{dt} \right)_\sigma \tag{5.25}$$

式中　$\left(\dfrac{dO}{dt} \right)_T$——总的需氧速率，$mg/(L \cdot min)$；

$\left(\dfrac{dO}{dt} \right)_F$——降解有机物，合成新细胞的耗氧速率，$mg/(L \cdot min)$；

$\left(\dfrac{dO}{dt} \right)_\sigma$——微生物内源呼吸需氧速率，$mg/(L \cdot min)$。

活性污泥的耗氧速率（OUR）是评价污泥代谢活性的一个重要指标，它是指单位质量的活性污泥在单位时间内的耗氧量，其单位为 $mg(O_2)/g(MLVSS) \cdot h$。

$$耗氧速率（OUR）= (DO_0 - DO_t)/t(h) \times MLVSS \tag{5.26}$$

式中　OUR——单位时间内单位活性污泥的耗氧量，$mg(O_2)/g(MLVSS) \cdot h$；

DO_0——初始时 DO 值，mg/L；

DO_t——t 时刻的 DO 值，mg/L；

t——测定经历的时间，h。

测呼吸线即测定基质的耗氧曲线，并把活性污泥微生物对基质的生化呼吸线与其内源呼吸线相比较而作为基质可生物降解性的评价。

当活性污泥微生物处于内源呼吸时，利用的基质是微生物自身的细胞物质，其呼吸速度是恒定的，耗氧量与时间的变化呈直线关系，称为内源呼吸线。当供给活性污泥微生物外源基质时，耗氧量随时间的变化是一条特征曲线，称为生化呼吸线。把各种有机物的生化呼吸线与内源呼吸线加以比较时，可能出现如图 5.15 所示的 3 种情况。

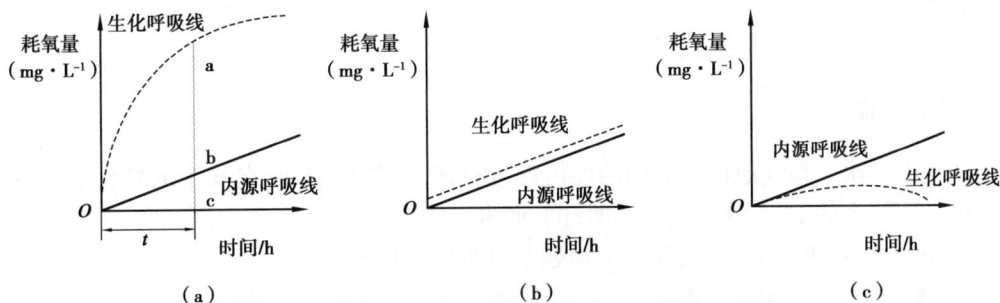

图 5.15　生化呼吸线与内源呼吸线的比较

①生化呼吸线位于内源呼吸线之上,说明该有机物或废水可被微生物氧化分解。两条呼吸线之间的距离越大,该有机物或废水的生物降解性越好(图5.15(a))。

②生化呼吸线与内源呼吸线基本重合,表明该有机物或废水不能被活性污泥微生物氧化分解,但对微生物的生命活动无抑制作用(图5.15(b))。

③生化呼吸线位于内源呼吸线之下,说明该有机物对微生物产生了抑制作用,生化呼吸线越接近横坐标,则抑制作用越大(图5.15(c))。

由于抑制物(如有毒有害物质)对微生物的抑制作用不仅与抑制物的浓度有关,还与微生物的浓度有关,因此实验时选用的污泥浓度与曝气池的污泥浓度相同,若用抑制物对微生物进行培养驯化,可以使微生物逐渐适应这种抑制物。

上述是通过测定活性污泥的OUR判断污水的可生化性,其实判定污水可生化性的方法还有许多种,主要有测定微生物的耗氧量(瓦勃呼吸仪、BOD测定仪)、测定污水的 BOD_5 与 COD 比值、摇床或模型测定 BOD_5 与 COD 的去除率、ATP 及脱氢酶活性的测定等方法。本实验采用的方法比较简便、直观,所需设备也较简单,易于掌握。

三、实验设备及仪器

(1)实验设备

工业废水可生化性实验装置如图5.16所示,测定呼吸速率实验装置如图5.17所示。

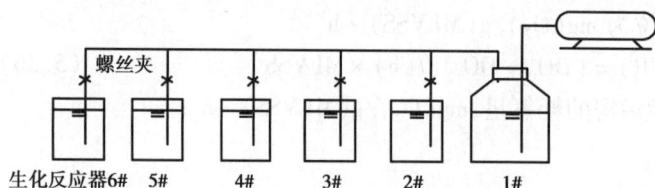

图5.16　工业废水可生化性实验装置示意图

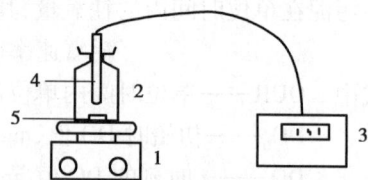

图5.17　测定呼吸速率实验装置图
1—恒温磁力搅拌器;2—广口瓶;
3—溶氧仪;4—溶氧探头;5—搅拌子

(2)实验仪器仪表
①恒温磁力搅拌器。
②溶解氧测定仪。
③离心机。
④秒表。
⑤常规玻璃器皿:广口瓶、烧杯、量筒、玻璃棒、搅拌子等。

四、实验步骤

①从城市污水厂曝气池出口取回活性污泥混合液,搅拌均匀后,在6个编号为1#—6#的反应器内分别加入约1.3 L混合液,再加自来水约3 L。

②开动充氧泵,曝气1~2 h,使微生物处于内源呼吸状态。

③除1#反应器(测内源呼吸速率)以外,其他5个反应器都停止曝气。

④混合液静置沉淀30 min,用虹吸法去除上层清液。

⑤在2#—6#反应器内均加入从污水厂初次沉淀池出口处取回的城市污水至虹吸前水位,

测量反应器内水容积。

⑥继续曝气,并按表 5.28 计算和投加间甲酚。

表 5.28　各生化反应器内间甲酚浓度

生化反应器序号	1	2	3	4	5	6
间甲酚投加量/(mg·L⁻¹)	0	0	100	300	600	1 000

⑦混合均匀后用溶氧仪测定反应器内溶解氧浓度,当溶解氧浓度大于 6~7 mg/L 时,立即取样测定呼吸速率 $\left(\dfrac{\mathrm{d}O}{\mathrm{d}t}\right)$,至广口瓶中溶解氧浓度到 2 mg/L 以下,结束一次测定。重复测定 3 次。

呼吸速率测定方法:

用 250 mL 的广口瓶(内放搅拌子)取反应器内混合液 1 整瓶,迅速用装有溶解氧探头的橡皮塞塞紧瓶口(不能有气泡或漏气),将瓶子放在电磁搅拌器上,启动搅拌器,定期测定溶解氧浓度 ρ(0.5~1 min),记录数据,至溶解氧浓度到 2 mg/L 以下结束。

五、实验结果

①记录实验设备及操作基本参数。

实验日期:_____年_____月_____日

间甲酚投加量:_____g

温度:_____℃

②测定的溶解氧值及计算得到的耗氧量的实验记录可参考表 5.29。

表 5.29　溶解氧及耗氧量记录表

时间/min	DO 测定值/(mg·L⁻¹)	耗氧量/(mg·L⁻¹)	时间/min	DO 测定值/(mg·L⁻¹)	耗氧量/(mg·L⁻¹)
0			6.5		
0.5			7.0		
1.0			7.5		
1.5			8.0		
2.0			8.5		
2.5			9.0		
3.0			9.5		
3.5			10.0		
4.0			10.5		
4.5			11.0		
5.0			11.5		
5.5			12.0		
6.0			...		

③以时间 t 为横坐标、耗氧量为纵坐标,绘制内源呼吸线及不同类型废水的生化呼吸线。将废水的生化呼吸线与内源呼吸线进行比较,分析该类废水的可生化性。

六、实验注意事项

①应将广口瓶中的活性污泥混合液加满,盖完塞子后瓶中不留有气泡。

②当反应瓶中溶解氧浓度低于 2 mg/L 时可停止读数,进行下一个水样的测定。

③为了保证实验结果的精确可靠,必要时可先用一广口瓶进行必要的演练。

七、思考题

①利用生化呼吸曲线为何能判定某种污水的可生化性?

②何为内源呼吸,何为生物耗氧?

③生化呼吸曲线测定中,哪些因素会影响测定结果?

第六章
水质工程学大型综合设计实验

第一节 给水处理工程综合设计实验

一、实验目的

①通过实验的设计与分析,强化给水处理的基本概念、基本理论及现象、规律的认识和理解。

②加强对给水处理流程的构成及运转的整体认知感,掌握各工艺单元在给水处理中的主要作用和试验数据采集,具备一定的解决相关试验问题的能力。

③掌握对实验数据进行分析和处理的方法,从而得出切合实际的结论,并把合适的实验工艺参数有意识地用于课程设计和毕业设计。

④了解构筑物形式、内部构造、水在构筑物内的流动轨迹,加深对所学内容的理解。

⑤丰富学生的实践经验,提升学生的动手能力和团队协作精神,从而使学生在创新精神、实践能力和工程素养等方面得到培养和锻炼,为从事给水处理厂的设计、运营和管理以及水处理方面的科学研究提供基础。

二、实验原理

给水处理的任务是对原水进行加工,使水质符合生活或工业用水的要求。目前给水水处理主要工艺有预处理工艺、常规处理工艺、强化常规处理工艺和深度处理工艺。本实验主要以净水厂的实际全流程生产单元为模型基础,分为预处理单元(化学预氧化单元、活性炭吸附单元)、常规水处理单元(常规水处理单元为并行的两组,一组为机械搅拌絮凝池—平流式沉淀池,另一组为折板絮凝池—斜板沉淀池)、深度处理单元(深度处理单元包括并行的两组,一组为臭氧生物活性炭,另一组为超滤—反渗透)和排泥水处理单元(排泥池—重力浓缩池—平衡池—板框压滤机)4 个处理单元。

1. 原水预处理工艺

为了更好地保障自来水的水质,除了常规工艺,自来水厂也会根据实际需要采用适当的预处理工艺。预处理是指在水源水进入常规工艺前所采用的处理方法,用来去除常规工艺难以去除的污染物,或者改变这些污染物的性质,使它们能够通过后续工艺得以有效去除。预处理工艺主要有高锰酸钾预氧化、预氯化、臭氧预氧化等化学预处理工艺,粉末活性炭吸附工艺和生物预处理工艺等。本实验进行的是加药预处理,采用高锰酸钾预氧化或粉末活性炭吸附工艺两种工艺。

高锰酸钾预氧化能较好地去除水源水中的有机污染物、铁锰等金属污染物、色度和异味,并有助于改善后续混凝效果,使水体更清澈。粉末活性炭吸附能较好地去除水中的有机污染物、色度和异味,且具有良好的安全性,对水质无副作用,适用于处理水源水突发性有机物污染。

2. 常规处理流程

常规处理工艺包括混合—絮凝—沉淀—过滤—消毒。对于符合《地表水环境质量标准》(GB 3838—2002) I、II 类的水体,常规处理工艺就可满足《生活饮用水卫生标准》(GB/T 5749—2022)出水水质。

混合的目的是使混凝剂均匀、迅速地扩散到所投加的水流之中,与水中需要去除的杂质结合,此阶段不需要形成大的絮体,只为絮凝创造条件,因此混合阶段应当快速剧烈。目前混合所采用的主导工艺分为水力混合和机械混合两大类。水力混合设备简单,但不能适应水量的变化;机械混合可进行调节,适应各种流量变化,但需要一定的机械维修量,从长远看,机械混合是发展趋势。

絮凝的作用是使凝聚微粒形成具有良好沉淀性能的大的絮体,由于此阶段絮体的逐渐长大,速度梯度应当逐渐降低。絮凝工艺也可分为水力类与机械类两大类,与机械类工艺相比,水力类工艺存在对流量和原水水质的变化适应性差的缺点。无论是何种絮凝池,要提高絮凝效果,均需考虑反应动力学的影响,絮凝过程可分为两个阶段:

①活性混凝产物的形成和颗粒脱稳。

②颗粒间相互碰撞即网捕效应。前一阶段需要较高的搅拌强度以获得较强的紊流以促进脱稳和电中和的效果,而后一阶段则需要在絮凝池水流中不断形成大量的与矾花粒径处于同尺度的"微涡流",只有这种"微涡流"作用,絮体才能充分碰撞而成长增大。因此,成功设计的关键在于根据絮凝体成长的要求将整个絮凝阶段所消耗的能量进行合理分配,组合式反应池即由几种反应方式组成,便于进行 G 值的选配,效果较好,近年来应用较广。

沉淀在净水处理中担负着去除 80% ~ 90% 悬浮物的作用,是净水的主要处理单元之一。理论上讲沉淀效率只取决于沉淀池表面负荷,但实际上影响沉淀池沉淀效果的因素很多,一般可以通过雷诺数(Re)和弗劳德数(Fr)来进行校核。目前我国最为广泛采用的沉淀池是平流沉淀池和斜板(管)沉淀池。平流沉淀池设计的关键在于均匀布水、均匀积水和排泥彻底与方便。斜板(管)沉淀池是在浅池理论的基础上发展起来的,目前异向流斜板(管)应用最广泛。在斜板(管)中,斜板(管)的高效沉淀性能使得水中的大颗粒絮凝体分离出来,然后沿斜板(管)滑落至池底部,经穿孔管、污泥斗、刮泥机或吸泥机排至池外。

过滤是去除悬浮物的最后一个处理单元,不仅可以进一步降低水的浊度,而且水中的有机物、细菌以及病毒等将随水的浊度降低而被部分去除,至于残留于滤后水中的细菌、病毒等在失去浑浊物的保护或依附时,在消毒过程中很容易被杀灭。在饮水的净化工艺中,沉淀工艺有时可省略,但过滤必不可少。用来截留悬浮固体的过滤材料称为过滤介质。根据固体颗粒的大小,水处理中采用结构不同的过滤介质,从而把过滤材料分为粗滤、微滤、膜滤和粒状过滤材料等4个主要类型。在给水处理中,所谓的过滤一般就指粒状材料层的过滤,这种过滤可以截留水中从数十微米到胶体级的微粒。目前滤池的主要池型有气水反冲滤池、V形滤池和重力式无阀滤池等。

本实验中主要采用气水反冲滤池。清水一般从滤池上部进入,自上而下穿过滤层之后,水中杂质颗粒便被滤料颗粒所黏附,从而使其从水中分离出来,水则进一步澄清。随着过滤时间的延续,滤料层中截留的杂质越来越多,其孔隙率便越来越小,水头损失便越来越大。到过滤周期末,水头损失达到极限值,或者滤层的截污能力达到最大,出水水质恶化,须停止过滤并进行反冲洗。为提高滤池滤层截污能力的恢复效果,水厂的滤池反冲洗近年多采用气水联合反冲洗的方式,分为气冲过程、气水同时反洗过程、水洗过程(或省略气水同时反洗过程),同时一般伴随着表面漂洗过程,使滤池滤层内的污物能有效地被剥离和冲洗排出滤池,从而保证后续的正常过滤周期和效果。气水反冲滤池具有工作稳定可靠、出水水质好的优点,反冲洗效果好,特别是采用大阻力配水系统,能保证反冲洗时配水均匀,因而单格滤池可做得较大,故可建成大、中、小型各种规模的滤池。气水反冲滤池的缺点是阀门多、管道较为复杂。气水反冲滤池可采用的是均质滤料(均粒径滤料),不均匀系数 K_{80} 很小,此举能大大提高滤料层的孔隙率,使滤速提高,过滤周期长,且水质好。

为防止通过饮水传播疾病,在生活饮用水处理过程中,消毒必不可少。水的消毒方法很多,国内常用的消毒方法主要有液氯消毒、氨氯消毒、二氧化氯消毒、臭氧消毒以及紫外线消毒。液氯消毒经济有效、使用方便,应用技术最为成熟,受污染水源经液氯消毒后会产生"三致"物质。臭氧消毒能力高于氯,不产生氯代有机物,处理后水的口感好。但臭氧因自身分解速度过快,对管网无剩余保护,采用臭氧消毒的水厂还需在出厂水中投加少量氯作为剩余保护剂。臭氧消毒的其他缺点:臭氧不稳定,使用时均需要现场制备,设备复杂,使用不便;费用过高,数倍于氯消毒;如果原水中含有溴离子,臭氧将与溴离子反应生成对人体有害的溴酸盐。在国内外自来水净水厂处理工艺中,臭氧主要作为氧化剂,用于水的预氧化处理或者臭氧-生物活性炭深度水处理工艺,单纯用于净水厂消毒的很少。

水处理厂的出水水质是一系列净水工艺协同作用的结果。例如,水量的减小尽管降低了混合和絮凝的效果,但却增加了沉淀工艺的停留时间、降低了滤池的滤速。后者对出水水质的提高足以对混凝工艺效果的下降进行补偿。因此,对水处理工艺的认识不应仅从单个构筑物考虑,而是要综合考虑各个构筑物之间的协同作用。

3. 深度处理工艺

(1)臭氧-生物活性炭深度水处理工艺

臭氧-生物活性炭深度水处理工艺是采用臭氧氧化和生物活性炭滤池联用的方法,将臭氧化学氧化、活性炭物理化学吸附、生物氧化降解几种技术合为一体。其主要目的是去除原水中微量有机物和氯消毒副产物的前体物等有机指标,提高饮用水的安全性。

臭氧是氧的同素异形体,分子式为 O_3,常态呈气体,淡蓝色,有特殊气味,臭氧是自然界最强的氧化剂之一。臭氧投加在水中以后,主要有3个作用:一是直接降解有机物,减少进入活性炭池中的有机负荷;二是把大分子有机物降解为小分子有机物,改变水中有机物的分子量分布,提高水中有机物的可生化性,从而有利于强化后续活性炭工艺对中、小分子量有机物的吸附降解;三是为后续活性炭工艺充氧,有利于活性炭好氧微生物的生长。

活性炭几乎可以用含有碳的任何物质做原材料来制造,包括木材、锯末、煤、泥炭、果壳、果核等。活性炭的主要特征是比表面积大和带孔隙的构造,因而显示出良好的吸附性能。活性炭作为一种多孔物质,能够吸附水中浓度较低、其他方法难以去除的有机污染物、氯消毒副产物的前体物等,同时,还可以去除水中的浊度、嗅味、色度,改善水的口感。活性炭还具有催化作用,催化氧化臭氧为羟基自由基,最终生成氧气,增加水中的溶解氧(DO)的浓度。活性炭空隙多,比表面积大,能够迅速吸附水中的溶解性有机物。同时,由于臭氧供氧充分,炭床中大量生长繁殖好氧菌,在炭床中形成生物膜。该生物膜具有生物氧化降解和生物吸附的双重作用。活性炭对水中有机物的吸附和微生物的氧化分解是相继发生的。微生物的氧化分解作用使活性炭的吸附能力得到恢复。而活性炭的吸附作用又使微生物获得丰富的养料和氧气。两者相互促进,形成相对稳定的状态,得到稳定的处理效果,从而大大地延长了活性炭的再生周期。

(2)超滤-反渗透工艺

超滤(UF)是一种膜分离技术,是利用一种压力活性膜,在外界推动力(压力)作用下截留水中胶体、颗粒和分子量相对较高的物质,而水和小的溶质颗粒透过膜的分离过程。通过膜表面的微孔筛选可截留分子量为 $3 \times 10\,000 \sim 1 \times 10\,000$ 的物质。当被处理水借助外界压力的作用以一定的流速通过膜表面时,大于膜孔的微粒、大分子等被截留,从而使水得到净化。一般来说,超滤膜以中空纤维膜为主,孔径为 $0.05\ \mu m \sim 1\ nm$,操作压力为 $0.1 \sim 0.5$ MPa,主要用于截留去除水中的悬浮物、胶体、微粒、细菌和病毒等大分子物质。

反渗透又称逆渗透,一种以压力差为推动力,从溶液中分离出溶剂的膜分离操作。对膜一侧的料液施加压力,当压力超过它的渗透压时,溶剂会逆着自然渗透的方向作反向渗透,从而在膜的低压侧得到透过的溶剂,即渗透液;高压侧得到浓缩的溶液,即浓缩液。若用反渗透处理海水,则在膜的低压侧得到淡水,在高压侧得到卤水。

反渗透时,溶剂的渗透速率即液流能量 N 为:

$$N = K_h(\Delta p - \Delta \pi)$$

式中　K_h——水力渗透系数,随温度升高而稍有增大;

　　　Δp——膜两侧的静压差;

　　　$\Delta \pi$——膜两侧溶液的渗透压差。

稀溶液的渗透压 π 为:

$$\pi = iCRT$$

式中　i——溶质分子电离生成的离子数;

　　　C——溶质的摩尔浓度;

　　　R——摩尔气体常数;

　　　T——绝对温度。

反渗透通常使用非对称膜和复合膜。反渗透所用的设备,主要是卷式的膜分离设备。反渗透膜能截留水中的各种无机离子、胶体物质和大分子溶质,从而取得净制的水。

通常,超滤工艺作为反渗透的前处理工艺,与反渗透工艺结合,制备直饮水。

4.排泥水处理工艺

通常情况下,自来水厂沉淀池排泥水和滤池反冲洗水等自用水水量约占水厂总净水量的4% ~7%。大量的排泥水集中排入江河,不仅淤积河床,而且会产生污染。沉淀池排泥水经重力流入的排泥池,再通过潜污泵提升到重力排泥水浓缩池中浓缩。浓缩池中的上清液直接排放,池下部的含固率大于4%的浓缩污泥经污泥切割机后由偏心螺旋泵送至污泥平衡池。污泥平衡池中的污泥,经投加适量聚丙烯酰胺溶液后用泵送入离心机房脱水,脱水后的含固率大于25%的污泥由螺旋输送器提升至污泥堆场装车外运。

三、实验设备及材料

(1)实验装置、设备及系统原理

本实验装置主要由原水桶、预处理装置(接触反应池、碳泥池、活性炭投加泵、高锰酸钾溶药池、高锰酸钾投加泵)、常规处理工艺(快速混合池、机械絮凝池、折板絮凝池、平流沉淀池、斜管沉淀池、气水反冲洗滤柱、消毒池、消毒剂投加系统)、深度处理装置(臭氧发生装置、臭氧接触池、活性炭柱、超滤-反渗透系统)、污泥处理系统(排泥池、污泥浓缩池、压滤机)组成。工艺流程如图6.1所示。

常规处理工艺:混合—絮凝—沉淀—过滤—消毒是给水处理过程中的关键单元操作,本模型为了将不同的处理工艺进行比较,将混凝、沉淀各选择了两种不同类型的构筑物。絮凝选择的是折板反应池和机械絮凝池,沉淀选择的是平流沉淀池和斜板沉淀池,过滤选择的是气水反冲洗滤柱。后续还增加了臭氧活性炭吸附及超滤反渗透系统两套深度处理工艺,用于对比不同深度处理工艺对常规处理工艺难以去除的有机污染物等的处理效果。

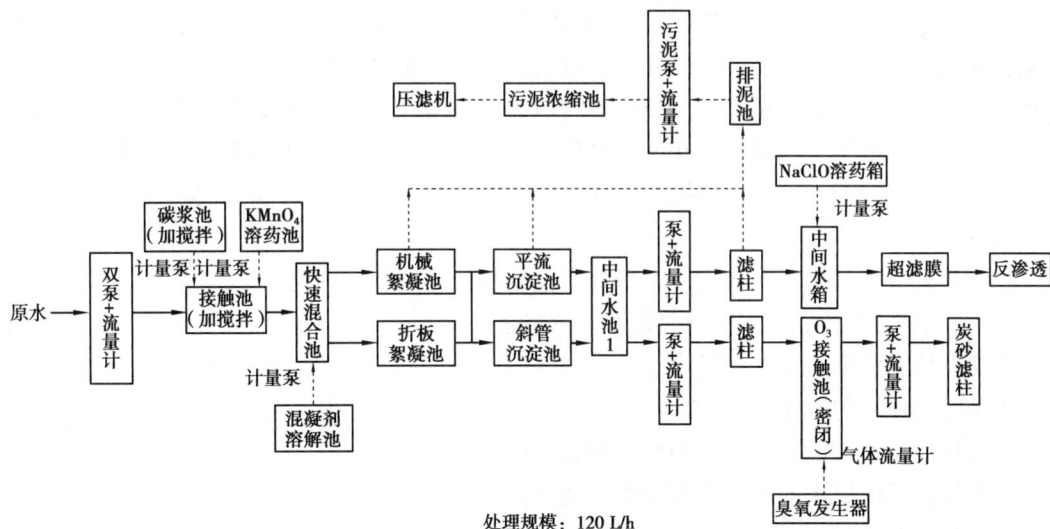

处理规模: 120 L/h

图6.1　给水处理工程综合实验流程图

(2)分析测试仪器及试剂

HACH DR6000 可见-紫外分光光度计、HACH 余氯仪、HACH 浊度仪、HACH 臭氧浓度仪、pH 计、CODMn 滴定装置、CS101-2D 干燥箱、DT-100 电光分析天平,以及量筒、采样瓶、烧杯、针筒过滤器、0.45 μm 孔径滤膜等。氯化铁、碱式氯化铝、硫酸铝、次氯酸钠、浓硫酸、浓盐酸、

NaOH、高锰酸钾、草酸钠、HACH 余氯及总氯试剂包、HACH 臭氧试剂包等主要药品。

四、实验要求

实验可独立开设为给水处理方向课程,主要任务是:针对不同的原水条件,选择适宜的单元工艺构建完整的工艺流程,提出假设性工艺参数并自主制订实验方案,在规定的时间内完成实验系统调试运转,各工艺单元基本运行参数的分析测定,进出水水质指标的测试分析,实验结果的总结分析,假设性参数的验证和技术方案的调整等任务。

①学生通过系统性实验的自主设计和亲身参与,初步掌握科学研究的一般过程,形成分析、提炼和解决科学问题的基本能力。

②在具体操作过程中,强化学生对水处理的基本概念、基本理论及现象、规律的认识和理解。

③学生通过单元构筑物的选择和完整工艺流程的构建,加强对水处理工艺流程的整体认知,提高对上、下游工艺环节协调配合的能力和系统集成能力。

④学生通过水质检测和工艺调控,理解并掌握常规水质监测指标和工艺控制指标的作用和检测方法,具备初步的工艺调控和优化的能力。

⑤学生通过实验总结和分析,掌握试验数据二次处理和分析的方法,具备总结运行经验、凝练工艺参数的能力。

⑥学生通过小组配合和合理分工,提升拆分复杂任务和团队协作的能力。

五、实验步骤与方法

学生在老师的指导下自主选题,自己完成实验水样的配制,实验方案、方法的拟订,包括独立工艺流程、参数选择等实验内容,并独立进行仪器设备的准备与组合、药品的制备等。指导老师对学生提出的实验方案进行分析检查,核查有关实验内容和要求,以证明实验的可行性及学生是否具备完成实验的能力。在实验操作过程中,赋予学生充分的实验操作自主权。

《给水处理工程综合设计实验》的研究主题包含(学生任选其一,根据学生选择情况确定开设实验项目):

①常规条件下各构筑物典型工艺参数的验证和整体工艺的优化。

②不同类型混凝剂的筛选和最佳用量的确定。

③突发性水污染应急处理技术。

④微污染原水的效能。

⑤高浊度原水强化处理工艺的构建和运行调控。

⑥低温低浊度原水的处理流程和工艺调控。

⑦超负荷条件下工艺流程的协调配合和最大处理能力的探索。

⑧学生自主确定的感兴趣的其他研究主题(此项需与任课老师及实验室老师协商,在实验条件允许的情况下方可开展)。

实验的具体步骤及安排见表6.1。

表 6.1　给水处理工程综合实验进度安排表

序号	实验项目	实验内容	学时	实验类型	备注
1-1	熟悉实验条件	在老师的带领下参观实验室,了解和熟悉现有实验条件	前期准备阶段:1周		前期准备通过老师讲解和参观进行
1-2	构建研究团队	学生根据自己的研究倾向,按照自由选择、优势互补、协调兼顾、男女搭配的原则,组建6~8人的研究团队并自主推选研究小组组长,最终在指导老师的协调下团队成型并确定研究主题			
1-3	问题分析	针对选择的研究主题,分析其核心的科学问题和研究难点,阅读有关参考文献,初步确定研究方案			
1-4	确定方案	在老师的指导下最终确定研究技术路线和实验方案,并确定所需要的检测仪器和药品,以书面形式提交实验室,便于实验室安排和协调时间			
1-5	确定分工	在小组长的协调下,各组员明确分工和任务轮换机制			
2-1	工艺试运行	在既定方案指引下,选定合适的单元构筑物,配置原水,开始工艺试运行,确保设备完好、管路顺畅,熟悉、了解运行操作方法和安全注意事项	实验操作阶段:1周	综合性	分组自行动手实验
2-2	水质检测	测定原水、常规处理出水及深度处理出水的浊度、pH 值、余氯、COD_{Mn}、TOC、总大肠菌群、细菌总数等;沉淀池出水、滤池出水的浊度、COD_{Mn}、TOC 等主要指标			
2-3	工艺运行参数观测和调控	①观察矾花形态与投加量之间关系 ②测定絮凝时间,反应 G 值、GT 值 ③测定沉淀池堰口负荷、斜管沉淀池上升流速、平流沉淀池水力停留时间、Re 值、Fr 值 ④测定滤池滤速、过滤周期、气水反冲洗强度、时间、方式等			
2-4	系统正常运转和优化	①原水取样或配制 ②混合效果和水量、适应性、投药量运行调试和优化 ③沉淀池沉淀效率、抗冲击负荷运行调试和优化 ④滤柱反冲洗操作管理、处理效果运行和优化			
2-5	系统停止	系统停止运行,设备和设施检查,装置放空和清洗,归还检测设备和药剂,现场清洁卫生等			
3-1	实验数据分析	对获得的实验数据进行有效性分析和二次处理,绘制数据图表,归纳总结实验结果	总结阶段:1周		以小组为单位进行数据分析
3-2	技术报告的撰写和结题	撰写实验报告,结题答辩			

六、实验记录及数据处理

（1）实验过程数据记录测定

①原水、常规处理出水及深度处理出水的浊度、pH 值、余氯、COD_{Mn}、TOC、总大肠菌群、细菌总数等。

②沉淀池及滤池出水的浊度、COD_{Mn}、TOC 等主要指标。

③每种工况下处理水量、混凝剂的种类及投加量、消毒剂 NaClO 的投加量、臭氧的投加量，以及特殊工艺条件下粉末活性炭的投加量、高锰酸钾的投加量。

（2）工艺运行参数观测及计算

①观察矾花形态与投加量之间的关系。

②计算絮凝时间，反应 G 值、GT 值。

③计算沉淀池堰口负荷、斜管沉淀池上升流速、平流沉淀池水力停留时间、Re 值、Fr 值。

④计算滤池滤速，确定过滤周期、气水反冲洗方案。

⑤计算活性炭滤池滤速，确定过滤周期、气水反冲洗方案。

⑥确定膜系统的操作压力、通量、过滤周期、反冲洗方案。

（3）数据处理

对获得的实验数据进行有效性分析和二次处理，绘制数据图表，归纳总结实验结果。

七、问题及分析

学生根据自己的选题完成实验，并对实验数据进行分析，提出实验的结论、实验心得体会、实验流程存在的问题与建议。

第二节 污水处理工程综合设计实验

一、实验目的

①通过水处理实验，加强学生对污水处理设施的认识和了解，进一步熟悉水处理构筑物的作用和原理，熟悉污水处理流程，掌握污水处理设施的日常运行管理，为从事污水处理厂的设计、运营和管理以及水处理方面的科学研究提供基础。

②掌握污水好氧生物处理的原理，学习污水常规指标 COD、NH_3-N、TN、TP、MLSS、SV_{30}、SVI 等的测试分析，能够将污水指标与生物相观察内容结合起来考察反应器对污水的处理效能，并作出简要的分析。

③了解实验方案设计的基本思路和基本方法，锻炼学生的自主动手能力以及团体协作能力，培养学生进行科学研究的基本技能，为学生今后的进一步深造奠定基础。

④掌握对试验数据进行分析和处理的方法，从而得出切合实际的结论，并把合适的试验工艺参数有意识地用于课程设计和毕业设计。

⑤培养实事求是的科学态度和工作作风，培养实验仪器设备使用、污水处理设施的日常运行管理的基本能力，自主动手能力以及团体协作能力。

二、实验原理

污水生物处理的基本方法分为好氧微生物作用的好氧法和厌氧微生物作用的厌氧法。污水的溶解氧含量充足时,污水经好氧菌氧化分解为小分子有机物和简单的无机物;在溶解氧含量不足时,经厌氧菌分解为 NH_3、CH_4、CO_2 和 H_2S 等,好氧法有活性污泥法。活性污泥法中,活性污泥的结构和功能中心是能起絮凝作用的细菌形成的菌胶团,菌胶团既能起絮凝作用,又能吸收和分解水中溶解性污染物,同时微生物得以生长和繁衍。

本实验基于活性污泥法,提供 CASS 工艺、氧化沟工艺、A^2/O 工艺 3 套实验装置,要求学生综合运用所学知识,分组选择其中一套工艺处理由学校排放引流过来的生活污水,要求每组不超过 10 人。学生从查阅相关资料了解各构筑物的作用和原理,并初步掌握污水水质的测试方法入手,开始污泥驯化和反应器的启动;继而通过自主设计实验方案,完成一定工况下实验装置的持续稳定运行;对不同运行工况下处理效果进行分析,探讨不同实验因素对工艺运行的影响机制;甚至可以自行改进实验装置等实验内容,将多个知识模块有机结合。锻炼学生应用理论知识相互协作解决实际问题,培养学生水污染控制工程的设计和运营管理能力,提高学生参与科学研究的积极性。

三、实验设备及材料

(1)实验设备

污水处理综合实验系统(包括 3 套好氧处理反应器:CASS 反应器、A^2/O 反应器和 carrousel 氧化沟,以及充氧设备、搅拌设备、污水泵、连接管道、阀门、(水、气)流量计等附件)。污水处理工程综合设计实验流程如图 6.2 所示。

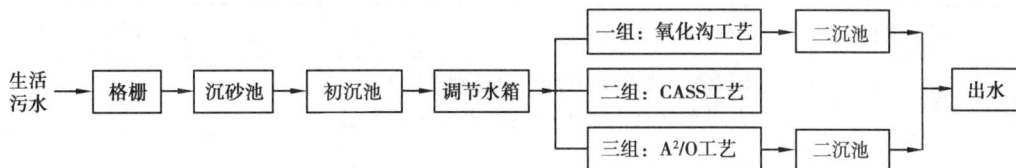

图 6.2　污水处理工程综合设计实验流程图

(2)分析测试仪器及试剂

HACH DR6000 可见-紫外分光光度计,HACH COD Reactor、HACH DR/2800,pH 计,溶解氧仪,XMT-152C 生化恒温培养箱,CS101-2D 干燥箱,马弗炉,DT-100 电光分析天平,MOTIC-BA-200 电子显微镜,灭菌锅以及量筒、称量瓶、坩埚、锥形瓶、三角漏斗等玻璃器皿、滤纸及水质指标测试药品等。

四、实验要求

本实验独立设为污水处理方向实验课程,要求学生熟悉 3 套工艺的主体构筑物,弄清楚每套工艺的连接方式;查阅相关资料,了解各构物的作用和原理;初步掌握污水水质的测试方法;对不同运行工况下处理效果进行分析。

五、实验步骤与方法

（1）污泥的驯化和反应器的启动

①从附近的污水处理厂取来二沉池回流污泥约200 L，投入反应器，然后向反应器进生活污水，开启曝气设备进行闷曝，闷曝时间一般为1~2 d。

②污泥驯化期间，每天按时换水，并且进行指标测试，结合生物相镜检内容，掌握污泥驯化的情况。

③驯化一段时间之后，出水水质稳定。查阅文献，以出水的COD、TN、TP、NH₃等作为考察反应器启动完成的标志。此时，即可开启整套实验流程。

（2）实验方案设计

学生自主设计实验方案，主要考虑以下问题：

①选择一套实验流程进行详细的资料查阅，分组讨论，制订出相关的实验影响因素，确定对应的分析测试项目。

②考察不同的曝气条件下，反应器对污染物去除的效能。

③考察不同的进水流量、反应周期等对污染物去除的影响等。

（3）实验运行

污泥的培养驯化需要一定的时间，同时，由于受进水水质波动以及温度的影响，要达到稳定的运行，往往需要一段时间，因此，为了获得较好的实验结果，且满足教学课时要求，实验时间应控制在一个学期内，实验周期以2~3个月为宜。实验期间维持一定的运行工况，每个项目的测试周期不同，具体实验安排见表6.2。

表6.2　污水处理工程综合实验进度安排表

序号	实验项目	实验内容	学时	实验类型	备注
1-1	理论知识回顾	①教师回顾性讲授污水处理系统基础理论 ②学生查阅文献总结污水处理技术与工艺发展综述	实验准备：2周	综合性	准备阶段：教师引导，学生自主设计
1-2	实验室安全培训	①教师开展系统的实验室安全技术培训 ②学生熟悉实验室环境，认识安全隐患，掌握安全防护			
1-3	仪器和方法	①回顾水质指标测试方法，准备相应的实验药品 ②熟悉污水处理工艺流程及运行控制，学会实验仪器设备操作			
1-4	实验设计	①自由组合团队，分组选择实验装置，针对工艺的热点、难点问题，讨论设计实验方案，确定人员分工 ②课堂讲述设计方案，教师考查方案可行性			

续表

序号	实验项目	实验内容	学时	实验类型	备注
2-1	活性污泥接种、培养和驯化	①从污水厂取二沉池活性污泥,用于实验装置生化池接种 ②通过测定 MLSS、MLVSS、SVI 等指标结合生物相观察,确定活性污泥驯化情况	实验运行:5 周	综合性	实验运行阶段:学生自主操作,教师提供仪器设备和材料,解答问题,全过程陪伴
2-2	污水处理工艺调试	①调试运行污水处理系统,确定水质水量 ②测定各项主要水质指标(COD、SS、氨氮、TN、TP 等),确保系统运行稳定			
2-3	污水处理工艺运行控制	①掌握污水处理工艺的基本调控方法 ②开展不同实验设计条件下污水处理效果实验,至少为单因素三水平,每个水平运行不少于 1 周 ③通过调节各个处理单元的主要控制参数,实现污水处理达标排放			
2-4	系统停运	①整理实验数据,绘图,分析实验数据 ②归还实验设备,打扫实验室卫生,处理实室废弃物。	实验总结:1 周		实验数据小组共享,但数据分析及报告撰写应有独立视角
3-1	实验报告编写	①讨论分析实验数据,得出合适的工艺运行条件 ②分析实验过程中出现的问题及原因 ③以独立视角撰写实验报告,优化控制运行方案			

(4)实验运行操作应注意的问题

①A^2/O 工艺的运行管理应注意的问题。

a. 污泥回流点的改进与泥量的分配。为了减少厌氧段硝酸盐的含量,应控制加入厌氧段的回流污泥量,将回流污泥两点加入,在保证回流比不变的前提下,加入厌氧段的回流污泥占整个回流量的 10%。

b. 好氧段污泥负荷的确定。在硝化的好氧段,污泥负荷应小于 0.15 kg BOD_5/(kg MLSS·d);而在除磷厌氧段,污泥的负荷应控制在 0.1 kg BOD_5/(kg MLSS·d)以上。

c. 溶解氧 DO 的控制。在硝化的好氧段,DO 应控制在 2.0 mg/L 以上;在反硝化的缺氧段,DO 应控制在 0.5 mg/L 以下;在除磷厌氧段,DO 应控制在 0.2 mg/L 以下。

d. 回流混合液系统的控制。内回流比对除磷的影响不大,因此回流比的调节与硝化工艺一致。

e. 剩余污泥排放的控制。剩余污泥排放宜根据泥龄来控制,泥龄的大小决定系统是以脱氮为主还是以除磷为主。当泥龄控制在 8～15 d 时,脱氮效果较好,还有一定的除磷效果;当泥龄小于 8 d 时,硝化效果较差,脱氮效果更不明显,而除磷效果较好;当泥龄大于 15 d 时,脱氮效果良好,但除磷效果较差。

f. BOD_5/TKN 与 BOD_5/TP 的校核。运行过程中应定期核算污水入流水质是否满足

$BOD_5/TKN>4.0$，$BOD_5/TP>20$ 的要求，否则应补充碳源。

g. pH 值控制及碱度的核算。污水的混合液的 pH 值应控制在 7.0 以上，如果 pH 值小于 6.5，应投加石灰，以补充碱源的不足。

②CASS 工艺系统运行中应注意的问题。

CASS 工艺具有许多优点，但同时也存在一些缺点。多种处理功能的相互影响在实际应用中限制了其处理效能，也给控制提出了非常严格的要求，总结起来，CASS 工艺主要存在以下几个方面的问题。

a. 微生物种群之间的复杂关系有待研究。CASS 系统的微生物种群结构与常规活性污泥法不同，菌群主要由硝化菌、反硝化菌、聚磷菌和异氧型好氧菌组成。目前对非稳态 CASS 系统中微生物种群之间的复杂的生存竞争和生态平衡关系尚不甚了解，CASS 工艺理论只是从工艺过程进行一些分析探讨，而厘清微生物种群之间的关系对 CASS 工艺的优化运行是大有好处的，因此仍需加强这方面的理论研究工作。

b. 生物脱氮效率难以提高。主要体现在硝化反应难以进行完全和反硝化反应不彻底两方面。当硝化细菌和异养细菌混合培养时，由于存在对底物和 DO 的竞争，硝化菌的生长将受到限制，难以成为优势种群，硝化反应被抑制。此外，CASS 工艺有约 20% 的硝态氮通过回流污泥进行反硝化，其余的硝态氮则通过同步硝化、反硝化和沉淀、闲置期污泥的反硝化实现，其效果不理想。这两方面的原因使得 CASS 工艺脱氮效率难以提高。

c. 除磷效率难以提高。污泥在生物选择器中的释磷过程受到回流混合液中硝态氮浓度的影响比较大，在 CASS 工艺系统中难以继续提高除磷效率。

d. 控制方式较为单一。目前在实际应用中的 CASS 工艺基本上都是以时序控制为主的，由于污水的水质不是一成不变的，因此采用固定不变的反应时间必然不是最佳选择。

e. 对水力负荷的控制要求较高。由于 CASS 工艺系统是间歇运行方式，在控制上应保证进水的连续性，即进水和出水的连续性。应考虑三种工况：一是正常运行工况，即按系统正常周期运行；二是雨季工况（如果污水收集系统是合流制系统），降雨时，进水量要大于设计水量，运行时要缩短运行周期；三是事故工况，如某组生化池出现事故或处于检修状态，控制上可缩短运行周期。

f. 对溶解氧的控制要求较高。CASS 工艺要求在一个池内不仅完成 BOD 的去除，还要完成生物除磷、硝化和反硝化，其过程对溶解氧的要求是不同的，在同一个反应周期内，要求溶解氧也是变化的，合理控制系统污泥浓度和溶解氧的浓度应是系统控制的关键。

g. 自动化程度高，对自控系统可靠性能要求高。

③氧化沟工艺运行管理应注意的问题。

值得注意的是：奥贝尔氧化沟 3 个沟渠内溶解氧的浓度是有明显差别，第一沟渠溶解氧吸收率较高，溶解氧较低，混合液经转碟曝气后溶解氧可能接近于零，可进行调整，溶解氧最好控制在 0.5 mg/L 以下，最后沟渠溶解氧吸收率较低，溶解氧会增高，溶解氧最好控制在 2 mg/L 左右，当 DO 低于 1.5 mg/L 时应进行调整。奥贝尔氧化沟的结构形式使得该工艺呈现出推流式的特征，因此在保证各沟渠溶解氧要求的前提下，也要注意转碟搅拌和推流的强度，防止污泥在沟渠内的沉淀。

六、实验记录及数据处理

实验过程数据记录包括 COD、BOD_5、NH_3-N、TN、TP、MLSS、SV_{30}、SVI、DO、pH、SS 等；此外，还包括微生物相观察内容。

通过对长期监测数据作图，分析污水处理系统各污染物指标的去除效果。

七、问题及分析

①根据测试记录的实验数据及微生物相观察结果，进行如下分析：

a. 活性污泥的培养驯化以及反应器的启动过程；

b. 不同曝气条件、进水流量或反应周期下，进出水 COD、BOD_5、NH_3-N、TN、TP 以及混合液污泥浓度的变化情况，并结合生物相观察内容做出分析；

c. 实验过程中活性污泥工艺存在的问题及解决对策。

②实验心得体会，实验流程存在的问题与建议。

第三节　污泥好氧堆肥资源化处置综合设计实验

一、实验目的

①通过污泥好氧堆肥实验，加强学生对好氧堆肥原理的认识和理解，进一步熟悉好氧堆肥工艺的操作过程。

②掌握污泥理化特征、堆肥过程腐熟度表征等的测试分析的基本原理和基本方法。

③了解实验方案设计的基本思路和基本方法，培养学生科学研究方面的基本技能，为今后的进一步深造奠定基础。

④掌握对实验数据进行分析和处理的方法，从而得出切合实际的结论。

⑤培养实事求是的科学态度和工作作风，为毕业设计以及毕业后快速熟悉并胜任专业工作奠定坚实的基础。

二、实验原理

1. 实验背景

随着我国污水处理能力以及污水处理率的不断提高，污水处理厂的污泥产量也不断增长，但是我国城市污水处理厂的污泥处置问题被长期忽视，污泥处置的发展相对滞后。好氧堆肥是实现城市污泥无害化、减量化和资源化的有效方法，处理后的污泥进行土地利用是很有前景的一种处置方式，污泥好氧堆肥工艺作为传统的污泥资源化技术在我国北方地区已有应用。目前，污泥堆肥处理存在很多问题，主要包括堆肥效率低、肥效损失大、能耗较大、堆肥产品质量不稳定、污泥堆肥施用量确定不科学等。最佳工艺参数不仅能提高堆肥产品的质量，还可以缩短堆肥周期。

因此，本实验旨在介绍污泥好氧堆肥处理技术特点的基础上，探讨污泥好氧堆肥过程中物质的转化规律，并分析污泥含水率、添加剂、有机质和 C/N 比、pH 值、温度、通风供氧等因素对好氧堆肥过程的影响,同时评价污泥好氧堆肥腐熟度的物理、化学及生物方面的主要相关指标。本实验可为固体废弃物处置综合实验课程提供参考。

2. 实验原理

堆肥是依靠自然界广泛分布的细菌、放线菌、真菌等微生物,在一定的人工条件下,有控制地促进可被微生物降解的有机质向稳定的腐殖质转化的生物化学过程。利用微生物的作用,将不稳定的有机质降解和转化为较为稳定的有机质,并使挥发性物质含量降低,减少臭气,物理性状明显改善(如含水率降低,呈疏松、分散、颗粒状),便于贮存、运输和使用。

按需氧程度一般分为好氧堆肥和厌氧堆肥两种,前者是在通气条件下借好氧微生物活动使有机质得到降解,由于好氧堆肥堆体温度一般可达 $50 \sim 70 ℃$,极限可达 $80 \sim 90 ℃$,故亦称为高温堆肥,通常说的堆肥一般指高温好氧堆肥。好氧堆肥微生物活性强、有机质分解速度快、发酵效率高、稳定化时间短,易于实现大规模工业化生产;在堆肥过程中,经过高温灭菌,能够最大限度地杀死固体废物中的病原菌、寄生虫(卵)等,提高堆肥的安全性,现代堆肥工程系统大都采用好氧堆肥。

(1)好氧堆肥过程及工艺

在堆肥过程中,溶解性有机质透过微生物的细胞壁和细胞膜而被微生物所吸收。固体和胶体有机质先附着在微生物体外,由微生物分泌的胞外酶分解为溶解性物质,再渗入细胞。微生物通过氧化、还原、合成等过程,一部分被吸收的有机质氧化成简单的无机物,并释放出微生物生长活动所需要的能量;另一部分有机质转化为生物体所必需的营养物质,合成新的细胞物质,用于微生物的生长繁殖。其物质转化如图6.3所示。

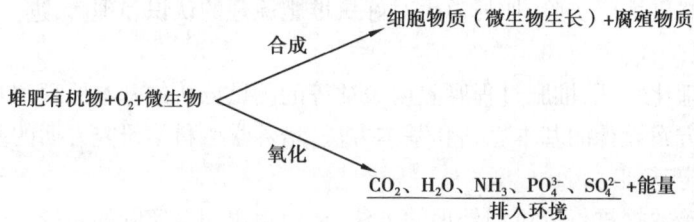

图 6.3 好氧堆肥过程中的物质转化

根据堆肥过程中堆体的温度变化状况,堆肥过程大致可分为 5 个阶段(图 6.4)。

①潜伏阶段(常温):物料中带入的微生物刚进入一个新环境后的一段调整适应时期。在该时期,适应环境的微生物开始生长繁殖,微生物分泌水解酶,部分固体物质被水解。堆体温度基本上没变化。

②升温阶段:已适应新环境的微生物,利用物料中易降解的有机物(如可溶性物质、淀粉类多糖、蛋白质等)快速繁殖,它们在利用和转化生化能的过程中,多余的生化能以热能的形式散发,使堆置环境温度不断升高;这两个阶段的温度基本适宜所有微生物生长,以中温、需氧型微生物为主。其中细菌>真菌>线菌,细菌占优势的原因:一是细菌能分泌的酶的种类覆盖面广,有利于细菌利用各种有机物质;二是比表面积大,使可溶物质迅速传递到细胞体内;三是平均世代时间短,增殖速率大。细菌竞争优势大于其他微生物,成为堆肥化初期主要降解者和热量的产生者。放线菌生长速率低于细菌和真菌,因此在高营养水平下,其竞争优势较低。

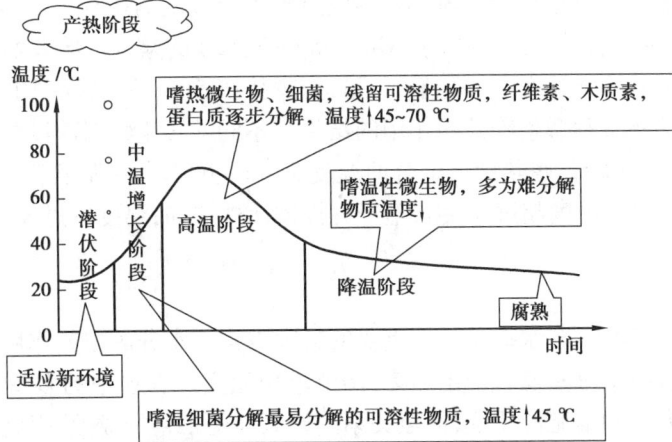

图 6.4　好氧堆肥化过程的堆体温度变化阶段

③高温阶段(45 ℃以上):嗜温微生物因环境温度过高受到抑制甚至死亡,嗜热微生物处于主导地位,物料中残余的及新形成的可溶性有机物质继续被分解转化,复杂的有机物质(如半纤维素、纤维素、蛋白质等)也开始被剧烈分解,微生物代谢速率急剧上升;此阶段嗜热微生物的种类因最适温度范围不同而相互更替。在 50 ℃左右活动的主要是嗜热性真菌、细菌和放线菌,60 ℃以上时,真菌几乎完全停止活动,仅有嗜热细菌和放线菌继续活动,温度升到 70 ℃以上时,大多数嗜热微生物已不能适应,微生物大量死亡或进入休眠状态。此时死亡微生物分泌的部分耐高温酶仍然可以维持其活性,使有机物质得以继续降解,温度可能会进一步升高。

④降温阶段(45 ℃ ~ 常温):此阶段嗜温微生物又重新占据优势,嗜温微生物对剩下的较难降解的有机物(如脂肪、纤维素等)做进一步分解,并逐渐形成腐殖质。

⑤腐熟阶段(常温):此阶段的优势微生物为嗜温性的,物料中剩下的是难降解有机物质,如木质素、微生物残体、新形成的腐殖质等。一个完整的现代好氧堆肥化工艺通常由前处理、主发酵、后发酵、后处理、脱臭和储存 6 道工序组成(图 6.5)。

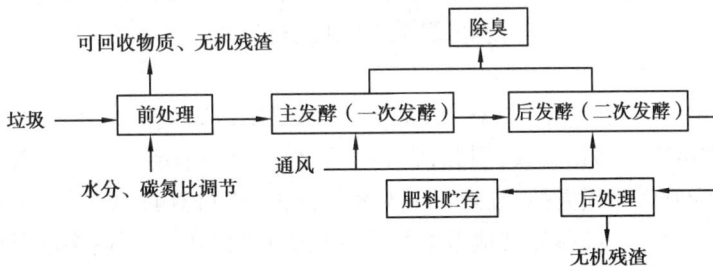

图 6.5　堆肥工艺流程图

(2)污泥好氧堆肥化的影响因素

影响污泥好氧堆肥化的重要因素有温度、含水率、pH 值、有机物含量、C/N、通风量和通风强度等。

①温度。

温度是影响堆肥进程和堆肥产品质量的重要因素。堆肥化操作过程中,堆肥温度应控制在 45 ~ 65 ℃,超过 65 ℃就会抑制微生物的生长活动。堆肥化过程是一个放热过程,若不采取措施进行控制,温度常可以达到 75~80 ℃,温度过高就会过度消耗有机物,降低堆肥产品的质量。根据我国《粪便无害化卫生要求》(GB 7959—2012)的规定,要求堆肥温度大于等于 50 ℃,至少持续 10 d;堆肥温度大于等于 60 ℃,至少持续 5 d。好氧堆肥中,有机物的降解是细菌、放线菌和真菌等多种微生物共同作用的结果。不同的微生物对温度的要求不同,嗜温菌最适合的温度为 30~40 ℃,嗜热菌最适合的温度为 45~60 ℃;污泥堆肥的最佳温度为 55~65 ℃,不能超过 80 ℃。温度超过 65 ℃,孢子有机体活性减弱;温度超过 80 ℃,堆肥效率和速度都变小。

②含水率。

在堆肥化操作过程中,含水率是一个重要的物理因素。水分的主要作用是溶解有机物,参与微生物的新陈代谢;水分蒸发时带走热量,调节堆肥温度。含水率的多少,直接影响好氧堆肥反应速度的快慢,影响堆肥的质量,甚至关系到好氧堆肥工艺的成败,因此,含水率的控制十分重要。含水率过低,不利于微生物的生长;含水率过高,则堵塞堆料中的空隙,影响通风,导致厌氧发酵。研究表明,50% 的含水率是污泥堆肥化中微生物生长的底限值,而 60%~70% 是微生物活性达到最大的适宜含水率。污泥堆肥过程中,污泥含水量高,一般加入秸秆、木屑、垃圾等外源有机调理剂降低污泥的水分。

③pH 值。

微生物尤其是细菌和放线菌生长最适宜的 pH 值为 6.5~7.5。堆肥过程中 pH 值随时间和温度的变化而变化,pH 值过高或过低都不利于微生物的繁殖和有机物的降解。污泥堆肥的 pH 值范围一般在 7.5~8.5 较合适。

④有机质含量。

有机质是微生物赖以生存和繁殖的重要物质基础,堆肥反应需要一个合适的有机质含量范围。大量研究工作表明,在高温好氧堆肥中,适合堆肥的有机质含量范围为 20%~80%。当有机质含量低于 20% 时,堆肥过程产生的热量不足以提高堆体温度而达到堆肥的无害化,也不利于堆体中微生物的繁殖,无法提高微生物的活性,最后导致堆肥失败。当堆肥物料有机质含量高于 80% 时,堆体对氧气的需求很大,而实际供气量难以达到要求,往往使堆体中达不到好氧状态而产生恶臭,也不能使好氧堆肥顺利进行。

⑤C/N。

在堆肥过程中,碳源被转化为 CO_2 和腐殖质,而氮则以氨气的形式散失或者变为硝酸盐或亚硝酸盐,或被微生物同化吸收,因此,碳和氮是堆肥的基本特征之一。若 C/N 过低,则过量的氮可以转化为氨气而损失掉,导致氮营养大量损失;若 C/N 过高,则可供消耗的碳元素过多,氮元素养料相对缺乏,细菌和其他微生物的生长受到限制。为了确保堆肥化中微生物降解和转化有机物的顺利进行,必须控制堆肥化初期的 C/N,一般应为 20~30。通常污泥的 C/N 低于 12,所以,通常在物料中加入调理剂以调节 C/N,常用的调理剂有秸秆、锯末、树叶等。

⑥通风量及通风强度。

在堆肥过程中,通风有 3 个作用:供氧、散热和去除水分。通风方式主要包括翻堆、强制通风和自然通风。不同的通风方式和通风量的大小直接影响高温好氧堆肥的微生物生长活动,并最终影响堆体温度的升高、病原菌的杀灭以及有机质的分解。

一般来说,堆肥化过程中通风供氧的机制主要分为两类:a. Beltsvills 机制:以满足堆体内有充足氧气为核心,强调供氧功能;b. Rutgers 机制:以控制堆体温度为目标,强调温度在堆肥系统中的作用及各因子的相互作用。

根据不同堆肥对供氧要求的差异性和堆肥反应器结构及工艺过程的不同,高温好氧堆肥的供氧方式主要有3种类型:a.利用空气的自然扩散,由堆积层表面将氧扩散进入堆积层中;b.利用固体废物的翻倒把空气包裹到固体颗粒的间隙中以达到供氧的目的;c.向堆体中强制通风,以达到需氧要求。

⑦其他影响因素。

除以上几种因素外,C/P和颗粒度也是影响堆肥顺利进行的因素。堆肥化反应是在固体表面附着的水膜中发生的,因此,粒度越小的材料比表面积越大,越利于反应进行。但是,如果粒度太小,堆体堆积紧密,会严重影响通风供氧;而粒度太大,又会使氧气无法进入颗粒内部,造成颗粒内部供氧不足,甚至造成局部厌氧。磷对微生物的生长也有很大影响,在垃圾中添加污泥进行混合堆肥,就是利用污泥中丰富的磷来调整堆肥原料的C/P,堆肥原料适宜的C/P为75~150。此外,填充材料、环境温度等也会影响堆肥过程。

三、实验设备及材料

（1）实验设备

污泥好氧堆肥资源化处置综合设计实验装置示意如图6.6所示,包括好氧堆肥主反应器及自动控制系统、充氧设备、进水设备、搅拌设备、连接管道、阀门、流量计等附件。

（2）分析测试仪器及试剂

HACH DR6000 可见-紫外分光光度计、TOC测定仪、pH计、电导率仪、温度计、XMT-152C生化恒温培养箱、CS101-2D干燥箱、马弗炉、DT-100电光分析天平、灭菌锅、量筒、称量瓶、坩埚、锥形瓶、三角漏斗滤纸、指标测试药品等。

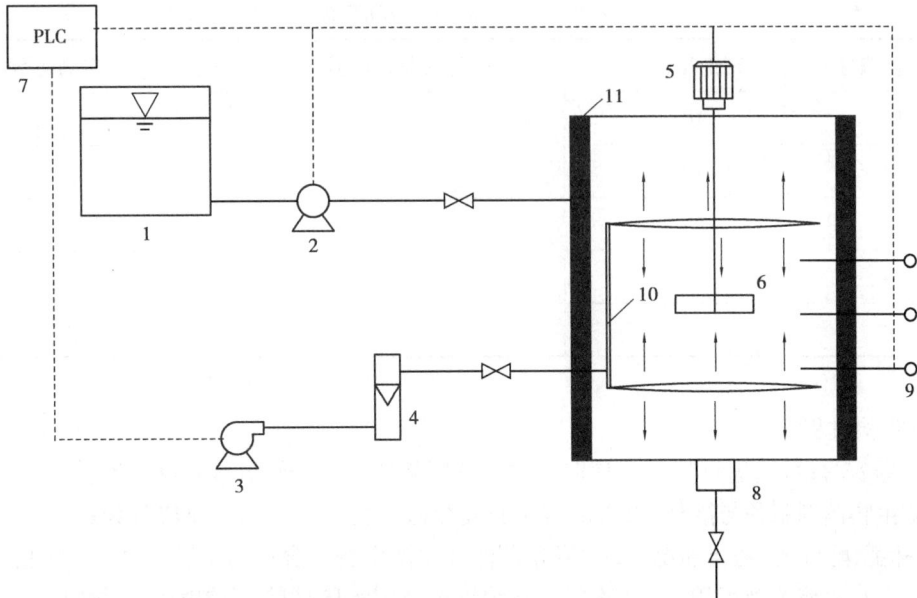

图6.6　污泥好氧堆肥资源化处置综合设计实验装置示意图

1—水箱;2—进水泵;3—空气泵;4—空气流量计;5—螺旋搅拌泵;6—好氧堆肥主反应区;
7—自动控制系统;8—排渗口;9—温度/溶氧/湿度检测仪;10—双层布气管;11—保温层

四、实验要求

(1)实验设计

查阅文献等相关资料,根据污泥、锯末的含碳量、含氮量、含水率等基础数据,设计出3个初始C/N,进行5个反应器物料的装填。

估算用基础数据:污泥的含水率为80%,C/N 6.3,含氮率为5.6%;锯末的含水率为40%,C/N 225,含氮率为0.26%。3个初始C/N建议分别为10:1、(20~30):1、(30~40):1。

要求写出污泥、锯末进行初始C/N的估算计算过程,为后续物料装填做准备,装填后取样进行C/N数值的实测。本部分计算过程写入实验报告书中。

实验设计及反应器运行控制方式见表6.3。

表6.3 实验设计及反应器运行控制方式

反应器编号	设计初始C/N	微生物菌剂	通风方式	升温期堆体保温
1#	10:1	无	正压送风	有
2#	10:1	有	正压送风	有
3#	(20~30):1 (25:1)	无	正压送风	有
4#	(20~30):1 (25:1)	有	正压送风	有
5#	(30~40):1 (40:1)	有	正压送风	有

物料装填与性质指标见表6.4。

表6.4 物料装填与性质指标

反应器编号	理论初始C/N	实际称量比(污泥:锯末)	实测初始C/N
1#	10:1		
2#	10:1		
3#	25:1		
4#	25:1		
5#	40:1		

(2)实验过程

①根据实验设计,进行物料的称取、混合,分别装填入5个好氧堆肥反应器。

②微生物菌剂制备与接种:市售的有机肥复合微生物液态菌剂主要成分为芽孢杆菌、乳酸菌、双歧杆菌、酵母菌、光合细菌、放线菌等多种有益微生物。含量为活菌总数≥100亿个/mL。接种量为1 L浓缩菌液可用于1 t物料。将浓缩菌液用水稀释后,均匀喷洒在物料上。

③通风控制:反应器装填后,设定自动通风装置程序,每天中午固定时段通风1 h。

④温度记录:每次通风控制前,采用温度计停留5 min,测量堆体中心的温度,做好记录。

⑤样品采集:待通风结束后,此时反应器中物料已均匀,使用采样勺从顶部进入反应器随

机采取新鲜堆肥样品若干,混合均匀。每个反应器采集 2 个平行样,供各分析指标的测试。

（注:堆肥前期,根据堆体温度变化的趋势,采样频率较高;后期降温及腐熟阶段,采样频率降低）

⑥样品制备与测试:

a.采集新鲜样品后需立即测含水率,1 d 后取出,密封袋保存,可集中时段测挥发性固体 VS。

b.采集新鲜样品后需立即测 pH 值、电导率。

c.新鲜样品保存于 4 ℃冰箱（测氨氮、有效磷、种子发芽指数、新鲜样品的干物质含量）,用于集中分析。

d.采集新鲜样品后需立即准备风干样品,50 ℃ 3 d,磨粉,密封袋保存。前 4 周每周采样 3 次,后 3 周减为每周采样 2 次。制备的干样品集中分析 TOC、全氮、烘干样品的干物质含量。测定项目及方法见表 6.5。

表 6.5　污泥好氧堆肥资源化处置综合实验测试项目

序号	测定项目	测定方法	备注
1	含水率	重量法 105 ℃ 24 h	新鲜样品,立即测试
2	挥发性固体 VS	重量法马弗炉 600 ℃ 2 h	测完含水率的 105 ℃烘干样品
3	干物质含量	105 ℃ 1 h	新鲜样品,以及 50 ℃ 3 d 烘干样品
4	pH 值	玻璃电极法	新鲜样品,立即测试
5	电导率	电极法	新鲜样品,立即测试
6	有机质 TOC	$K_2Cr_2O_7$-H_2SO_4 外加热法	50 ℃ 3 d 烘干样品
7	全氮	凯氏法	50 ℃ 3 d 烘干样品
8	氨氮	KCl 浸提-靛酚蓝比色法	新鲜样品,存于 4 ℃冰箱
9	有效磷	$NaHCO_3$ 浸提-钼锑抗分光光度法	新鲜样品,存于 4 ℃冰箱
10	种子发芽指数	去离子水浸提液,培养 48 h	新鲜样品,存于 4 ℃冰箱

五、实验记录及数据处理

①列出各反应器具体指标的原始测定数据,绘制变化趋势图,分析各指标随着堆肥时间的变化规律及原因。

②查阅文献,讨论本实验中影响污泥好氧堆肥过程的主要因素。

③写出本实验的心得体会。

六、问题及分析

①添加微生物菌剂对堆肥的促进作用? 查阅文献,哪些功能微生物对堆肥中不同有机物有显著的促进作用?

②调节 C/N 的作用是什么? 各影响因素中哪些更为显著?

第七章
水质工程学创新探索实验

实验一 间歇式活性污泥法创新探索实验

一、实验目的

①了解间歇式活性污泥法工艺系统的构造和特点。

②通过实验,探讨不同工况条件对 CASS 工艺运行处理效果的影响。

二、实验原理

CASS 工艺是 SBR 的一种改良,是一种具有脱氮除磷功能的循环间歇废水生物处理技术。CASS 是在 SBR 基础上发展起来的,即在 SBR 池内进水端增加了一个生物选择器,实现了连续进水(沉淀期、排水期仍连续进水),间歇排水。CASS 工艺是可变容积、以序批曝气-非曝气方式运行的充-放式间歇活性污泥处理工艺,在一个反应器中完成有机污染物的生物降解和泥水分离的处理功能。设置生物选择器的主要目的是使系统选择出絮凝性细菌,有效地抑制丝状菌的生长和繁殖,克服污泥膨胀,提高系统的运行稳定性。生物选择器的容积约占整个池子的10%。生物选择器的工艺过程遵循活性污泥的基质积累-再生理论,使活性污泥在选择器中经历一个高负荷的吸附阶段(基质积累),随后在主反应区经历一个较低负荷的基质降解阶段,以完成整个基质降解的全过程和污泥再生。整个系统以推流方式运行,是一个好氧—缺氧—厌氧交替运行的过程,而各反应区则以完全混合的方式运行,以实现同步碳化和硝化-反硝化功能,因此具有一定的脱氮除磷效果。

完整的 CASS 工艺运行周期一般可分为 4 个阶段,如图 7.1 所示。

①曝气阶段。在此阶段,曝气系统向反应池内供氧,一方面满足好氧微生物对氧的需要,另一方面有利于活性污泥与有机物的混合和接触,使有机污染物被微生物氧化分解。同时,污水中的 NH_3-N 也通过微生物的硝化作用转化为 NO_x-N。

②沉淀阶段。停止曝气后,微生物继续利用水中剩余的溶解氧进行氧化分解。随着反应池溶解氧的进一步降低,微生物由好氧状态向缺氧状态转化,并发生一定的反硝化作用。与此同时,活性污泥几乎在静止沉淀的条件下进行分离,活性污泥沉至池底,下一周期继续发挥作

用,处理后的水位于污泥层的上部。

③滗水阶段。沉淀阶段完成后,置于反应器末端的滗水器在程序控制下开始工作,自上而下逐层排出上清液。与此同时,反应池污泥层内因为溶解氧很低仍会发生反硝化作用。

④闲置阶段。闲置阶段的时间一般较短,主要是保证滗水器在此时间段内上升到原始位置,防止污泥流失。如果在此阶段进行曝气,则有利于恢复污泥活性。

不同运行阶段的运行方式可根据需要进行调整,如无反应充水(即进水时不曝气)、无曝气充水混合、充水曝气等。一个运行周期结束后,重复上一周期的运行并由此循环不止。循环过程中,反应器内的水位随进水而由初始的设计最低水位逐渐上升至最高设计水位,因而运行过程中其有效容积是逐渐增加的(即变容积运行)。

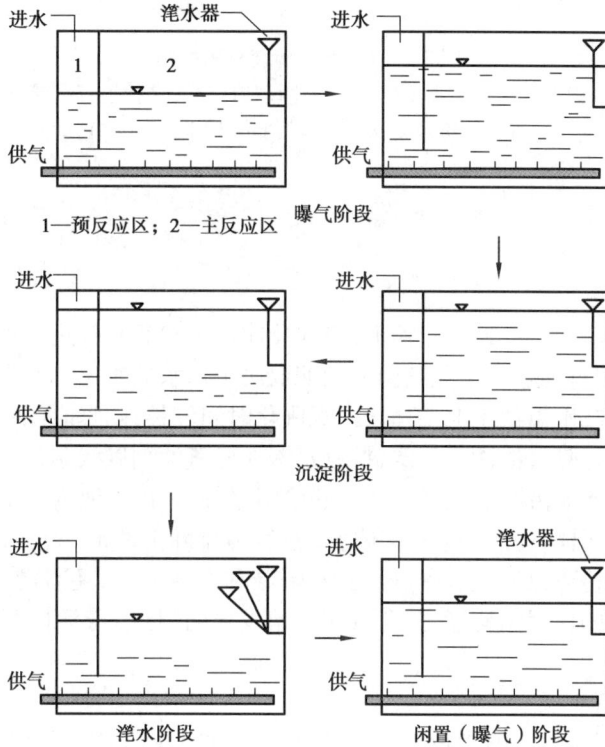

图7.1　CASS工艺周期循环运行过程

三、实验装置和设备

CASS 实验装置根据实验要求特别定制,装置示意图如图7.2所示。实验装置采用有机玻璃制成,总容积 $L \times B \times H = 1.2 \text{ m} \times 0.5 \text{ m} \times 0.7 \text{ m} = 0.42 \text{ m}^3 = 420 \text{ L}$,有效水深0.6 m,总有效容积为360 L。生物选择区的容积 $L \times B \times H = 0.12 \text{ m} \times 0.5 \text{ m} \times 0.7 \text{ m} = 0.042 \text{ m}^3 = 42 \text{ L}$,为总容积的1/10(设置生物选择区的容积占总容积的约1/10)。

污水经蠕动泵从贮水池提升至 CASS 反应器装置中,流量由蠕动泵进行调节。回流泵使用计量泵(蠕动泵),用于污泥和清液的回流。反应器进水管采用硅胶管,曝气管采用煤气管软管塑料管材,同时上面接有气用转子流量计。小型空气压缩机提供曝气气源,稳压之后再由气用转子流量计来控制曝气量,从而再进一步地控制反应器内的溶解氧。生物选择区设搅拌器,使泥水混合均匀并处于悬浮状态。

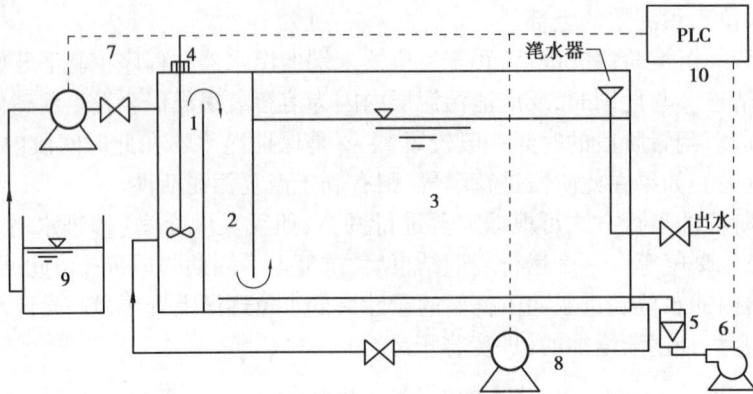

图 7.2　CASS 实验装置示意图

1—生物选择区;2—预反应区;3—主反应区;4—搅拌器;5—流量计;
6—空气压缩机;7—进水泵;8—回流泵;9—贮水池;10—自动控制系统

四、实验内容

1. 污泥的培养和驯化

(1)污泥闷曝阶段

从污水处理厂取适量二沉池回流污泥,投入反应器。然后打开进水设备阀门,向反应器进水后,开启曝气设备进行闷曝。生化培菌的周期取决于污水的水温和水质。水温高于 15 ℃以上时,培菌的过程较快,水温低于 15 ℃时,污泥驯化时间较长,闷曝时间一般为 1~2 d,具体时间由实验温度而定。将曝气池注入污水,控制水深在好氧池刻度线附近,为保证曝气池内有足够的 COD 浓度,将初沉池污泥抽至曝气池。开始闷曝,每天排除池内一部分上清液,然后再注入新鲜污水和初沉池污泥,完成"进水→闷曝→静置→排除上清液"过程,不断循环,直到出现模糊的絮凝体。经镜检可以发现衣藻、栅列藻、颤藻和空球藻等,还有游离细菌、变形虫、鞭毛虫等微生物。当形成的污泥结构紧密,菌胶团开始发育时,标志着活性污泥开始成熟,可转入下一阶段。

(2)污泥培养期间

在这一阶段,由于微生物的大量繁殖,在好氧池中加入营养物质如葡萄糖等促进污泥的生长发育。控制 DO 在 2.0 mg/L 以上,每天换水 1 次。取曝气池污泥进行镜检,观察其中的生物相并截图保存,特别留意轮虫在显微镜下的存在,若轮虫大量存在,则表明污泥发育良好。将好氧池中的污泥做沉降性能(SV_{30})测定,若 SV_{30} 在 20%~30%,则表明污泥培养程度较好。当 SV_{30} 增至 20%,镜检发现有纤毛虫原生动物,如草履虫、钟虫等,污泥内有大量菌胶团,污泥结构紧密,污水开始变为土黄色,说明活性污泥培养基本成熟。

(3)驯化一段时间之后,出水水质稳定

活性污泥培菌过程中,可测定进水的 pH 值、COD、总氮、总磷、氨氮和曝气池溶解氧、污泥沉降性能等指标。当培养的活性污泥基本成熟后,逐渐加大进水流量,同时加强出水水质检测。对曝气池混合液检测,SV_{30} 在 20%~30%,镜检发现有大量钟虫等原生动物;以出水 COD、TN、TP、NH_3-N 作为考察反应器启动完成的标志,出水水质达到《城镇污水处理厂污染物排放标准》(GB 18918—2002)中一级 B 标准。此时,活性污泥基本培养驯化成熟,可开启后续实验。

2. CASS 工艺影响因素研究

（1）运行周期对处理效果的影响

实验温度范围为 15～30 ℃，pH 值为 7.43～7.72，污泥龄（SRT）为 20 d，污泥回流比为20%。实验期间，在运行周期为 3 h、4 h、6 h 三个水平下进行对比实验研究，每个水平下至少进行 7 d 以上的稳定运行，并且每天取样检测分析水质，记录实验数据。

（2）曝气速率（溶解氧）对处理效果的影响

实验温度范围为 15～30 ℃，pH 值为 7.43～7.72，污泥龄（SRT）为 20 d，污泥回流比为20%，运行周期控制在 6 h。为了确定实验最佳的曝气速率，采用曝气速率分别为 0.2 m^3/h、0.25 m^3/h、0.3 m^3/h 三个水平进行对比研究，每个水平下至少进行 7 d 以上的稳定运行，并且每天取样检测分析水质，记录实验数据。为了改变混合液中溶解氧，可以采用气用转子流量计改变曝气量。

（3）排水比对处理效果的影响

实验温度范围为 15～30 ℃，pH 值为 7.43～7.72，污泥龄（SRT）为 20 d，污泥回流比为20%，运行周期控制在 6 h，曝气速率控制在 0.25 m^3/h。实验采用排水比分别为 1/4、1/3、1/2三个水平进行对比研究，每个水平下至少进行 7 d 以上的稳定运行，并且每天取样检测分析水质，记录实验数据。

五、实验数据记录与结果分析

①实验数据记录。

CASS 工艺实验常规指标检测数据记录见表 7.1，CASS 工艺实验水质指标检测数据记录见表 7.2。

表 7.1　CASS 工艺实验常规指标检测数据记录表

日期	DO/(mg·L^{-1})	T/℃	pH	SV_{30}/%	MLSS/(g·L^{-1})	MLVSS/(g·L^{-1})	SVI/(mL·g^{-1})	HRT/h	微生物相

表 7.2　CASS 工艺实验水质指标检测数据记录表

日期	COD			TN			TP			NH₃-N		
	进水/(mg·L^{-1})	出水/(mg·L^{-1})	去除率/%	进水/(mg·L^{-1})	出水/(mg·L^{-1})	去除率/%	进水/(mg·L^{-1})	出水/(mg·L^{-1})	去除率/%	进水/(mg·L^{-1})	出水/(mg·L^{-1})	去除率/%

②根据测试记录的实验数据及微生物相观察结果,进行如下分析:

a.原始数据记录清晰,正确描述活性污泥的培养驯化以及反应器的启动过程,判断工况是否正常以及系统是否稳定运行。

b.计算氨氮、总氮、总磷和COD去除率,绘制不同工况条件运行下,各指标变化趋势图。

c.根据水质指标变化情况,结合生物相观察内容,探讨不同曝气条件、排水比以及运行周期等实验因素对进出水COD、总氮、总磷、氨氮的影响。

六、思考题

①活性污泥微生物相观察在实验过程中的意义是什么?

②总结实验过程,试分析CASS工艺的优缺点。

③CASS工艺实验过程中常见的问题与对策有哪些?

实验二　氧化沟活性污泥法创新探索实验

一、实验目的

①了解氧化沟工艺系统和构造特点。

②探讨不同工况条件对Carrousel氧化沟处理效果的影响。

二、实验原理

氧化沟工艺也被称为延时曝气活性污泥工艺,它是活性污泥法的一种变形,在水力流态上不同于传统活性污泥法,是一种首尾相连的循环流曝气沟渠,污水渗入其中得到净化。氧化沟一般由沟体、曝气设备、进出水装置、导流和混合设备组成,沟体的平面形状一般呈环形,也可以是长方形、L形、圆形或其他形状,沟端面形状多为矩形和梯形。氧化沟法由于具有较长的水力停留时间、较低的有机负荷和较长的污泥龄,相比传统活性污泥法,可以省略调节池、初沉池、污泥消化池,有的还可以省略二沉池。

氧化沟因其独特的水力学特征和工作特性,能保证较好的处理效果,结合推流和完全混合的特点,具有很强的耐冲击负荷能力,对不易降解的有机物也有较好的处理能力。氧化沟具有明显的溶解氧浓度梯度,特别适用于硝化-反硝化生物处理工艺。氧化沟沟内功率密度的不均匀配备,有利于氧传质、液体混合和污泥絮凝。氧化沟的整体功率密度较低,可节约能源。据报道,氧化沟比常规活性污泥法能耗降低20%～30%。

三、实验装置和设备

本实验采用Carrousel氧化沟+二沉池工艺组合,生活污水由水箱经蠕动泵进入Carrousel氧化沟,氧化沟采用底部进水、上部溢流出水的方式运行。Carrousel氧化沟由有机玻璃制成,单沟段长700 mm,双沟宽500 mm,高450 mm,有效水深350 mm,有效体积122 L,氧化沟内设有3个倒伞曝气机。二沉池采用竖流式沉淀池,由有机玻璃制成,有效体积为60 L。实验装置如图7.3所示。

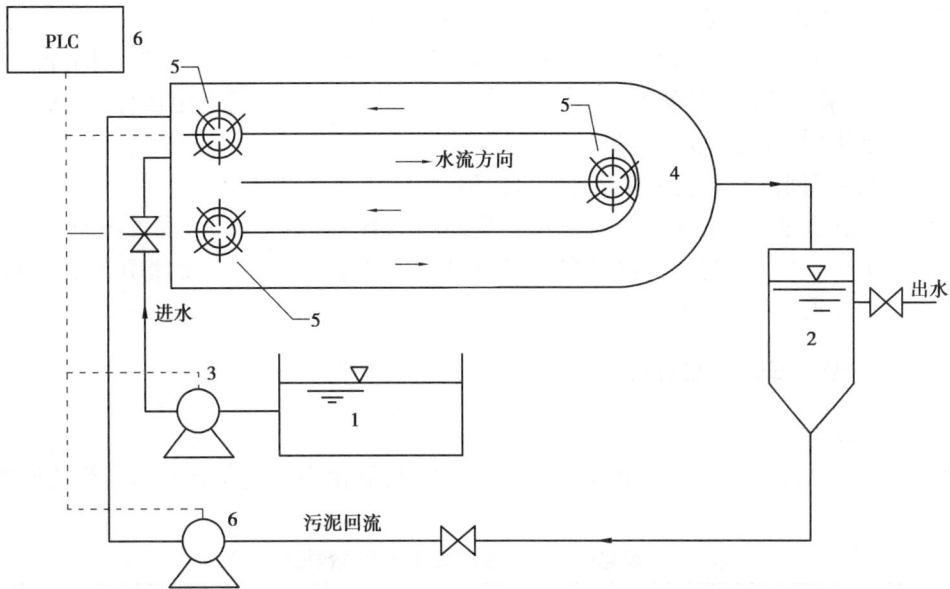

图 7.3　氧化沟实验装置图

Carrousel 氧化沟出水流入二沉池进行泥水分离,二沉池上清液由二沉池顶部溢出,回流污泥从二沉池底部连续回流至氧化沟,剩余污泥定期排放。系统可自动控制 24 h 连续运行,并根据实验要求对氧化沟内的水质各项指标进行监测和计算。实验用水来自校内学生宿舍生活污水。为保证进水碳源充足,可计算添加葡萄糖,以提高入水 COD 的浓度。

四、实验内容

1. 污泥的培养及驯化

从污水处理厂取来二沉池回流污泥,根据实验要求投加适量体积的初始污泥。采用接种培养和间歇培养相结合的方式进行污泥的培养和驯化,按照"进水—闷曝—停曝静置—换水"的序批进行培养,随着污泥浓度(MLSS)的增加逐渐增大换水比直至其浓度达到设计值,培养方案可参考:进水 15 min—闷曝 6 h—停曝静置 1 h—换水 45 min,每天三个周期,每周期 8 h,连续换水运行,全程自动控制。

经过几天的污泥培养,可以从反应器中观察到黄褐色的污泥絮体后,每天镜检污泥絮体中微生物的状态,开始可以观察到一些鞭毛类的屋滴虫和变形虫,在培养后期可以明显观察到很多支状的菌胶团,包括一些轮虫、钟虫和累枝虫等指示生物,测定出水 COD、总氮、总磷、氨氮等水质指标,与出水水质达到《城镇污水处理厂污染物排放标准》(GB 18918—2002)中一级 B 标准,并且出水效果稳定,此时可认定污泥培养成熟。

2. 探讨工况条件对 Carrousel 氧化沟处理效果的影响

(1)溶解氧对氧化沟处理效果的影响

生活污水进水量 7.8 L/h,水力停留时间 12 h,污泥回流比 0.4,pH = 7.50 ± 0.30,设置溶解氧浓度分别为 1.0 mg/L、2.0 mg/L、3.0 mg/L 三个水平进行对比研究,每个水平下至少进行 7 d 以上的稳定运行,并且每天取样检测分析进出水 COD、TN、TP、NH_3-N 等常规水质指标,记录实验数据。

（2）不同水力停留时间对氧化沟处理效果的影响

溶解氧浓度 1.2 mg/L,污泥回流比 0.4,pH = 7.50 ± 0.30,设置水力停留时间分别为 7 h、12 h、14 h 三个水平进行对比研究,每个水平下至少进行 7 d 以上的稳定运行,每天取样检测进出水常规水质指标,记录实验数据。

（3）不同污泥回流比对氧化沟处理效果的影响

生活污水进水量 7.8 L/h,溶解氧浓度 2.0 mg/L,pH = 7.50 ± 0.30,设置污泥回流比分别为 0.2、0.4、0.6 三个水平进行对比研究,每个水平下至少进行 7 d 以上的稳定运行,每天取样检测进出水常规水质指标,记录实验数据。

五、实验数据记录与结果分析

①实验数据记录。

氧化沟工艺实验常规指标检测数据记录见表 7.3,氧化沟工艺实验水质指标检测数据记录见表 7.4。

表 7.3 氧化沟工艺实验常规指标检测数据记录表

日期	DO /(mg·L⁻¹)	T /℃	pH	SV₃₀ /%	MLSS /(g·L⁻¹)	MLVSS /(g·L⁻¹)	SVI /(mL·g⁻¹)	HRT /h	微生物相	污泥回流比 R	HRT /h

表 7.4 氧化沟工艺实验水质指标检测数据记录表

日期	COD			TN			TP			NH₃-N		
	进水 /(mg·L⁻¹)	出水 /(mg·L⁻¹)	去除率 /%	进水 /(mg·L⁻¹)	出水 /(mg·L⁻¹)	去除率 /%	进水 /(mg·L⁻¹)	出水 /(mg·L⁻¹)	去除率 /%	进水 /(mg·L⁻¹)	出水 /(mg·L⁻¹)	去除率 /%

②根据测试记录的实验数据及微生物相观察结果,进行如下分析。

a. 原始数据记录清晰,正确描述活性污泥的培养驯化以及反应器的启动过程,判断工况是否正常以及系统是否稳定运行。

b. 计算氨氮、总氮、总磷和 COD 去除率,绘制不同工况条件运行下,各指标变化趋势图。

c. 根据水质指标变化情况,结合生物相观察内容,探讨不同 DO、水力停留时间、污泥回流比等工况条件,对进出水 COD、总氮、总磷、氨氮的影响。

d. 实验运行中存在的问题及解决对策。

六、思考题

①查阅相关资料,简述氧化沟工艺在我国废水处理中的应用。

②结合实验过程,谈谈对 Carrousel 氧化沟工艺运行管理的认识及工艺优缺点。

③Carrousel 氧化沟工艺存在的问题及解决对策有哪些?

实验三　A^2/O 活性污泥法创新探索实验

一、实验目的

①掌握 A^2/O 工艺原理及运行控制。

②探讨对比不同工况条件对 A^2/O 活性污泥法处理效果的影响。

二、实验原理

A^2/O 工艺是 Anaerobic-Anoxic-Oxic 的英文缩写,它是厌氧-缺氧-好氧生物脱氮除磷工艺的简称。常规 A^2/O 工艺流程如图 7.4 所示,待处理污水与二沉池回流污泥流入厌氧池,混合后发生厌氧释磷和氨化等作用。厌氧池出水与好氧池回流的硝化液,共同进入缺氧池,该池一般也设有搅拌装置,进行反硝化脱氮和反硝化除磷反应。缺氧池出水进入好氧池,好氧池主要发生硝化细菌的硝化作用,以及聚磷菌的超量吸磷作用,故氨氮和磷的去除主要在好氧池发生。好氧池出水进入二沉池完成泥水分离,上清液作为出水排放,底部污泥一部分作为富磷的剩余污泥排出系统,达到除磷目的;另一部分作为回流污泥回流至厌氧池。该工艺处理效率一般能达到 BOD_5 和 SS 为 90% ~ 95%,总氮为 70% 以上,磷为 90% 左右,一般适用于要求脱氮除磷的大中型城市污水厂。

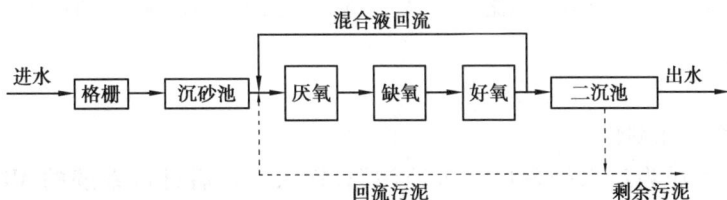

图 7.4　A^2/O 工艺流程图

A^2/O 工艺是最简单的同步脱氮除磷污水处理工艺,活性污泥在系统厌氧、缺氧、好氧的交替环境下生存,可以抑制丝状菌的增殖,不易发生污泥膨胀,系统处理出水水质较好,但也存在有待解决的问题:第一是脱氮效果难以再进一步的提高,不容易达到国家规定的污水处理排放一级 A 标准;第二是系统除磷效果不易提高,污泥增长有一定的限度,除磷效果不理想。为解决 A^2/O 工艺的不足之处,有大量研究对该工艺进行改进,例如,A^2/O-MBR 污水处理工艺、倒置 A^2/O 工艺、UCT 工艺、VIP 工艺、Dephanox 工艺、生物膜/悬浮生长联合处理工艺等。工艺改进主要针对4个方面:一是降低回流液进入厌氧池的硝酸盐含量;二是碳源不足的问题;三是反硝化除磷工艺;四是对池型进行改良以优化运行效果或节能减耗。

三、实验装置和设备

A²/O实验装置如图7.5所示,系统由原水箱、厌氧池、缺氧池、曝气池及二沉池构成。原水箱材质为聚乙烯塑料,容积300 L,反应器由有机玻璃制成,处理系统包括厌氧池、缺氧池、好氧池,厌氧池尺寸为 $L \times D \times H = 0.2 \text{ m} \times 0.15 \text{ m} \times 0.6 \text{ m} = 0.018 \text{ m}^3 = 18 \text{ L}$,有效容积为15 L,缺氧池尺寸为 $L \times D \times H = 0.2 \text{ m} \times 0.25 \text{ m} \times 0.6 \text{ m} = 0.03 \text{ m}^3 = 300 \text{ L}$,有效容积为25 L,好氧池尺寸为 $L \times D \times H = 0.5 \text{ m} \times 0.4 \text{ m} \times 0.6 \text{ m} = 0.12 \text{ m}^3 = 120 \text{ L}$,有效容积为100 L。二沉池采用竖流式沉淀池,有效容积为13 L。

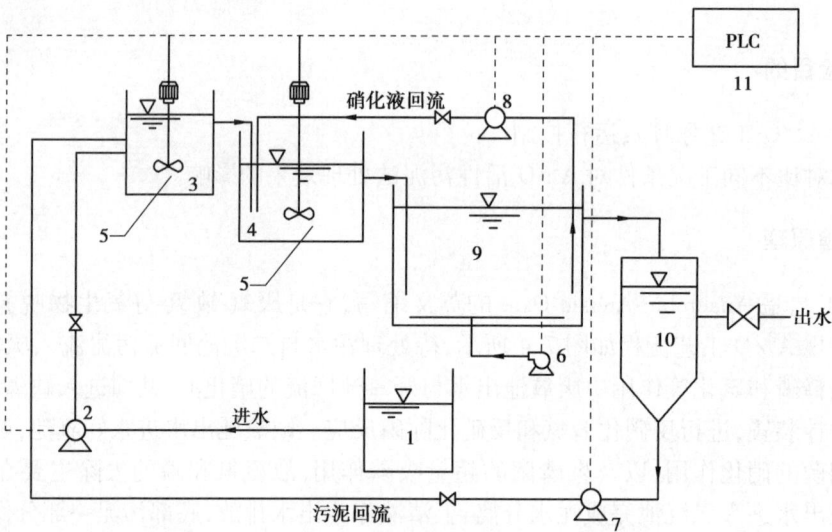

图7.5 A²/O实验装置示意图

1—原水箱;2—厌氧池进水泵;3—厌氧池;4—缺氧池;5—搅拌器;6—曝气泵;
7—污泥回流泵;8—硝化液回流泵;9—好氧(曝气)池;10—沉淀池;11—自动控制系统

四、实验内容

(1)污泥的培养和驯化

反应器接种污泥为污水处理厂二沉池污泥,投入系统后维持系统的 MLSS 为 2 500 ~ 3 500 mg/L,温度为20 ℃,厌氧段溶解氧浓度为2.0~0.2 mg/L,缺氧段溶解氧浓度为0.2~0.5 mg/L,好氧段溶解氧浓度为2.0 mg/L,通过调节系统的污泥回流比、硝化液回流比、有机负荷等参数进行调试运行,其间测定好氧段污泥的 MLSS、SV₃₀并进行镜检,当镜检出现较多的钟虫、轮虫等指示微生物时,测定出水 COD、总氮、总磷、氨氮等水质指标,当出水水质达到《城镇污水处理厂污染物排放标准》(GB 18918—2002)中的一级 B 标准,且出水指标稳定时,标志着系统启动运行成熟,可开启后续实验。

(2)探究 HRT 对 A²/O 工艺的影响

反应池水力停留时间较短。一般厌氧池水力停留时间为 1~2 h,厌氧池水力停留时间为

1~2 h,好氧池水力停留时间为 5~10 h,总停留时间为 7~14 h。本阶段采取控制好氧区 HRT,以探讨 HRT 对 A²/O 工艺的运行影响。实验过程中水力停留时间 HRT 通过改变进水泵流量进行控制,控制 HRT 约为8 h、11 h、14 h,待设备稳定至少一个 HRT 周期后测量出水水质,每种 HRT 条件下运行至少 7 d。其间,调节曝气量维持好氧区 DO 为 2 mg/L,反应器中 MLSS 平均为 3 500 mg/L,温度为 20~25 ℃,污泥回流比为 50%,混合液回流比为 200%。待系统稳定后,测定进出水 COD、总氮、总磷、氨氮等水质指标,并记录实验数据。

（3）探究 DO 对 A²/O 工艺的影响

本阶段采取控制反应器好氧区 MLSS 平均为 3 500 mg/L,温度 20~25 ℃,HRT 约为 8 h,系统污泥回流比为 50%,混合液回流比为 200%。探讨溶解氧对 A²/O 工艺的运行影响。实验过程中溶解氧 DO 通过改变空气泵流量进行控制,控制好氧区 DO 约为 1.5 mg/L、2.5 mg/L、3.5 mg/L,每种溶解氧条件下运行至少 7 d,待系统稳定后,测定进出水 COD、总氮、总磷、氨氮等水质指标,并记录实验数据。

五、实验数据记录与结果分析

①实验数据记录。

A²/O 工艺实验常规指标检测数据记录见表 7.5,A²/O 工艺水质指标检测数据记录见表 7.6。

表 7.5　A²/O 工艺实验常规指标检测数据记录表

日期	DO/(mg·L⁻¹)			T/℃	pH	SV₃₀/%	MLSS/(g·L⁻¹)	HRT/h	微生物相
	厌氧	缺氧	好氧						

表 7.6　A²/O 工艺水质指标检测数据记录表

日期	COD			TN			TP			NH₃-N		
	进水/(mg·L⁻¹)	出水/(mg·L⁻¹)	去除率/%	进水/(mg·L⁻¹)	出水/(mg·L⁻¹)	去除率/%	进水/(mg·L⁻¹)	出水/(mg·L⁻¹)	去除率/%	进水/(mg·L⁻¹)	出水/(mg·L⁻¹)	去除率/%

②根据测试记录的实验数据及微生物相观察结果,进行如下分析。

a. 原始数据记录清晰,正确描述污泥的培养驯化以及反应器的启动过程,判断工况是否正常以及系统是否稳定运行。

b. 计算氨氮、总氮、总磷和 COD 去除率,绘制不同工况条件运行下各指标变化趋势图。

c. 根据水质指标变化情况,结合生物相观察内容,探讨不同工况对进出水 COD、氨氮、总氮、总磷的影响,给出评价标准,选出最佳工况。

d. 实验过程中存在的问题及解决对策。

六、思考题

①查阅相关资料,简述 A^2/O 工艺在我国废水处理中的应用。

②影响 A^2/O 处理效率的因素有哪些? 请分析影响原因。

③A^2/O 活性污泥法实验过程中常见的问题与对策有哪些?

实验四 生物转盘法处理生活污水创新探索实验

一、实验目的

①了解盘片、转轴、驱动装置和接触槽等各部分的构造及设备的工作情况。

②进一步了解生物转盘法的工艺特点和工作原理。

③通过实验,对比不同工况条件对生物转盘法处理效果的影响。

二、实验原理

生物转盘(RBC)是一种生物膜法污水处理工艺,由盘片、转轴、驱动装置以及接触反应槽部分组成,生物转盘盘片浸没于污水中,污水中的有机物被盘片上的生物膜吸附,当盘片离开污水时,盘片表面形成一层薄水膜。水膜从空气中吸收氧气,同时生物膜分解被吸附的有机物。这样,盘片每转动一圈,即进行一次吸附—吸氧—氧化分解过程。盘片不断转动,污水得到净化,同时盘片上的生物膜不断生长、增厚。老化的生物膜靠盘片旋转时产生的剪切力脱落下来,生物膜得到更新。在生物膜与污水以及空气之间,不仅存在有机物和 O_2 的传递,还进行着其他物质如 CO_2、NH_3 等的传递。

生物转盘构造如图 7.6 所示,转轴横穿盘片中心,转轴与驱动装置相连,转轴两侧设置在接触槽的支架上,转轴一般高出槽内水面 10 ~ 25 cm,转盘驱动装置包含变速器和电动机,一般用链条带动转盘转动,使转盘在接触槽内有一定的转速转动,与污水和空气交替接触。盘片自身材料有利于微生物附着,是微生物良好的栖息地,久而久之,微生物繁殖越来越多就形成了生物膜,生物膜吸附污水中的有机物和溶解氧用于自身新陈代谢,从而达到降解污染物的目的。生物转盘每个部位构造要点和技术条件都决定着处理效果的好坏。生物转盘工艺主要受盘片材料、转速、浸没比、水力停留时间(HRT)、有机负荷和生物转盘的挂膜等因素影响。

经过多年的运行和技术完善,生物转盘具有能耗低、污染物降解能力强、工序简单、易操作等优点,与其他污水处理工艺相比,具有以下特征:总体微生物浓度高;整体耐冲击负荷能力强;盘片生物膜微生物种类繁多,丰富的食物链和食物网利于有机物降解;属于生物膜处理工艺,不存在污泥膨胀问题。

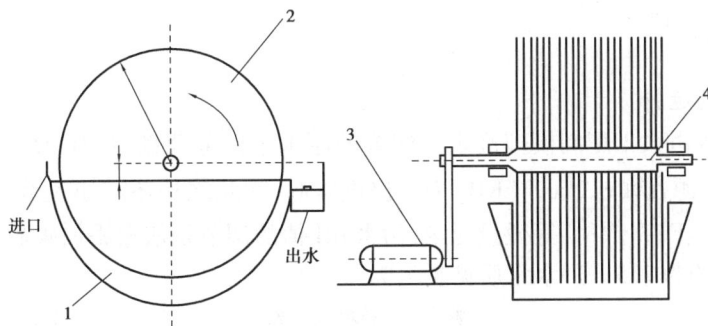

图 7.6 生物转盘构造图

1—接触反应槽;2—盘片;3—驱动装置;4—转轴

三、实验装置和设备

生物转盘工艺流程如图 7.7 所示,原水放入进水箱,经蠕动泵输送至脱氮箱,与第三级生物转盘回流的硝化液相混合,反硝化菌利用原水中的有机物作为碳源进行反硝化反应,把硝态氮还原成气态氮。随后废水进入生物转盘反应器,生物转盘在转动过程中和污水和空气交连接触,盘片上的生物膜进行生化反应,去除污水中有机物、氨氮和磷。

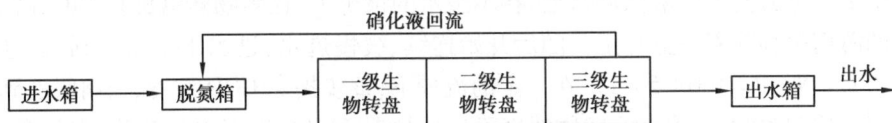

图 7.7 生物转盘工艺流程图

生物转盘实验装置如图 7.8 所示,生物转盘盘片采用 PVC 材料制作,直径 30 cm,厚度 2 mm。生物转盘反应器是三级串联,通过牙槽手尾串联,每级转盘有 10 片盘片,共 30 片,总面积4.239 m^2。反应槽有效容积为 21 L。电动机连接传动带,传动带带动转轴转动,转轴距水面距离 2 cm,盘片浸没率40% ,电机功率120 kW,转速4 r/min。由于盘片部分裸露在空气中,则此生物转盘属于好氧生物转盘。原水放入进水箱1,经过蠕动泵2输送进入脱氮箱3,与好氧生物转盘5的硝化回流液混合,由于存在水位差,原水顺势从脱氮箱流入好氧生物转盘5进行生化反应,处理后的水从生物转盘第三出水口流进出水箱7。

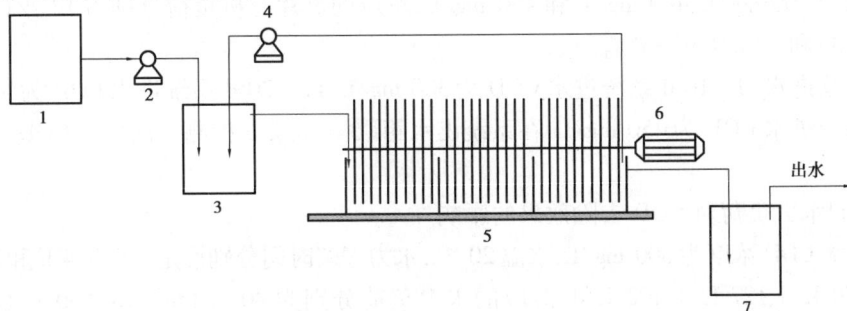

图 7.8 生物转盘实验装置图

1—进水箱;2—蠕动泵;3—脱氮箱;4—蠕动泵;

5—好氧生物转盘;6—转盘电机;7—出水箱

四、实验内容

1. 生物转盘的运行

实验所用进水由人工配制模拟废水。配置的原水中以葡萄糖($C_6H_{12}O_6$)提供碳源,氯化铵(NH_4Cl)提供氮源,磷酸二氢钾(KH_2PO_4)提供磷源,除此之外还需加入微生物生长必需的营养元素,如 Cu^{2+}、Fe^{2+}、Mn^{2+} 等微量元素,污水 pH 值的调节是依靠添加碳酸氢钠($NaHCO_3$)调节,整体 pH 值约为7.5。进水水质见表7.7。

表 7.7　进水水质表

指标	pH	COD/($mg \cdot L^{-1}$)	NH$_3$-N/($mg \cdot L^{-1}$)	TP/($mg \cdot L^{-1}$)	TN/($mg \cdot L^{-1}$)
范围	7~8	200~500	20~60	3.0~7.0	20~50

2. 挂膜与培养

生物转盘反应器挂膜菌种取自城市生活污水处理厂好氧段活性污泥混悬液,放入量筒静置一段时间后固液分层,将上清液倒入生物转盘反应器中,上清液中含有多种所需的游离菌种作为挂膜菌种。

将学生宿舍化粪池上清液注满水槽,在不进水的情况下,让生物转盘旋转2 d,让污泥接种上清液中的游离菌种附着在盘片上。随后开始连续、缓慢进水,进水水量由小到大,进水营养物质比例为 C : N : P = 100 : 5 : 1。在一定的流量下,逐步提高 COD 浓度,当肉眼看到盘片上有一层薄薄的透明膜时,在保持有机物浓度不变的情况下缓缓提高水力负荷,观察微生物相,以及膜上微生物新陈代谢的产物,这些物质具有黏性。

一般经过一个月的运行,盘片上生物膜颜色由白色到浅黄色最后到棕褐色,说明生物膜已经挂膜成功,生物膜经历了从成熟到衰老的过程,其间取进出水水样,测定常规水质指标,可获得较稳定的出水,记录污水有机物去除率。

3. 工况条件对生物转盘处理效果的影响

(1)不同有机负荷对 COD 去除效果的影响

进水水量为170 L/d,水力停留时间为3 h,进水水力负荷为40 L/($m^2 \cdot d$),盘片转速为4 r/min,污水温度为20 ℃左右,维持系统进水水力负荷不变,改变进水有机负荷,设置 COD 变化系列分别为300 mg/L、400 mg/L 和450 mg/L,对应的盘片有机负荷分别为12 g/($m^2 \cdot d$)、16 g/($m^2 \cdot d$)和18 g/($m^2 \cdot d$)。

进行连续进水,0~10 d 系统进水 COD 为300 mg/L,11~20 d 系统进水 COD 为400 mg/L,21~30 d 系统进水 COD 为450 mg/L,在系统出水箱取样,每2 d 检测一次出水 COD,记录实验数据。

(2)不同水力负荷对 COD 去除效果的影响

调节进水 COD 浓度为300 mg/L,水温20 ℃,水力停留时间分别设定为3 h、4 h 和5 h,进水水量分别170 L/d、127 L/d、102 L/d,对应的水力负荷分别为40 L/($m^2 \cdot d$)、30 L/($m^2 \cdot d$)、24 L/($m^2 \cdot d$),每个水平系统至少稳定运行7 d,每天取样检测水质 COD,记录实验数据,观察水力负荷与污染物去除效果的关系。

（3）不同回流比对 COD 去除效果的影响

采用蠕动泵使第三级生物转盘出水口废水回流至脱氮箱，保持系统进水水量不变，进水水质 COD 为 400 mg/L，水力停留时间为 4 h，进水水量为 127 L/d，通过回流泵调节系统回流，探究系统对污染物的去除效率。

进行连续进水，0～7 d 回流比为 50%，8～14 d 回流比为 100%，15～21 d 回流比为 150%，每天取样检测水质 COD，记录实验数据。

五、实验数据记录与结果分析

①实验数据记录。

生物转盘实验数据记录见表7.8。

表7.8　生物转盘实验数据记录表

日期	T /℃	pH	进水量 /(L·d⁻¹)	HRT /h	回流比	COD			微生物相
						进水/(mg·L⁻¹)	出水/(mg·L⁻¹)	去除率/%	

②根据测试记录的实验数据及微生物相观察结果，进行如下分析。

a. 正确描述生物转盘启动挂膜过程，判断系统是否正常运行，简要分析原因。

b. 绘制不同工况条件下，COD 去除率变化趋势图。

c. 根据出水 COD 去除率变化情况，结合生物相观察结果，探讨不同有机负荷、水力负荷以及回流比对工艺 COD 去除效果的影响。

六、思考题

①简述生物转盘法处理污水的工作原理和注意事项。

②比较生物膜法与活性污泥法的优缺点。

实验五　膜生物处理创新探索实验

一、实验目的

①掌握膜生物反应器的基本原理及特点。

②掌握膜生物反应器的操作过程及实验参数控制。

③了解膜污染的产生及防治。

二、实验原理

膜生物反应器(MBR)将膜分离技术与活性污泥处理技术相结合,与传统的活性污泥法相比具有一定的优势。膜生物反应器(MBR)是在生物法处理污水的基础上发展起来的一项污水处理设施,其特点是膜组件代替了传统活性污泥法中末端的二次沉淀池,其截留作用通过提高曝气池中活性污泥的浓度,同时通过降低比负荷率(进水污染物负荷/生物量,即 F/M 比值)减少剩余污泥量的产生;另外,保证了反应器内世代周期较长的微生物能对污水进行深度处理,并且能降解一些传统工艺中难以降解的有机物。

MBR 作为膜分离技术与活性污泥法的有机结合,不仅保留了传统活性污泥法去除有机物和氨氮的优良特性,而且将膜分离技术高效截留、有机分离的特点成功引入废水处理中,使得系统克服了污泥流失、污泥膨胀上浮和耐冲击能力差等缺点。高浓度的生物量和较长的 SRT 使 MBR 成为处理顽固或难降解工业废水的理想系统。

在膜过滤过程中,要求膜保持足够的渗透性以便于有效成分的排出。然而,由于水中的微粒、胶体粒子或溶质大分子与膜表面之间的物理化学作用或机械作用导致膜孔径变小,严重时甚至致使膜孔完全堵塞,进而导致跨膜压差(TMP)增高和渗透通量下降,即形成膜污染。造成污染的主要因素是细胞外聚合物质(EPS,如碳水化合物、蛋白质和脂质等)和可溶性微生物产品(SMP,如蛋白质、酶和细胞成分等)难以滤出且易堵塞膜孔。加压维持曝气和膜通量是 MBR 高能耗的主要原因,占总能耗的 40% ~50%。为维持正常过滤通量的在线(维护性)清洗和离线(恢复性)化学清洗,虽然会减轻膜污染问题,但是膜清洗会缩短膜的使用寿命,而更换膜组件又会增加运行成本。

三、实验装置及设备

AO/MBR 工艺反应器实验装置如图 7.9 所示,由缺氧池(A 池) $L \times D \times H = 0.2 \text{ m} \times 0.4 \text{ m} \times 0.6 \text{ m} = 0.048 \text{ m}^{-3} = 48 \text{ L}$(有效容积40 L),好氧池(O 池) $L \times D \times H = 0.4 \text{ m} \times 0.5 \text{ m} \times 0.6 \text{ m} = 0.12 \text{ m}^{-3} = 120 \text{ L}$(有效容积 100 L),以及膜生物反应池(MBR 池) $L \times D \times H = 0.4 \text{ m} \times 0.2 \text{ m} \times 0.6 \text{ m} = 0.048 \text{ m}^{-3} = 48 \text{ L}$(有效容积 40 L)组成。A 池中安装搅拌器装置,O 池和 MBR 池底部安装曝气喷头进行曝气供氧,MBR 池内放置 MBR 平板膜组件,平板膜为 PVDF 超滤膜(孔径为 0.08 μm,膜过滤面积 0.1 m^2/片,共 10 片)。原水由进水池经进水泵从底部进入 A 池后,经上部溢流至 O 池,O 池与 MBR 池底部相通,再由 MBR 膜组件过滤后出水。整个反应装置中,进水、回流水、出水流量和曝气量均由转子流量计监测。

四、实验内容

1. 污泥的培养和驯化

反应器接种污泥为城市污水处理厂二沉池污泥,以学校生活污水为原水,接种泥量控制在有效水深1/3处。采用接种培养和间歇培养相结合的方式进行污泥的培养和驯化,按照"进水—闷曝—停曝静置—换水"的序批进行培养,培养方案可参考:进水 15 min—闷曝10 h—停曝静置 1 h—换水 45 min,每天 2 个周期,每周期 12 h,全程自动控制。闷曝时间一般为 3 d 左右,持续镜检并测定 SV_{30}。随着污泥浓度(MLSS)的增加逐渐增大换水比直至其浓度达到设计值,维持系统 MLSS 为 2 500 ~3 500 mg/L,温度为 20 ~25 ℃,缺氧段溶解氧浓度为 0.2 ~

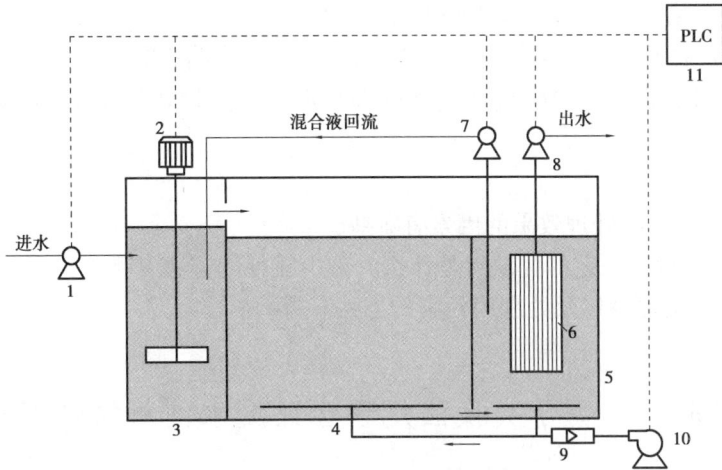

图 7.9 A/O/MBR 反应器实验装置图

1—进水泵;2—搅拌器;3—缺氧池(A 池);4—好氧池(O 池);5—MBR 池;

6—膜组件;7—回流泵;8—出水泵;9—流量计;10—曝气泵;11—自动控制系统

0.5 mg/L,好氧段溶解氧浓度为 2 ~ 4 mg/L,pH 维持在 6 ~ 8。镜检如出现大量轮虫、钟虫且 SV_{30} 在 20% ~ 30%,表明菌胶团结构密实,活性污泥基本培养成熟。

通过调节系统水力负荷、出水回流等参数逐步连续运行调试,其间测定好氧段污泥的 MLSS、SV_{30},并进行镜检,当镜检出现较多的钟虫、轮虫等指示微生物时,测定出水 COD、总氮、总磷、氨氮等水质指标,当出水水质达到《城镇污水处理厂污染物排放标准》(GB 18918—2002)中一级 B 标准,且出水指标稳定,标志着系统启动运行成熟,可开启后续实验。

2.探究 pH 对 MBR 处理效果的影响

常温条件下运行 AO/MBR 试验装置至 COD、总氮、总磷、氨氮去除率趋于稳定,认为活性污泥的培养与驯化过程完成。驯化结束后,将进水池中生活污水 pH 值分别调节至 6、7、8 和 9,系统水力停留时间为 2 d,缺氧池溶解氧浓度为 0.3 mg/L,好氧池溶解氧浓度为 3 mg/L,混合液回流比 50%,每个水平至少运行 7 d,每天取进出水样测定 COD、总氮、总磷、氨氮等水质指标,记录实验数据。

五、实验数据记录与分析

①实验数据记录。

膜生物处理实验记录见表 7.9。

表 7.9 膜生物处理实验记录表

日期	T/℃	SV_{30}	MLSS /(mg·L⁻¹)	pH	COD /(mg·L⁻¹)		TN /(mg·L⁻¹)		TP /(mg·L⁻¹)		NH₃-N /(mg·L⁻¹)		微生物相
					进水	出水	进水	出水	进水	出水	进水	出水	

②分析 pH 变化对 AO/MBR 膜生物处理效果的影响。

a.绘制 COD、总氮、总磷、氨氮去除率对进水 pH 的变化趋势图。

b.结合温度和污泥特性,分析 pH 变化对 AO/MBR 膜生物处理效果的影响原因。

六、思考题

①影响 MBR 膜生物处理效果的因素有哪些?

②MBR 膜生物处理工艺的优缺点是什么? 减少能耗的方法有哪些?

③膜污染产生的原理以及处理膜污染的方法有哪些?

实验六　离子交换法处理含镍废水创新探索实验

一、实验目的

①加深对离子交换基本理论的理解。

②了解树脂性能,学会离子交换树脂交换容量的测定。

③掌握离子交换法处理含镍废水的操作。

二、实验原理

我国工业废水产生量大、来源广泛且成分复杂,是造成水环境污染的首要原因,其中重金属行业在工业社会发展过程中起到了至关重要的作用,但是在开采、漂洗、加工等过程中经常产生大量的重金属废水(主要包括铜、铬、镍、镉、汞等重金属废水)。重金属废水具有毒性高、难降解、易富集的特性且部分具有致癌性,是对生态环境污染和人体健康影响最大的废水之一。离子交换法因其处理效果好、清洁无害、经济成本相对低等优势更多地应用于实际重金属废水的深度处理。

离子交换法是以离子交换树脂为主体,当废水流经离子交换柱时,其中的金属离子扩散到离子交换树脂表面液膜上,然后经过树脂颗粒内离子的扩散与树脂废水中的金属离子可交换基团之间发生选择性离子交换,将颗粒中的金属离子置换到选择性交换基团上,达到了富集金属离子、去除电镀废水中重金属污染物的废水处理目的。因离子交换法对树脂重金属污染物废水的处理具有出水浓度低、去除率高、操作的环节少、抗污染净化能力强、树脂可连续循环使用等优点,被广泛应用于树脂废水处理的领域。

离子交换是溶液中的离子在固-液两相之间的平衡,固相即离子交换树脂相,具有高分子骨架且带有活性基团,其结构可分为 3 部分:①不溶性高分子骨架;②骨架上有极性基团;③极性基团可分为电离的离子。液相即待处理的废水。废水中的离子可以与树脂相带有相同电荷的活性集团相互交换,达到去除的目的。根据离子交换树脂上交换基团所带电荷不同,可以将其分为阳离子交换树脂和阴离子交换树脂。阳离子交换树脂可以和溶液中的金属阳离子发生交换,阴离子交换树脂则相反,在处理含镍废水的实验中,应当选择阳离子交换树脂作为交换剂。例如,与 Na 型阳离子树脂发生如下交换反应:

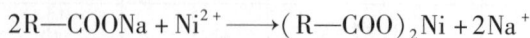

$$2R{-}COONa + Ni^{2+} \longrightarrow (R{-}COO)_2Ni + 2Na^+$$

根据阳离子交换树脂交换基团的酸性强弱,又可以分为强酸性离子交换树脂[以磺酸基($R—SO_3H$)为主]和弱酸性离子交换树脂[以乙酸基($R—CH_3COOH$)为主]。强酸性离子交换树脂的离解能力很强,在酸性或碱性溶液中均能离解和产生离子交换作用,故对废水的pH值适用能力较强,但是选择性较差;弱酸性离子交换树脂离解能力较弱,只能在中性或微酸性溶液中发生交换,但是其再生能力较强。

三、实验设备及试剂

(1)实验设备

①离子交换柱(可用玻璃管代替)。

②D751型阳离子交换树脂。

③若干250 mL锥形瓶、量筒、烧杯。

④恒温振荡器(立式)。

⑤分光光度计。

⑥分析天平。

(2)实验试剂

①硫酸溶液(用浓硫酸配制)。

②六水硫酸镍($NiSO_4 \cdot 6H_2O$)配制的镍废水。

③无水氯化钙($CaCl_2$)。

④氢氧化钠溶液。

四、实验内容

(1)配制含镍模拟废水

本实验采用$NiSO_4 \cdot 6H_2O$配制Ni^{2+}浓度分别为50 mg/L、100 mg/L、150 mg/L的水样模拟含镍废水,并用稀H_2SO_4和低浓度NaOH调节模拟废水的pH值。

(2)对树脂进行预处理

D751离子交换树脂预处理方法:取若干树脂于5%的H_2SO_4溶液中,浸泡5~6 h,弃去H_2SO_4溶液后,用去离子水清洗多次,直至清洗水为中性,然后再将树脂浸泡于5%的NaOH溶液中5~6 h,倒掉多余的NaOH溶液,然后用去离子水清洗数次,直至清洗液为中性,此时树脂为Na型离子交换树脂。预处理后的树脂放入烘箱中,于55 ℃烘干,恒重后放入干燥器中备用。

(3)探究D751型离子交换树脂投加量对交换Ni^{2+}的影响

取若干250 mL锥形瓶,向其中加入100 mL的模拟含镍废水,Ni^{2+}浓度为100 mg/L,pH为6。取D751型树脂各0.1 g、0.2 g、0.3 g、0.4 g、0.5 g,然后将锥形瓶置于立式振荡器中,控制温度为30 ℃,转速为150 r/min进行反应,6 h后取上清液测得溶液中Ni^{2+}浓度,计算去除率和吸附容量。考察树脂投加量对模拟废水中Ni^{2+}的去除效果。

(4)探究pH值对离子交换树脂交换容量的影响

取Ni^{2+}浓度为50 mg/L的模拟含镍废水,取若干锥形瓶于恒温振荡器上,向其中各自加入模拟废水100 mL,调节pH值梯度分别为4、5、6、7、8、9。然后加入0.2 g的D751型离子交换树脂,调节温度为25 ℃、转速为150 r/min进行反应,24 h后取上清液测定溶液中Ni^{2+}含量,分别测得 pH 值对 D751 离子交换树脂交换容量的影响,并绘制曲线。

(5)探究温度对离子交换树脂交换容量的影响

取 3 个锥形瓶,分别加入 Ni^{2+} 浓度为 100 mg/L 的模拟含镍废水 100 mL,调节 pH 值为 6,分别投加 0.2 g 的 D751 型离子交换树脂,放置在立式恒温振荡器上,调节转速为 150 r/min,温度为 20 ℃下进行反应,待振荡 24 h 后,取上清液测定溶液中 Ni^{2+} 含量。以同样的步骤,分别在 30 ℃、40 ℃、50 ℃、60 ℃下进行吸附反应。考察不同温度下 D751 型离子交换树脂吸附容量的变化,并绘制曲线。

(6)探究杂质离子对离子交换树脂交换容量的影响

取一定量的 Ni^{2+} 浓度为 100 mg/L 的模拟含镍废水,调节 pH 值为 6。向其中加入氯化钙,分别配制成钙离子浓度梯度为 30 mg/L、50 mg/L、70 mg/L、90 mg/L、110 mg/L 的含镍废水。取 5 个 250 mL 的锥形瓶,向其中加入上述模拟废水各 100 mL,然后投加 0.2 g 的离子交换树脂,考察杂质离子浓度对离子交换树脂交换容量的影响,并绘制曲线。

(7)离子交换树脂再生实验

取 3 份 100 mL 的 150 mg/L 模拟含镍废水,加入 D751 型离子交换树脂进行离子交换吸附反应,吸附饱和后测得溶液 Ni^{2+} 浓度,计算吸附量,然后利用 9.8% 的硫酸溶液作为树脂的再生剂,将已吸附饱和的树脂投入盛有 50 mL 稀 H_2SO_4 再生溶液的锥形瓶中,并置于 25 ℃ 恒温振荡器中以 150 r/min 转速振荡 4 h,过滤得到滤液,过滤后的树脂用少量去离子水冲洗,将滤液和冲洗液一并加入 100 mL 容量瓶中定容。测定再生后溶液中的 Ni^{2+} 浓度,计算回收率,考察树脂的再生性能。

此时树脂为 H 型离子树脂,需要用 5% 的 NaOH 将其转化为 Na 型,再用纯水洗去多余的 NaOH,使得溶液 pH 值呈中性,然后放置在 55 ℃烘箱中烘干至恒重,放入干燥器中备用。

(8)离子交换树脂动态交换实验。

交换前先校正废水流量,稳定后移入交换柱中进行实验,一直到耗竭点出现;在交换中,开始每隔 10 min 取样一次,约 3 次后,再每隔 30 min 取样一次。取样液浓度与原始液浓度基本接近即认为交换完毕(利用分光光度法测量)。随后停止进废水,用蒸馏水冲洗,洗去残留废液。放去多余的水,使水面高于树脂 1~2 cm,用 10% 的 NaOH 溶液进行再生,调节再生液流量维持再稳定流速。

五、实验数据记录与结果分析

(1)Ni^{2+} 浓度的测定

为了更准确地测量水中镍的含量,本实验在高浓度下采用丁二酮肟分光光度法,低浓度下采用火焰原子吸收分光光度法。

采用丁二酮肟分光光度法测定废水中的 Ni^{2+} 浓度,主要原理是在含氨和含碘的溶液中,水中的 Ni^{2+} 与丁二酮肟发生络合作用,形成稳定的酒红色络合物,加入 EDTA-2Na 消除其他离子的干扰,用紫外可见分光光度计于波长 530 nm 处测得吸光度。配制含镍量为 0 mg/L、30 mg/L、50 mg/L、70 mg/L、100 mg/L、150 mg/L 的溶液测量其吸光度,作出标准曲线。

采用火焰原子吸收分光光度法测定废水中的 Ni^{2+} 浓度,主要原理是镍化合物在高温下离解为基态原子,其原子蒸汽对镍阴极空心灯发射的特征光谱在 232 nm 处选择性吸收,在一定条件下,水样中的 Ni^{2+} 浓度与吸光度成正比。配制含镍离子浓度为 0 mg/L、0.8 mg/L、1.6

mg/L、2.4 mg/L、3.2 mg/L、4.0 mg/L的溶液,测量其吸光度,绘制标准曲线。

（2）pH 值的测定

废水中 pH 值的测定采用玻璃电极法。测定前采用标准校准液（pH=4.00,pH=6.86,pH=9.18）对 pH 电极进行校准。测量时保证 pH 电极内参比液液面高于待测水样,每次测量时均需润洗电极,并用擦镜纸擦干方可测量下一个水样。

（3）离子交换树脂动态实验记录

离子交换树脂动态实验记录见表7.10。

表 7.10　离子交换树脂动态实验记录表

交换	取样时间/min					
	取样浓度/(mg·L^{-1})					
再生	取样时间/min					
	取样浓度/(mg·L^{-1})					

（4）Ni^{2+} 去除率计算

在废水处理过程中,Ni^{2+} 去除率 R:

$$R = \frac{(C_0 - C_e)}{C_0} \times 100\% \tag{7.1}$$

式中　C_0——初始 Ni^{2+} 浓度,mg/L;

C_e——平衡 Ni^{2+} 浓度,mg/L。

（5）吸附容量计算

离子交换树脂吸附容量 Q(mg/g):

$$Q = (C_0 - C_e) \times \frac{V}{m} \tag{7.2}$$

式中　V——拟处理水样体积,L;

m——投加离子交换树脂的量,g。

（6）绘制交换曲线和再生曲线,标明穿透点、耗竭点。

六、思考题

①含镍废水的去除率受什么因素影响?

②离子交换柱的容量影响因素有哪些?

③影响再生剂用量的因素有哪些?再生液浓度高低对再生效果有何影响?

④离子交换法处理废水有什么特点?与其他方法比较有何优缺点?

实验七　芬顿法处理难降解工业废水创新探索实验

一、实验目的

①理解芬顿法的原理。

②了解难降解工业废水的特点和危害及主要的处理方法。

③掌握芬顿法处理难降解工业废水的方法及操作过程。

④训练学生查阅文献资料,灵活运用所学知识设计并完成实验,锻炼操作能力。

二、实验原理

目前,国内每年产生的污水总量巨大,工业废水在总废水排放量中占比重。一些来自造纸印刷、石油化工、冶金电镀等行业的工业废水具有污染物质成分复杂、有毒物含量高、COD含量高、危害性大以及降解难度高等特点,经过一级(物化)和二级(生化)处理后,其中大部分易生物降解的有机物会基本去除,但仍然会存在一部分难降解的有机物,出水难以达标。若工业废水处理不彻底就排入自然环境中,会对土壤、水体和大气环境造成非常严重的破坏,危害生态环境以及人体健康。因此,难降解工业废水的处理问题是国内外污水处理领域的难点,受到高度关注。高级氧化技术是在结合现代光、电、声、磁、材料等相近学科的基础上,对传统水处理技术中的化学氧化方法进行改革而形成的一种新的技术方法,具有氧化能力强,二次污染小,可非选择性地氧化降解各种有机物的特点,是国内外研究的热点并在复杂水体的深度处理中得到了较为广泛的应用。高级氧化方法主要包括芬顿法、电化学法、光催化法、湿式氧化法、超临界水氧化法、臭氧催化氧化法等。

芬顿技术是利用H_2O_2在Fe^{2+}的催化氧化作用下生成具有高反应活性的羟基自由基($\cdot OH$),反应产生的这些具有极强氧化性能的羟基自由基可以获取大分子有机物携带的氢离子,羟基自由基和大分子的有机物进行氧化还原反应,实现将大分子的有机物分解成小分子有机物的目的,甚至可以把有机污染物质充分矿化为CO_2和H_2O,该反应原理为:

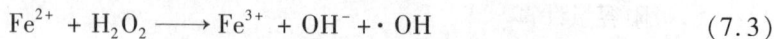

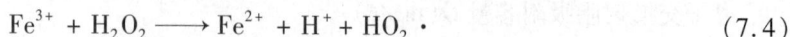

$$Fe^{2+} + H_2O_2 \longrightarrow Fe^{3+} + OH^- + \cdot OH \tag{7.3}$$

$$Fe^{3+} + H_2O_2 \longrightarrow Fe^{2+} + H^+ + HO_2 \cdot \tag{7.4}$$

$$Fe^{2+} + \cdot OH \longrightarrow Fe^{3+} + OH^- \tag{7.5}$$

$$RH + \cdot OH \longrightarrow R \cdot + H_2O \tag{7.6}$$

$$Fe^{3+} + R \cdot \longrightarrow Fe^{2+} + R^+ \tag{7.7}$$

$$R^+ + O_2 \rightarrow ROO^- \longrightarrow \cdots\cdots \longrightarrow CO_2 + H_2O \tag{7.8}$$

芬顿试剂具备非常强的氧化性,在难降解工业废水中有机污染物处理方面有着显著的优势,其优点主要表现为反应效率高、便于操作、反应器简单以及处理效果好等。影响芬顿处理效果的主要因素包括反应时间、实验用水pH值、H_2O_2和亚铁盐的使用量等。

电镀行业产生的污水含有重金属,以及在电镀工艺中加入的各种化工原料,属于高浓度难降解工业废水和高浓度有毒有害废水。电镀厂污水中主要的污染物包括有机物、还原性物质和重金属。由于污染物成分多且组成复杂,处理难度高。本实验以电镀废水二级生化出水或选择其他工业废水生化出水(COD控制在400~600 mg/L)作为处理的工业废水探究芬顿法的处理效果。

三、实验仪器与试剂

①八联升降搅拌机或振荡器。

②pH计。

③常用玻璃器皿等。

④30%过氧化氢(H_2O_2)。

⑤$FeSO_4 \cdot 7H_2O$。

⑥1 mol/L HCl溶液。

⑦1 mol/L NaOH溶液。

⑧COD测定仪器及试剂。

四、实验内容

(1)探究水样初始pH值对芬顿氧化法处理效果影响实验

取6个250 mL烧杯,分别加入200 mL工业废水,控制H_2O_2投加量为0.12 mol/L,H_2O_2与Fe^{2+}物质的量比为2:1,反应时间1 h。分别用盐酸和氢氧化钠调节水样的pH值为4.0±0.1、5.0±0.1、6.0±0.1、7.0±0.1、8.0±0.1、9.0±0.1。使用八联升降搅拌机进行搅拌,搅拌速度为80 r/min,反应时间为1 h。反应结束后为了检测氧化效果,用NaOH溶液调节pH值为碱性(可控制pH=9,促进混凝沉淀),静置沉降15 min,取上清液测定水样的色度和COD含量。

(2)探究水样H_2O_2投加量对芬顿氧化法处理效果影响实验

取8个250 mL烧杯,分别加入200 mL工业废水,不调节水样的pH值。控制Fe^{2+}投加量为0.06 mol/L,反应时间1 h。H_2O_2初始投加量分别为0.06 mol/L、0.08 mol/L、0.10 mol/L、0.12 mol/L、0.14 mol/L、0.16 mol/L、0.18 mol/L、0.20 mol/L。使用八联升降搅拌机进行搅拌,搅拌速度为80 r/min,反应时间为1 h。反应结束后,用NaOH溶液调节pH值为碱性(可控制pH=9,促进混凝沉淀),静置沉降15 min,取上清液测定水样的色度和COD含量。

(3)探究水样H_2O_2与Fe^{2+}摩尔比对芬顿氧化法处理效果影响实验

取8个250 mL烧杯,分别加入200 mL工业废水,不调节水样的pH值。每个烧杯控制H_2O_2投加量为0.18 mol/L,反应时间1 h。依次取不同量的二价铁Fe^{2+}(以七水硫酸亚铁计)使H_2O_2/Fe^{2+}摩尔比分别1:1、2:1、3:1、5:1、6:1、7:1、8:1,将玻璃杯置于八联升降搅拌机进行搅拌,搅拌速度为80 r/min,反应时间为1 h。反应结束后,用NaOH溶液调节pH值为碱性(可控制pH=9,促进混凝沉淀),静置沉降15 min,取上清液测定水样的色度和COD含量。

(4)探究反应时间对芬顿氧化法处理效果影响实验

取8个250 mL烧杯,分别加入200 mL工业废水,不调节水样的pH值。保持H_2O_2投加量为0.18 mol/L,H_2O_2与Fe^{2+}物质的量比为2:1,将玻璃杯置于八联升降搅拌机进行搅拌,搅拌速度为80 r/min,控制搅拌时间分别为0.4 h、0.6 h、0.8 h、1.0 h、1.2 h、1.4 h、1.6 h、1.8 h。反应结束后,用NaOH溶液调节pH值为碱性(可控制pH=9,促进混凝沉淀),静置沉降15 min,取上清液测定水样的色度和COD含量。

五、实验数据记录与结果分析

①记录水样色度、原水及出水COD值。

芬顿氧化法实验数据记录见表7.11。

表 7.11　芬顿氧化法实验数据记录表

序号	原水 pH 值	原水 COD /(mg·L^{-1})	原水色度	H$_2$O$_2$ 投加量 /(mol·L^{-1})	H$_2$O$_2$ 与 Fe^{2+} 摩尔比	反应时间 /h	上清液色度	上清液 COD /(mg·L^{-1})
1								
2								
3								
4								
5								
6								
7								
8								

②计算水样的 COD 去除率(%)。

$$\eta = \frac{(COD_{原水} - COD_{处理后})}{COD_{原水}} \times 100\%$$

③分别绘制水样 pH、H$_2$O$_2$ 投加量、H$_2$O$_2$ 与 Fe^{2+} 摩尔比、反应时间与色度和 COD 去除率的关系曲线,确定最佳反应条件。

六、思考题

①芬顿氧化法在难降解工业废水处理中的应用现状如何?
②影响芬顿氧化法处理效果的因素有哪些?请简要分析原因。
③难降解工业废水的特点及常见的高级氧化技术有哪些?

实验八　铁炭微电解法处理垃圾渗滤液创新探索实验

一、实验目的

①了解铁炭微电解法的作用原理。
②掌握铁炭微电解法处理垃圾渗滤液的方法及操作过程。

二、实验原理

随着我国城市化进程的加快,城市生活垃圾也相应地迅速增长。卫生填埋技术由于投资省、运行费用低、适用范围广、环保效果显著和处置彻底等特点,得到了世界各国的普遍采用。在城市生活垃圾卫生填埋到稳定化过程中,会产生大量的垃圾渗滤液,而对垃圾渗滤液的无害化处理是卫生填埋中必须解决的问题。填埋场垃圾渗滤液主要来源有以下三方面:
①外来水分,主要指大气降水、地表径流、覆盖材料所带来的水和地下水;
②内部反应产生的水,主要是垃圾在填埋过程中发生自身降解产生的水;

③垃圾本身含有的水分,在填埋过程中受到挤压后释放。随着填埋时间的不同,渗滤液水质差异明显。在填埋初期,渗滤液呈暗黑色、B/C 高、易于生化处理,随着填埋时间的延长,渗滤液逐渐呈现褐色,可生化性变差,出水难以达标。如果处理不当,渗滤液可能对自然水体产生严重的污染。铁炭微电解技术是难生物降解污水前处理中较常用和有效方法,可以采用该技术对可生化性较差的废水进行处理,从而提高生化处理效果。

铁炭微电解工艺是利用金属腐蚀的电化学原理,形成原电池对废水进行处理的工艺,又称内电解法、铁炭法等。铁炭微电解法指采用铁屑与炭颗粒构成反应系统,铁屑通常由生铁或渗碳体及一些杂质组成,当铁屑和炭颗粒添加到废水溶液中时,铁-碳颗粒之间因存在电位差而形成无数个细微原电池。铁作为阳极被腐蚀,碳作为阴极,发生如下反应:

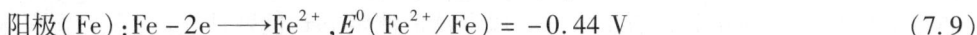

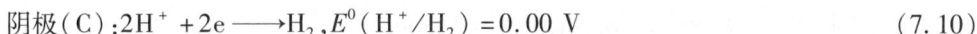

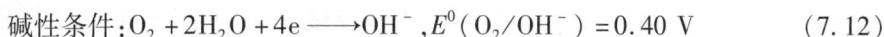

$$阳极(Fe):Fe-2e\longrightarrow Fe^{2+},E^0(Fe^{2+}/Fe)=-0.44\ V \tag{7.9}$$

$$阴极(C):2H^++2e\longrightarrow H_2,E^0(H^+/H_2)=0.00\ V \tag{7.10}$$

$$有氧时,酸性条件:O_2+4H^++4e\longrightarrow 2H_2O,E^0(O_2)=1.23\ V \tag{7.11}$$

$$碱性条件:O_2+2H_2O+4e\longrightarrow OH^-,E^0(O_2/OH^-)=0.40\ V \tag{7.12}$$

从反应机理来看,内电解处理废水主要是由以下几方面共同作用的结果。

①氧化还原反应。电池反应过程中,电极反应产生新生态[H]和亚铁离子,可将污水中的有机物氧化分解,破坏基团结构,并通过铁的絮凝作用得以去除。

②物理吸附。在弱酸性和酸性溶液中,铁屑表面活性比较强,能吸附废水中的污染物。活性炭具有较大的比表面积,表面存在($=C=O$),在水中发生解离,从而具有某些阳离子的特性,在中性或酸性介质中,羰基基团可通过游离的 OH^- 与一些阴离子发生离子交换,产生络合吸附现象,从而加速污染物的去除。

③铁离子的混凝作用。在酸性条件下,铁屑会产生 Fe^{2+} 和 Fe^{3+},具有良好的絮凝作用,能够形成以 Fe^{2+} 和 Fe^{3+} 为凝胶中心的絮体,通过网捕、吸附、架桥等作用与悬浮的胶体形成共沉淀。若将污水 pH 值调节至碱性或有氧存在时,则会形成 $Fe(OH)_2$ 和 $Fe(OH)_3$ 沉淀,与一般药剂水解得到的 $Fe(OH)_3$ 的吸附能力相比,在这种情况下生成的 $Fe(OH)_3$ 胶体的吸附能力更高。

④铁离子的沉淀作用。在电池反应产物中,Fe^{2+} 和 Fe^{3+} 还将和一些无机成分发生反应,生成沉淀使之得以去除,从而减少某些无机成分对后续生化工艺的毒害性。

三、实验设备与试剂

①八联升降搅拌机。

②铁屑:取自金属加工厂下脚料,用稀 HCl 去除表面杂质,去离子水洗净后风干,过 20 目筛。

③活性炭:过 20 目筛。

④COD 测定仪器及试剂。

⑤pH 计。

四、实验内容

1. **铁炭添加量对微电解处理效果影响实验**

取 6 个 500 mL 烧杯,分别加入 500 mL 垃圾渗滤液(取自垃圾填埋场渗滤液处理站,运行时间 8 年以上,COD_{Cr}含量为 3 000 ~ 3 500 mg/L),调节水样的 pH 值为 5.0 ± 0.1。向烧杯中分别加入 5.0 g、6.5 g、8.0 g、9.5 g、11.0 g、12.5 g 铁屑和活性炭(铁炭质量比为 1∶1),将玻璃烧杯置于八联升降搅拌机上搅拌 60 min,搅拌速度 80 r/min。然后取下烧杯,将水样的 pH 值调到 8.0 ± 0.1,静置 15 min。取上清液测定 pH 值和色度,同时过滤上清液,去除上清液中悬浮的部分活性炭颗粒,测定滤液中 COD 含量。

2. 铁炭比对微电解处理效果影响实验

取 6 个 500 mL 烧杯,分别加入 500 mL 垃圾渗滤液,调节水样的 pH 值为 5.0 ± 0.1。向每个烧杯中加入 10.0 g 铁屑,然后分别添加 8.50 g、10.0 g、11.5 g、13.0 g、14.5 g、16.0 g 活性炭,将玻璃烧杯置于八联升降搅拌机上搅拌 60 min,搅拌速度 80 r/min。然后取下烧杯,将水样的 pH 值调到 8.0 ± 0.1,静置 15 min。取上清液测定 pH、色度,同时过滤上清液,去除上清液中悬浮的部分活性炭颗粒,测定滤液中 COD 含量。

3. 水样 pH 值对微电解处理效果影响实验

取 7 个 500 mL 烧杯,分别加入 500 mL 垃圾渗滤液,分别用 HCl 和 NaOH 调节水样的 pH 值为 2.0 ± 0.1、3.0 ± 0.1、4.0 ± 0.1、5.0 ± 0.1、6.0 ± 0.1、7.0 ± 0.1、8.0 ± 0.1。向烧杯中分别加入 10.0 g 铁屑和活性炭(铁炭质量比为 1∶1),将玻璃烧杯置于八联升降搅拌机上搅拌 60 min,搅拌速度 80 r/min。然后,取下烧杯,将水样的 pH 值调到 8.0 ± 0.1,静置沉降,静置 15 min。取静置后的上清液测定 pH 值、色度,同时过滤上清液,去除清液中悬浮的部分活性炭颗粒,测定滤液中 COD 含量。

五、实验数据记录与结果分析

①记录原水及经过处理后水样 pH 值、色度和 COD 含量。

铁炭微电解法处理垃圾渗滤液实验数据记录见表 7.12。

表 7.12　铁炭微电解法处理垃圾渗滤液实验数据记录表

序号	原水 pH 值	原水 COD /(mg·L^{-1})	原水色度	铁炭添加总量/g	铁炭比	上清液色度	处理水 COD /(mg·L^{-1})
1							
2							
3							
4							
5							
6							
7							

②计算水样 COD 去除率(%)。

$$\eta = \frac{(COD_{原水} - COD_{处理后})}{COD_{原水}} \times 100\%$$

③分别绘制铁炭添加量、铁炭比和水样 pH 值与 COD 去除率的关系曲线,结合反应机理分析确定最佳反应条件。

六、思考题

①简述铁炭微电解法处理垃圾渗滤液的机理。

②影响铁炭微电解法处理效果的因素有哪些？简要分析原因。

实验九　微生物燃料电池降解染料废水创新探索实验

一、实验目的

①理解利用电化学和生物学的基本理论解析微生物燃料电池降解污染物并产电的原理。

②学习微生物燃料电池电流密度和功率密度的测定方法和变化规律。

③探索微生物燃料电池中污染物降解的规律。

二、实验原理

微生物燃料电池(MFC)利用厌氧产电微生物作为催化剂,通过一系列氧化还原反应将有机物的化学能直接转化为电能。在 MFC 的电化学反应过程中,其原理是依赖有机基质在阳极室被电活性细菌氧化并产生电子和质子,电子通过细胞中的一系列呼吸酶,以 ATP 的形式为细胞提供能量,产生的电子通过直接电子转移、纳米导线或外部介体 3 种形式传递到阳极,再经由外部电路转移到阴极,电子受体得到电子并被还原。以单室微生物燃料电池为例,原理如图 7.10 所示,氧可以通过电子和质子的催化反应还原为水。许多电子受体如氧、硝酸盐、硫酸盐等,很容易扩散到细胞内,在那里它们接收电子并发生还原反应。

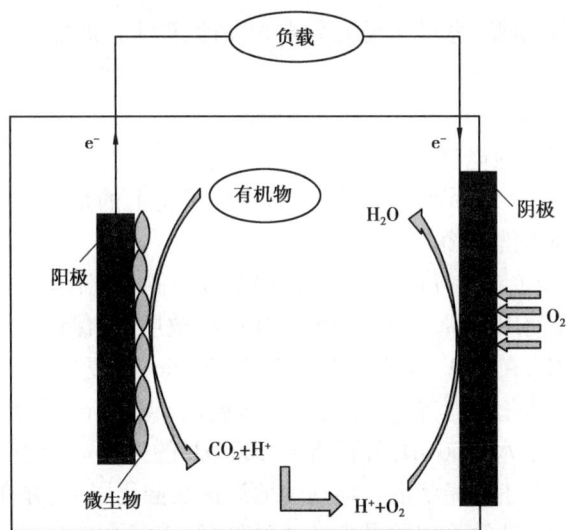

图 7.10　单室微生物燃料电池原理图

三、实验设备与试剂

（1）微生物燃料电池（MFC）实验装置

单室微生物燃料电池实验装置实物图及结构示意图如图 7.11 所示，单室 MFC 的容积为 252 mL。阳极碳毡采用 5 cm×5 cm 的导电碳毡。空气阴极以 W1S1009 碳布为导电支撑层，碳布的有效面积尺寸为 6 cm×7 cm，总表面积为 42 cm²，面向溶液一侧为催化剂层，面向空气一侧为扩散层。

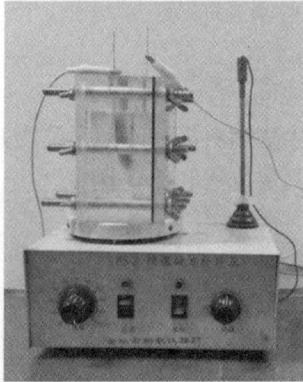

1—数据采集器；2—外电阻；3—取样口；
4—阳极碳毡；5—阴极碳布；—6搅拌子

（a）单室微生物燃料电池实验装置实物图　　（b）单室微生物燃料电池结构示意图

图 7.11　单室微生物燃料电池实验装置实物图及结构示意图

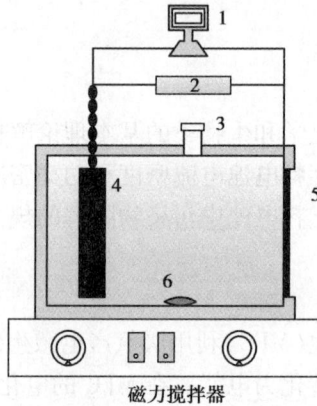

（2）其他设备

电阻箱、数据采集器、电脑、紫外可见光分光光度计、针头过滤器、注射器等。

四、实验内容

（1）自制微生物燃料电池电极

①阳极碳毡采用 5 cm×5 cm 的导电碳毡，为去除碳毡上的杂质，首先将碳毡在丙酮溶液中浸泡 24 h，然后再用纯水洗干净。

②空气阴极的制备以碳布为导电支撑层，面向溶液一侧为催化剂层，面向空气一侧为扩散层。首先涂抹扩散层，先使用 60% PTFE 均匀涂抹在扩散层上，保证涂抹均匀无气泡，室温干燥后将碳布放入马弗炉中，在 370 ℃ 的条件下烘烤 15 min，重复以上步骤 4 次。接着涂抹催化层，催化层上需要加入催化剂，其制备方法也为涂刷法，将 42 mg 催化剂（PPC、Fe-N-PPC 或者 Pt/C）、200 μL 的去离子水、800 μL 异丙醇和 160 μL 的 Nafion 溶液，置于小烧杯中混合均匀形成油墨状混合物，将上述油墨状混合物均匀地涂抹在催化层上，并在室温下干燥 24 h。

③用钛线连接阴阳极，钛线采用的是 TC4 高纯钛丝，直径为 0.5 mm，剪裁成合适的长度连接微生物燃料电池的阴极和阳极。

（2）实验配水

MFC 的阳极液进水采用实验配水，将微量矿物元素溶液（表 7.13）和维生素溶液（表7.14）分别加入磷酸缓冲溶液(PBS 溶液,表 7.15)中,分别按 12.5 mL/L PBS 溶液和 5 mL/L PBS 溶液比例混合,将混合后的配水加入微生物燃料电池反应器中,再加入 0.247 g 乙酸钠固体(相当于 1 000 mg/L)。

表 7.13　微量矿物元素溶液配比

组分	浓度/(mg · L⁻¹)	组分	浓度/(mg · L⁻¹)
NTA(氨三乙酸)	1.5	$FeSO_4 \cdot 7H_2O$	0.1
$MgSO_4$	3	$CaCl_2 \cdot 2H_2O$	0.1
$MnSO_4 \cdot H_2O$	0.5	$CoCl_2 \cdot 6H_2O$	0.1
NaCl	1	$ZnCl_2$	0.13
$CuSO_4 \cdot 5H_2O$	0.01	$AlK(SO_4)_2 \cdot 12H_2O$	0.01
H_3BO_3	0.01	Na_2MoO_4	0.025
$NiCl_2 \cdot 6H_2O$	0.024	$Na_2WO_4 \cdot 2H_2O$	0.025

表 7.14　维生素溶液配比

组分	浓度/(mg · L⁻¹)	组分	浓度/(mg · L⁻¹)
维生素 B	0.2	维生素 B_6	0.5
维生素 H	0.2	维生素 B_{12}	0.01
维生素 B_1	0.5	对氨基苯甲酸	0.5
维生素 B_5	0.5	硫辛酸	0.5

表 7.15　磷酸缓冲溶液进水配比

组分	浓度/(mg · L⁻¹)	组分	浓度/(mg · L⁻¹)
$Na_2HPO_4 \cdot 12H_2O_2$	2 750	NH_4Cl	310
$NaH_2PO_4 \cdot 2H_2O_2$	4 970	KCl	130

(3)微生物燃料电池的启动

为加快驯化速度以在电极材料上快速富集微生物,加入阳极室之前,首先将接种污泥和反应基质以 1:1 的比例混合,混合均匀后添加到 MFC 中进行启动,运行 7 d,然后污泥和反应基质以 1:4 的比例混合,运行 3 d。整个过程外接电阻 1 000 Ω,实时记录系统的产电电压。经过一段时间的培养后,如果系统连续 2 个周期的稳定电压相同,则表示系统已成功启动。

(4)测定功率密度的变化

反应器所处的环境温度为(28 ± 5)℃,pH 值为 7.0 条件下,有机碳源以乙酸钠提供。首先更换反应液基质,在开路条件下运行反应器大概 2 ~ 3 h,当 MFC 的输出电压恒定且保持相对平衡,则表明燃料电池处于相对稳定的运行状态。通过改变反应器两端连接的外电阻阻值分别为 9 000 Ω、6 000 Ω、3 000 Ω、1000 Ω、500 Ω、300 Ω、200 Ω、100 Ω、50 Ω、20 Ω、10 Ω。每次换上不同外阻之后等待 5 min 左右,待反应器产电稳定之后记录外电阻两端的电压数据 U,并计算出通过整个电路的电流和功率。

(5)刚果红降解的测定

换掉反应液基质,偶氮染料选择典型染料刚果红,其初始浓度为 200 mg/L,pH 值为 7.0,有机碳源以乙酸钠提供,外电阻 1 000 Ω 条件下,间隔 4 h 取样,通过针头过滤器后在 496 nm 处测量刚果红吸光度表征浓度。

五、实验数据记录与结果分析

①实验数据记录。

微生物燃料电池降解染料废水实验记录见表 7.16。

表 7.16 微生物燃料电池降解染料废水实验记录表

测试时间	温度/℃	pH	外接电阻 R/Ω	电流密度 I /(mA·m^{-2})	功率密度 P /(mW·m^{-2})	染料浓度 C /(mg·L^{-1})	电压 U/V

②实验结果分析。

a. 计算功率密度,绘制电压—电流密度曲线和电流—功率密度极化曲线。

电流密度由欧姆定律计算得到,计算方法见下式。电流密度计算公式为:

$$I = \frac{1\,000\,U}{AR}$$

式中　I——电流密度,mA/m^2;

　　　U——MFC 电压,V;

　　　R——外电阻值,Ω;

　　　A——反应器的阴极有效面积,m^2。

功率密度计算公式为:

$$P = \frac{1\,000\,U^2}{AR}$$

式中　P——功率密度,mW/m^2

　　　U——MFC 电压,V

　　　R——外电阻值,Ω

　　　A——反应器的阴极有效面积,m^2。

b. 计算刚果红去除率,绘制刚果红去除率—时间的染料降解速率曲线,分析降解率变化。

降解率的计算公式为:

$$E = \frac{C_0 - C_i}{C_0} \times 100\%$$

式中　E——降解率;

$\quad\quad C_0$——初始浓度,mg/L;

$\quad\quad C_i$——第 i 次取样浓度,mg/L。

c. 按照一个周期导出的数据,绘制电压—时间的产电电压变化图,分析电压变化。

六、思考题

①微生物燃料电池降解废水的优缺点有哪些? 主要受哪些因素影响?

②分析微生物燃料电池的应用前景。

实验十　污泥厌氧消化创新探索实验

一、实验目的

①通过实验加深对厌氧消化机理的理解。

②掌握厌氧消化实验的方法和数据分析处理。

③了解并掌握厌氧消化过程中 pH 值、碱度(ALK)、产气量、COD、总固体含量(TS)、挥发性固体含量(VS)和挥发性脂肪酸(VFA)的测定方法及变化情况。

二、实验原理

按照污水处理的工艺流程,污泥的产生主要有以下几种来源:一是通过格栅污水处理过程产生,主要由无机颗粒及栅渣组成;二是由初沉池产生,以浮渣和大颗粒为主;三是二次沉淀处理产生,其微生物含量较高;四是深度处理产生,受到化学药剂投加量的影响。污泥一般呈黑褐色,粒径在 100 μm 左右,含有的有机物占 60% 以上,水分含量较高,未经处理容易腐化,结构为胶状。由于污水成分复杂,其含有的物质会进入到污泥中,因此污泥组分非常复杂,不仅含有氮磷等,还含有微生物、病原体以及重金属等,因此污泥需要有效处理才能避免污染。

目前,污泥的处理处置方法主要有好氧堆肥、厌氧消化、热干化、深度脱水等。污泥的处理处置工艺呈现多样化形式,但大多使污泥达到减量化、无害化和稳定化目的,而忽略了资源化,造成污泥资源得不到有效回收利用。污泥厌氧消化不仅能够解决大量污泥所造成的生态环境问题,而且可以利用污泥中的有机质生成甲烷等能源物质,缓解当前紧张的能源供需矛盾。厌氧消化也被认为是污水处理厂实现"碳中和"的关键一步。污水中所含的生物能量可以达到污水处理能量的 9 ~ 10 倍。污泥厌氧消化产生的能量可以提供整个污水处理厂 50% 的能耗。

厌氧消化是经过微生物和生化反应的共同作用由生物质转变成沼气,此过程产生的沼气涉及由多样化的特定微生物群落通过催化基质水解,发酵和产甲烷等复杂步骤。目前,公认的厌氧消化原理是"三阶段四菌群学说"(图 7.12),三阶段为水解酸化阶段、产氢产乙酸阶段和产甲烷阶段,四菌群分别为水解发酵细菌、产氢产乙酸细菌、产甲烷细菌和同型产乙酸菌(又称耗氢产乙酸菌)。

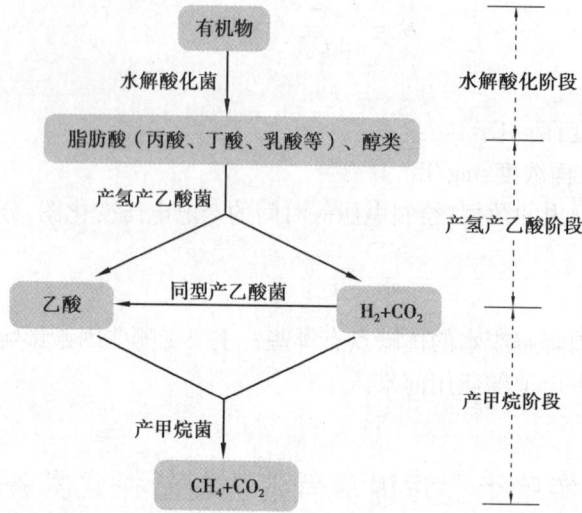

图 7.12　厌氧消化"三阶段四菌群学说"示意图

水解酸化阶段:水解是通过各种水解细菌产生的细胞胞外酶作用于大分子有机物,最终水解成为氨基酸以及单糖等能被后续微生物利用的简单的小分子物质。酸化(发酵)是指进一步将水解阶段中的有机物进行分解利用。通过酸化菌群转化成有机酸、醇类等物质。一部分氨基酸在蛋白质水解后产生用于微生物的生长需要,另一部分经过化学脱氨或脱羧反应,形成短链脂肪酸(SCFAs)等。其他水解产物在不同的酸型发酵下,如丁酸、丙酸或乙醇型发酵,转化为丁酸、丙酸、乙醇、CO_2 和 H_2 等。

产氢产乙酸阶段:除乙酸外的丁酸和丙酸等挥发性脂肪酸(VFA)以及乙醇等物质在产氢产乙酸菌的参与下产生乙酸、H_2 和 CO_2。H_2 和 CO_2 则被同型产乙酸菌利用,进一步合成为乙酸。

产甲烷阶段:产甲烷菌利用产酸阶段中的物质,如甲醇、乙酸以及甲酸等生成 CH_4,其中乙酸、H_2 和 CO_2 是主要的底物。此阶段一般分为两个途径,一个为将乙酸直接分解产生 CO_2 和 CH_4;另一个是 H_2 和 CO_2 合成 CH_4 和水。

污泥厌氧消化的工艺参数,如搅拌,可以使反应器内的污泥与接种物混合均匀,避免污泥结块,微生物与消化液中的有机物充分接触,提高传质速率,从而促进厌氧消化进程,增加产气量。污泥的含固率对厌氧消化也有着明显的影响,含固率的高低直接影响传质速率和有机负荷。低的有机负荷会减少微生物对底物的利用,降低沼气产量;较高的有机负荷容易造成水解酸化过程产生大量的有机酸,破坏酸碱平衡,抑制产甲烷菌的活性,进一步影响沼气的产量,并使厌氧消化系统因酸化而失败。此外,厌氧消化的停留时间、接种污泥、氨氮浓度、重金属和硫化氢等有害物质的量均会对污泥厌氧消化产生影响。在污泥厌氧消化过程中,除了要考虑污泥的性质和反应器的影响,还需要探究各个因素对厌氧消化性能的影响,这些因素主要有温度、pH 值、C/N、氧化还原电位(ORP)等。

三、实验装置及设备

①污泥厌氧消化反应器。

污泥厌氧消化实验装置如图7.13所示,主要由水浴、加热器与温度控制仪(±1℃)、搅拌器与搅拌控制仪、湿式气体流量计构成。实验前要注意反应器是否密闭,进料管、出料管、排气管是否通畅,搅拌设备是否完好。实验污泥取自沉淀池新鲜污泥,以消化熟污泥或化粪池底部的污泥为接种污泥。

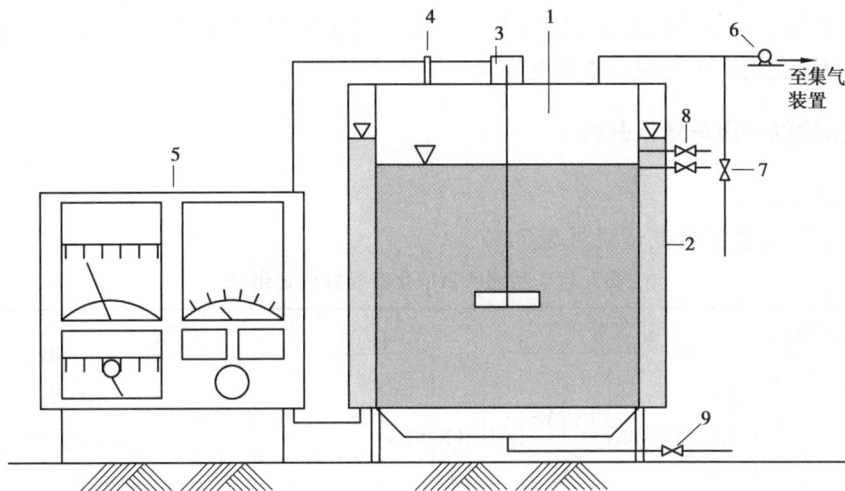

图7.13　污泥厌氧消化实验装置图

1—污泥消化罐;2—水浴;3—搅拌器;4—进料口;5—温度、搅拌控制仪;

6—湿式气体流量计(含测压管);7—放气口;8—上清液排放口;9—取样(排泥)口

②其他实验设备及材料:pH、碱度(ALK)、总固体含量(TS)、挥发性固体含量(VS)、挥发性脂肪酸(VFA)等指标检测分析仪器及玻璃器皿和化学药品等。

四、实验内容

(1)污泥分析

分别测定接种熟污泥和新鲜污泥的pH、ALK、TS和VS等指标。

(2)厌氧消化启动(低投配比消化实验)

①以熟污泥为种泥,加入消化罐内,以1~2℃/h升温速度逐步加温到(33±1)℃。

②达到中温(33~35℃)后稳定运行12~24 h,以后每天按特定投配比(如2%)投加生污泥。

③保持恒温并定时搅拌(如每小时搅拌5 min),记录温度、罐内压力、产气量等,至稳定运行或污泥培养成熟。

④取样分析,判断运行稳定性。每天固定在某一时间,开动搅拌装置,搅动15~20 min。在搅动10 min后开始排除消化罐内混合液,其体积与投加的生污泥量相同,取泥样进行分析测定(pH、TS、VS等)。取沼气样沼气中CH_4含量。当有机物(以VS计)分解率达40%,投加VS的沼气产率在350 mL/g,当沼气中CH_4含量达50%且稳定时,即可调整投配比继续实验。

（3）探讨不同投配比对污泥厌氧消化的影响

在低投配比厌氧消化稳定运行的基础上，进行不同投配比（如3%、5%、7%、10%）的污泥厌氧消化实验，操作同启动实验步骤③~④。不同投配比可采用多套设备同时运行，或是按投配比逐级提高的方式运行。

（4）取样分析

在各投配比消化实验运行稳定后，每天取消化出泥样品测试 pH 值、ALK、TS、VS、VFA 等指标和沼气中 CH₄ 含量等。

以上是连续式厌氧消化实验，也可进行间歇式消化实验，即只投配一次污泥进行消化实验，测定各指标变化直至污泥基本消化完全。

五、实验数据记录与结果分析

①实验数据记录。

污泥厌氧消化实验数据记录见表7.17。

表 7.17　污泥厌氧消化实验数据记录表

日期	消化控制条件				进泥分析				消化出泥分析					产气			罐内压力(mm水柱)	有机物分解率/%	污泥负荷[kg/(d·m³)]
	温度/℃	投配比/%	搅拌速度/(r·min⁻¹)	搅拌时间/min	pH	ALK	TS/%	VS/%	pH	ALK	VFA	TS/%	VS/%	总量/mL	产气率/(mL·g⁻¹)	CH₄含量/%			

②计算有机物分解率、产气率和污泥负荷等。

a.计算有机物分解率 η。

$$\eta = 100\left(1 - \frac{\alpha\beta_1}{\alpha_1\beta}\right)$$

式中　η——污泥有机物分解率，%；

　　　　α、α_1——消化污泥与生污泥中有机物含量（VS），%；

　　　　β、β_1——消化污泥与生污泥中无机物含量（TS – VS），%。

b.计算产气率 q。

$$q = \frac{产气量(mL/d)}{每日投加的有机物量（按 VS 计）(g/d)}$$

c.计算容积负荷 N_s。

$$N_s = \frac{\text{进泥中有机物量(按 VS 计)(kg/d)}}{\text{消化罐有效容积(m}^3)}$$

③以投配比或容积负荷 N_s 为横坐标,分别以有机物去除率 η、产气率 q 和 CH_4 在消化气体中的百分含量为纵坐标绘图,进行绘图分析。

六、实验注意事项

①为保证实验的可比性,实验污泥应一次取足,存入冰箱在 2～4 ℃的条件下保存。每次配制生污泥,其 TS 应相近。

②为使实验装置不漏气,可用橡皮泥或聚四氟乙烯带等其他方法密封各接口,否则会影响微生物的生长和所产沼气的收集。

③当集气瓶中的水接近排空时,需要及时补充水。充水时将污泥消化瓶的出气管关闭。如果产生的气体较多,应该每天观察多次,以免集气瓶的水排空,破坏了厌氧发酵的条件。

七、思考题

①讨论投配比对厌氧消化处理的影响,确定最佳工艺条件。

②厌氧消化与好氧消化各有何优缺点?

③取熟污泥后加温时,为何要控制加温速度?

参考文献

[1] 李圭白,张杰.水质工程学:上册[M].3 版.北京:中国建筑工业出版社,2021.

[2] 李圭白,张杰.水质工程学:下册[M].3 版.北京:中国建筑工业出版社,2021.

[3] 奚旦立.环境监测[M].5 版.北京:高等教育出版社,2019.

[4] 严煦世,高乃云.给水工程[M].5 版.北京:中国建筑工业出版社,2022.

[5] 张自杰.排水工程:下册[M].5 版.北京:中国建筑工业出版社,2015.

[6] 赵远,张崇淼.水处理微生物学[M].北京:化学工业出版社,2014.

[7] 乐毅全,王士芬.环境微生物学[M].3 版.北京:化学工业出版社,2019.

[8] 李亚峰,晋文学,陈立杰,等.城市污水处理厂运行管理[M].3 版.北京:化学工业出版社,2015.

[9] 高廷耀,顾国维,周琪.水污染控制工程:下册[M].4 版.北京:高等教育出版社,2015.

[10] 孙红杰,仇春华.环境综合实验教程[M].北京:化学工业出版社,2020.

[11] 魏学锋,汤红妍,牛青山.环境科学与工程实验[M].北京:化学工业出版社,2018.

[12] 汤红妍.环境监测实验[M].北京:化学工业出版社,2018.

[13] 张莲姬,申凤善.大学基础化学实验[M].2 版.北京:化学工业出版社,2019.

[14] 张伟,鄢恒珍.水分析化学[M].北京:化学工业出版社,2014.

[15] 钟佩珩,郭璇华,黄如杕,等.分析化学[M].北京:化学工业出版社,2001.

[16] 顾佳丽.分析化学实验技能[M].北京:化学工业出版社,2018.

[17] 国家环境保护总局《水和废水监测分析方法》编委会.水和废水监测分析方法[M].4 版.北京:中国环境科学出版社,2002.

[18] 张立勇.给排水科学与工程专业实习导读[M].北京:化学工业出版社,2019.

[19] 赵志伟,李莉,向平,等.新工科背景下水质工程学课程教学创新设计与实践[J].高等建筑教育,2021,30(5):100-106.

[20] 高俊敏,魏云梅,吉芳英,等.基于基础训练及创新潜能培养的环境监测实践教学体系研究[J].教育教学论坛,2020(43):115-118.

[21] 申向东.生物转盘工艺处理农村生活污水的试验研究[D].郑州:华北水利水电大学,2019.

[22] 杜琦.化学沉淀—离子交换法处理电镀含镍废水研究[D].兰州:兰州大学,2020.

［23］周晓斌.混凝—铁炭微电解法用于垃圾渗滤液预处理的实验研究［D］.吉林:吉林大学,2008.

［24］刘国栋.铁炭微电解-MAP沉淀-生化联合处理垃圾渗滤液的研究［D］.合肥:合肥工业大学,2009.

［25］王鸿远.膜生物反应器处理农村生活污水效果研究［D］.北京:中国农业科学院,2021.

［26］李莉,伍佳,张赛,等.微生物燃料电池降解染料废水的综合实验设计［J］.实验室研究与探索,2021,40(11):61-66.

［27］章龚鸿,殷若愚.芬顿氧化法预处理化学镀镍废水影响因素研究［J］.山东化工,2020,49(16):250-251,253.

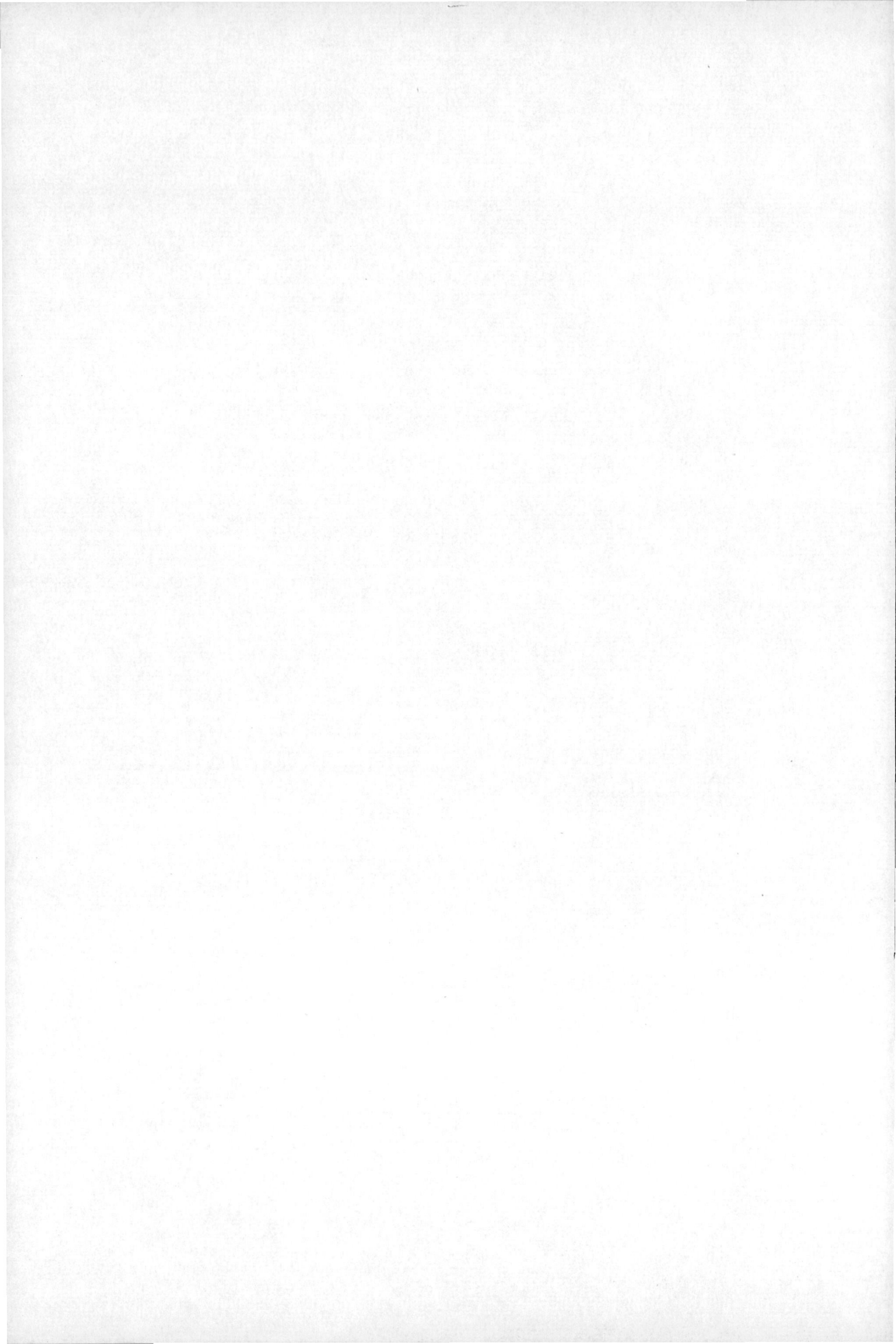